面向“十二五”数字艺术设计规划教材

Adobe Dreamweaver CS5 网页设计与制作技能基础教程

◎ 易连双 赵林　主编

文化发展出版社
Cultural Development Press

内容提要

本书是专门讲解Dreamweaver CS5软件使用方法与网页制作的经典教材，在提供软件详细知识点讲解的同时，还由浅入深地讲解网页制作的流程与规范，使读者在短时间内全面掌握Dreamweaver CS5的使用方法和网页制作岗位技能。

本书不只是介绍基础知识的工具书，还是以精美的范例引导读者巧妙地运用工具，配合视觉美学，将作品设计发挥得淋漓尽致的实操指导书。全书共分为11章，包括网页制作基础、网页构成元素、HTML语言、网页中的各种链接、表格的应用、使用CSS样式表、使用Div+CSS布局网页、为网页添加行为、应用表单、网站的上传与维护等内容。

本书可作为各大中专院校“数字媒体艺术”相关专业的教材，还可以作为想从事网页设计的自学者的学习用书。

图书在版编目（CIP）数据

Adobe Dreamweaver CS5 网页设计与制作技能基础教程/易连双,赵林主编.
-北京:文化发展出版社有限公司,2012.6
ISBN 978-7-5142-0455-1

I.A… II.①易…②赵… III.网页制作工具-高等学校-教材 IV.TP391.41

中国版本图书馆CIP数据核字(2012)第097059号

Adobe Dreamweaver CS5 网页设计与制作技能基础教程

主　　编：易连双　赵　林

责任编辑：张　琪
执行编辑：周　蕾　　　　责任校对：岳智勇
责任印制：邓辉明　　　　责任设计：侯　铮
出版发行：文化发展出版社（北京市翠微路2号 邮编：100036）
网　　址：www.wenhuafazhan.com　　www.keyin.cn　　www.printhome.com
经　　销：各地新华书店
印　　刷：北京建宏印刷有限公司

开　　本：787mm×1092mm　1/16
字　　数：374千字
印　　张：16.75
印　　次：2012年6月第1版　　2018年2月第4次印刷
定　　价：39.00元
ISBN：978-7-5142-0455-1

如发现印装质量问题请与我社发行部联系　发行部电话：010-88275710

丛书编委会

随着网络信息技术的广泛应用，互联网正逐步改变着人们的生活和工作方式。越来越多的个人、企业等纷纷建立自己的网站，利用网站来进行宣传推广。在这一浪潮中，网络技术应用特别是网页制作技术得到了很多人的青睐。

作为一款专业的网页设计软件，Dreamweaver 可以说是网页设计与制作领域中用户最多、应用最广、功能最强的软件之一，自推出以来一直备受广大网页设计爱好者的喜爱。各大中专院校也都纷纷开设了相关的专业课程，为了更好的适应教学需要，本书选择了 Dreamweaver CS5 版本进行创作。

本书从最基础的网页制作开始讲起，深入浅出地讲解了网站建设与网页制作的方法和技巧，全书分为 11 章，其主要内容如下：

第 1 章 网页制作基础：介绍了网页的基本概念、网站制作流程、网站的布局与配色、站点的建立与管理等。

第 2 章 编辑网页构成元素：主要介绍了网页的构成要素。

第 3 章 掌握必要的 HTML 语言：讲述了 HTML 语言的标记、编写。

第 4 章 网页中的各种链接：讲述了网页中各种不同类型的链接以及创建方法。

第 5 章 表格的应用：讲述了表格的编辑操作和使用表格布局网页。

第 6 章 使用 CSS 样式表：讲述了 CSS 样式表的创建与编辑、CSS 样式设置。

第 7 章 使用 Div+ CSS 布局网页：讲述了 Div 的概念、CSS 布局的优势、盒模型、CSS 布局方式。

第 8 章 框架、模板和库：讲述了框架和框架集的使用以及模板的基本操作。

第 9 章 为网页添加行为：讲述了行为的概念、动作和事件以及网页中各种行为的应用。

第 10 章 应用表单：讲述了表单及各种表单对象的创建，如何制作表单页面。

第 11 章 网站的上传与维护：讲述了网站测试、上传网站的准备工作、网站上传以及网站后期维护。

本书在每章都安排了一个实例进行精讲，详细的操作步骤，使读者很容易上手操作。并且最后部分还安排习题能够加强巩固所学知识。

本书由易连双、赵林主编，在写作的过程中，力求精益求精，但由于水平所限，书中难免有疏漏之处，如果您有什么意见或者建议，可以随时与我们联系。

编著者

2012 年 4 月

目录

CONTENTS

第1章 网页制作基础

第2章 编辑网页构成元素

第3章

掌握必要的HTML语言

第4章

网页中的各种链接

第5章

表格的应用

第6章

使用CSS样式表

第7章

使用Div+CSS布局网页

第8章

框架、模板和库

第9章

为网页添加行为

第10章

应用表单

第11章

网站的上传与维护

第1章 网页制作基础

网页是构成网站的基本元素，也是网站信息发布的一种最常见的表现形式。随着网络的迅速发展，越来越多的企事业单位开始注重网站的建设，这就为网页从业人员提供了更多的机会。当然，要制作出精美的网页，除了要熟练地使用软件外，还要了解一些网页的基础知识，如网站制作流程、网站布局配色等，本章将详细介绍这些内容。

本章知识要点

- 网站制作流程
- 网页布局与配色
- 建立站点

1.1 网页的基本概念

因特网的广泛应用，使得人们对网络并不陌生，每天有无数的信息在网络上传播，网页则是上网的主要依托，那么什么是网页，什么又是网站呢？在学习制作网页之前，先来了解网页的基本概念。

1.1.1 网页与网站

简单地说，网页就是用户访问某个网站时看到的页面。网页是构成网站的基本元素，是承载各种网站应用的平台。

1. 网页

网页是一个文件，存放在世界上某个角落的某一部计算机中，而这部计算机必须是与互联网相连的。网页经由网址（URL）来识别与存取，当用户在浏览器中输入网址后，经过一段复杂而又快速的程序，网页文件就被传送到用户的计算机，然后再通过浏览器解释网页的内容，再展示到用户的眼前。

网页是万维网中的一“页”，通常是 HTML 格式（文件扩展名为 .html 或 .htm ）。网页要透过网页浏览器来阅读，用来显示各种信息，同时也可以做一定的交互。

网页显示在特定的环境中，具有一定的尺寸，在网页中可以看到显示的各种内容。

2．网站

网站是具有独立域名、独立存放空间的内容集合，这些内容可能是网页，也可能是程序或其他文件。网站可以看做是一系列文档的组合，这些文档通过各种链接关联起来，可能拥有相似的属性，如描述相关的主体、采用相似的设计或实现相同的目的等，也可能只是毫无意义的链接。利用浏览器，就可以从一个文档跳转到另一个文档，实现对整个网站的浏览。

根据不同的标准可将网站分为不同的类别。根据网站的用途分类，可分为门户网站（综合网站）、行业网站、娱乐网站等；根据网站的功能分类，可分为单一网站（企业网站）、多功能网站（网络商城）等。根据网站所用编程语言分类，可分为 asp 网站、php 网站、jsp 网站、Asp. Net 网站等；根据网站的持有者分类，可分为个人网站、商业网站、政府网站等。

从名称上理解，网站就是计算机网络上的一个站点，网页是站点中所包含的内容，网页可以是站点的一部分，也可以独立存在。一个站点通常由多个栏目构成，包含个人或机构用户需要在网站上展示的基本信息页面，同时还包括有关的数据库等。当用户通过 IP 地址或域名登录一个站点时，展现在浏览者面前的是该网站的主页。

1.1.2 静态网页与动态网页

根据网页是否含有程序代码，可以将网页简单地划分为静态网页和动态网页，下面将进行详细介绍。

1．静态网页

在网站设计中，纯粹 HTML 格式的网页通常被称为“静态网页”，早期的网站一般都是由静态网页制作的。静态网页是相对于动态网页而言，是指没有后台数据库、不含程序并不可交互的网页。设计者编的是什么它显示的就是什么，不会有任何改变。静态网页相对更新起来比较麻烦，适用于一般更新较少的展示型网站。静态网页的网址形式通常以 htm 结尾，或者以 .htm 、.html、.shtml、.xml 等为后缀的。在 HTML 格式的网页上，也可以设计出各种动态的效果，如 .GIF 格式的动画、FLASH 和滚动字母等，这些“动态效果”只是视觉上的，与动态网页是不同的概念，如图 1-1 所示。

静态网页的特点如下：

◆ 静态网页的每个页面都有一个固定的 URL。

◆ 静态网页的内容相对稳定，因此容易被搜索引擎检索。

◆ 静态网页没有数据库的支持，当网站信息量很大时，依靠静态网页的制作方式比较困难。

◆ 静态网页交互性比较差，在功能方面有较大的限制。

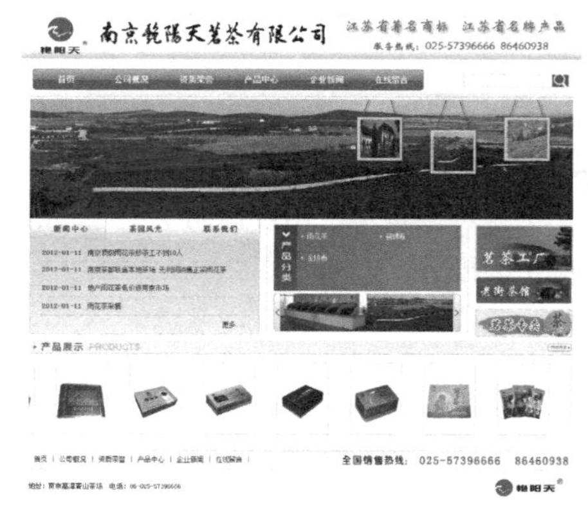

图1-1

浏览器“阅读”静态网页的执行过程较为简单，如图 1-2 所示。首先浏览器向网络中的 Web 服务器发出请求，指向某一个普通网页。Web 服务器接受请求信号后，将该网页传回浏览器，此时传送的只是文本文件。浏览器接到 Web 服务器送来的信号后开始解读 html 标签，然后进行转换，将结果显示出来。

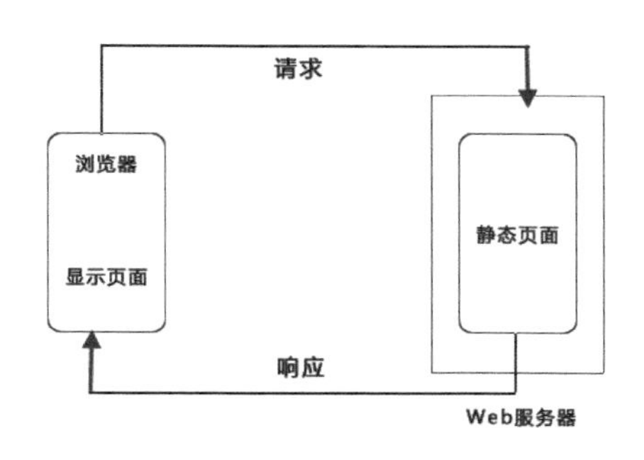

图1-2

2．动态网页

这里说的动态网页与网页上的各种动画、滚动字幕等视觉上的“动态效果”没有直接关系，动态网页也可以是纯文字内容的，也可以是包含各种动画的内容，这些只是网页具体内容的表现形式，无论网页是否具有动态效果，采用动态网站技术生成的网页都称为动态网页。

应用程序服务器读取网页上的代码，根据代码中的指令形成发给客户端的网页，然后将代码从网页上去掉，得到一个静态网页的结果。应用程序服务器将该网页传递回 Web 服务器，然后再由 Web 服务器将该网页传回浏览器，当该网页到达客户端时，浏览器得到的内容格式即为 HTML 格式，如图 1-3 所示。

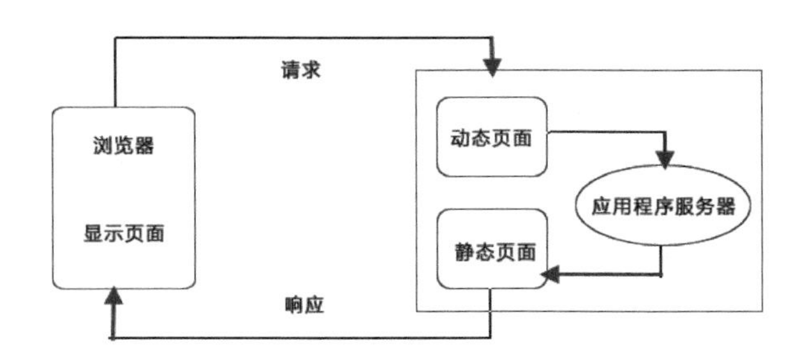

图1-3

动态网页的网址一般以 .aspx、.asp、.jsp、.php、.perl、.cgi 等形式为后缀，并且包含一个标志性的符号——“?”。如图 1-4 所示为动态网页页面。

动态网页的主要特点如下：

◆ 动态网页没有固定的 URL。

◆ 动态网页以数据库技术为基础，可以大大降低网站维护的工作量。

◆ 采用动态网页技术的网站可以实现更多的功能，如用户注册、用户登录、用户管理、在线调查等。

◆ 动态网页实际上并不是独立存在于服务器上的网页文件，只有当用户请求时服务器才返回一个完整的网页。

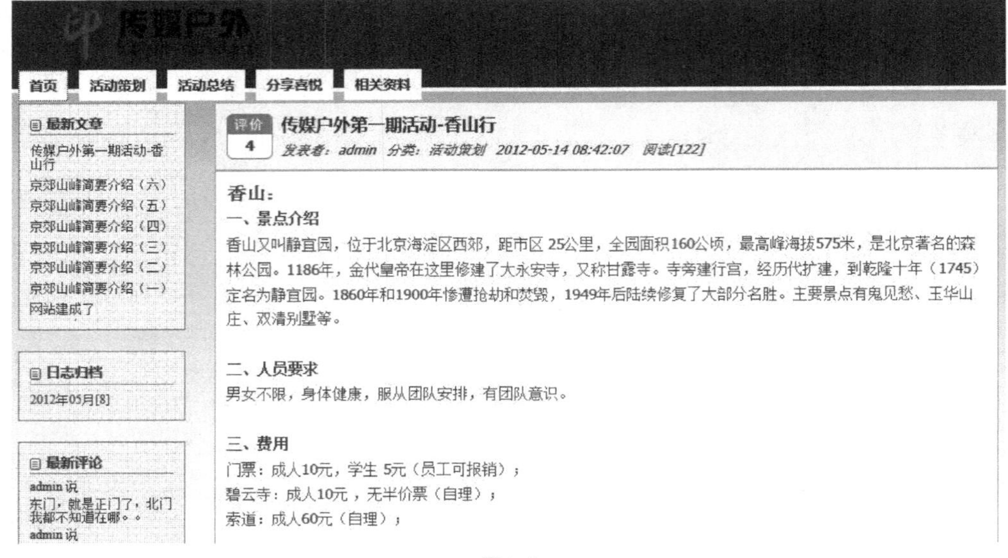

图1-4

1.2 网站制作流程

网站制作是一个复杂的系统工程，有一定的工作流程。只有遵循这个流程，一步一步地操作，才能设计出让用户满意的网站。所以在制作网站之前，先要了解网站建设的基本流程。

1.2.1 网站策划

一个网站的成功与否，与建站前的策划有着极为重要的关系。在建立网站前应明确建设网站的目的、网站的功能、网站规模、投入费用等。网站策划对网站建设起到计划和指导的作用，对网站的内容和维护起到定位作用。只有详细地规划，才能避免在网站建设中出现很多问题。网站策划包括以下 3 部分内容。

1. 市场分析

在建设网站之前，要进行必要的市场分析，具体包括以下 3 个方面。

◆ 要了解相关行业的市场是怎样的，有什么样的特点，是否能够在互联网上开展公司业务。

◆ 市场主要竞争者分析，竞争对手上网情况及其网站规划、功能作用。

◆ 公司自身条件分析，公司概况、市场优势，可以利用网站提升哪些竞争力。

2. 网站目的及功能定位

◆ 对网站制作市场分析后，就该明确建站的目的，进行具体的功能定位。

◆ 为什么要建网站，是为了宣传产品，进行电子商务，还是建设行业性网站？是企业的需要还是市场拓展的延伸？

◆ 整合公司资源，确定网站功能。根据公司的需要和计划，确定网站的功能：产品宣传、网上营销、客户服务、电子商务。

◆ 潜在用户需求分析，网站为用户带来的价值以及为公司带来的价值。

根据网站功能，确定网站应达到的目的作用。

3. 网站技术解决方案

根据网站的功能及后期发展可能出现的功能扩展确定网站技术解决方案。

◆ 租用虚拟主机的配置。

◆ 网站安全性措施，防黑、防病毒方案。

◆ 相关程序开发，如 ASP、JSP、CGI 、数据库程序等。

1.2.2 网站设计

网站策划完成后，接下来就可以进行网站制作的设计工作。

1. 规划站点

站点的规划是开发网站的第一步，也是关键的一步。规划站点即对网站的整体定位，其中，不仅要准备建设站点所需要的文字资料、图片信息和视频文件，还要将这些素材整合，并确定站点的风格和规划站点的结构。总之，规划站点就是通过视觉效果来统一网站的风格和内容等。

规划站点的目的在于明确所建站点的方向和采用的方法，规划时应遵循以下 4 个原则。

（1）确定网站的服务对象

只有确定了网站的服务对象，对不同的读者投其所好，才能制作出有价值的网站。比如要制作一个儿童网站，确定的对象就是儿童。在确定服务对象后，还应考虑目标对象的计算机配置、浏览器版本以及是否需要安装插件等问题。

（2）确定网站的主题和内容

网站的主题要鲜明，重点要突出。对于不同的爱好者和需求者，应该有不同的定位。比如，要制作一个图片类网站。开发者从多个方面着手，对浏览者的需求进行分类，例如，可分为摄影图库、设计图库、矢量图库等。

（3）把握网站结构

网站的总体结构要层次分明，尽量避免层次复杂的网络结构，一般网站结构选择树形结构，这种结构的特点是主次分明、内容突出。

常用的结构类型有以下三种。

①层状结构类似于目录系统的树状结构，如图 1-5 所示。该结构由网站文件的主页开始，依次划分为一级标题、二级标题等，逐级细化，直至提供给浏览者具体信息。在层状结构中，主页是对整个网站文件的概括和归纳，同时提供与下一级的链接。层状结构具有很强的层次性。

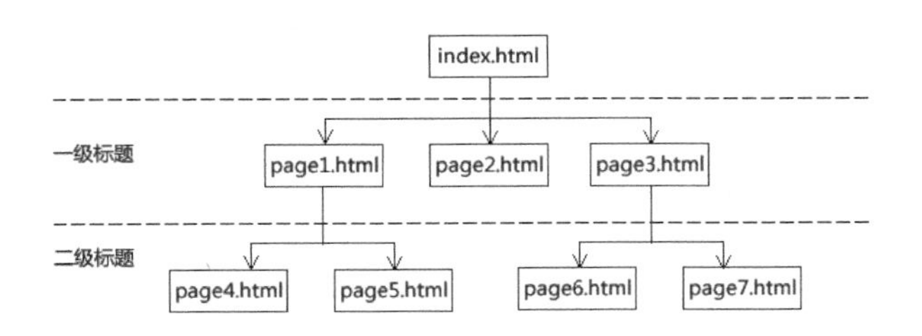

图1-5

②线性结构类似于数据结构中的线性表，如图 1-6 所示。该结构用于组织本身的线性顺序形式存在的信息，可以引导浏览者按部就班地浏览整个网站文件。这种结构一般都用在意义平行的页面上。

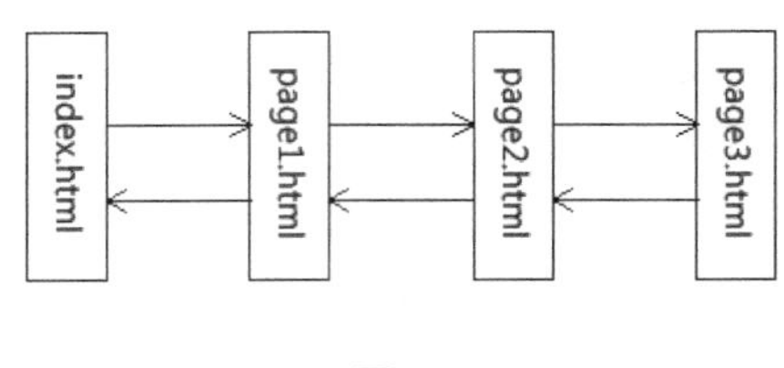

图1-6

③ Web 结构类似于 Internet 的组成结构，各网页之间形成网状链接，如图 1-7 所示，Web 结构允许用户随意浏览。

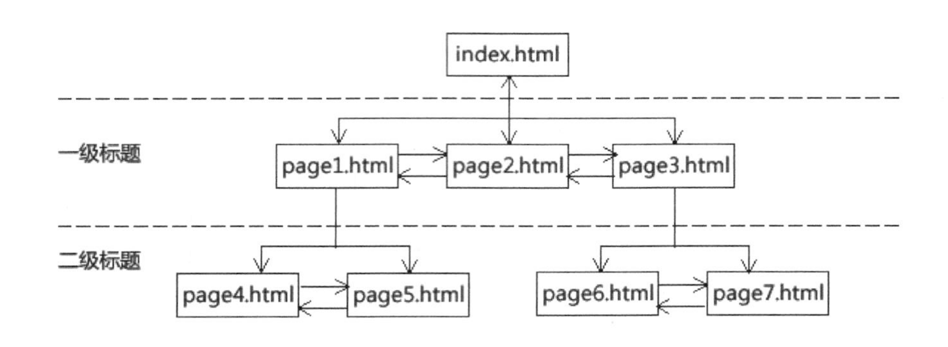

图1-7

（4）选择网站风格

网站风格应该根据网站的主题和内容选择一种合适的风格类型，以求在内容和形式上的完美结合，突出网站的个性，才能更吸引人们的注意力。风格的设计主要表现在色彩的运用上。

2. 搜集素材

网站的主题内容是文本、图像和多媒体等，它们构成了网站的灵魂，若没有它们，则再好的结构设计都不能达到网站设计的初衷，也不能吸引浏览者。任何一种网站，无论是商业性质、娱乐性质，还是个人性质的，在网站建设之初都应进行充分的调查和准备，即调查读者对网站的需求度、认可度，以及准备所需资料和素材。网站的资料和素材包括所需图片、动画、logo 的设计、框架规划、文字信息搜索等。

1.2.3 网页制作

完成网站策划和设计工作后，就开始着手网页的制作了。网站中的页面通称为网页，它是一个纯文本文件，是向浏览者传递信息的载体。网页采用超文本和超媒体技术，采用 HTML、CSS、XML 等多种语言对页面中的各种元素（如文字、图像、音乐等）进行描述，并通过客户端浏览器进行解析，从而向浏览者呈现网页的各种内容。

1. 设计网页图像

网页图像设计包括 Logo 、标准色彩、标准字、导航条和首页布局等。用户可以使用 Photoshop 或 Fireworks 软件来具体设计网站的图像。

有经验的网页设计者，通常会在使用网页制作工具之前，设计好网页的整体布局，这样在具体设计过程中将会大大节省工作时间。

2．制作网页

素材和图像都具备了，设计工具也选好了，下面就需要按照计划一步一步地把自己的想法变成现实了，这是一个复杂而细致的过程，一定要按照先大后小、先简单后复杂来进行制作。所谓先大后小，就是说在制作网页时，先把大的结构设计好，然后再逐步完善小的结构设计。所谓先简单后复杂，就是先设计出简单的内容，然后再设计复杂的内容，以便出现问题时好修改。在制作网页时要灵活运用模板，这样可以大大提高制作效率。

1.3　网页布局与配色

网页信息内容丰富，页面元素多元化，而传递信息始终是网页的最终目的，这一特性使得网页布局的设计处于一个非常重要的地位。而色彩既能影响人的视觉美感，又能影响人的心理效应。网页设计者要注意合理运用对比及调和的配色原理，设计出既能表现主题，又和谐悦目的网页，才能更吸引浏览者。下面将具体介绍这部分知识。

1.3.1　网页的布局类型

网页的布局类型主要有骨骼型、满版型、分割型、中轴型、曲线型、倾斜型、对称型、焦点型、三角型和自由型 10 种类型。

1．骨骼型

网页版式的骨骼型是一种规范的、理性的分割方法，类似于报刊的版式，如图 1-8 所示。常见的骨骼有竖向通栏、双栏、三栏、四栏和横向的通栏、双栏、三栏和四栏等。一般以竖向分栏为多。这种版式给人以和谐、理性的美。几种分栏方式结合使用，既理性、条理，又活泼而富有弹性。

2．满版型

页面以图像充满整版，如图 1-9 所示。主要以图像为诉求点，也可将部分文字压置于图像之上。视觉传达效果直观而强烈。满版型给人以舒展、大方的感觉。随着宽带的普及，这种版式在网页设计中的运用越来越多。

图1-8

图1-9

3．分割型

把整个页面分成上下或左右两部分，分别安排图片和文案，如图 1-10 所示。两个部分形成对比：有图片的部分感性而具活力，文案部分则理性而平静。调整图片和文案所占的面积，可以调节对比的强弱。例如，如果图片所占的比例过大，文案使用的字体过于纤细，字距、行距、段落的安排又很疏落，则会造成视觉心理的不平衡，显得生硬。倘若通过文字或图片将分割线虚化处理，就会产生自然和谐的效果。

图1-10

4．中轴型

沿浏览器窗口的中轴将图片或文字作水平或垂直方向的排列，如图 1-11 所示。水平排列的页面给人稳定、平静、含蓄的感觉。垂直排列的页面给人以舒畅的感觉。

5．曲线型

图片、文字在页面上作曲线的分割或编排构成，产生韵律与节奏，如图 1-12 所示。

图1-11

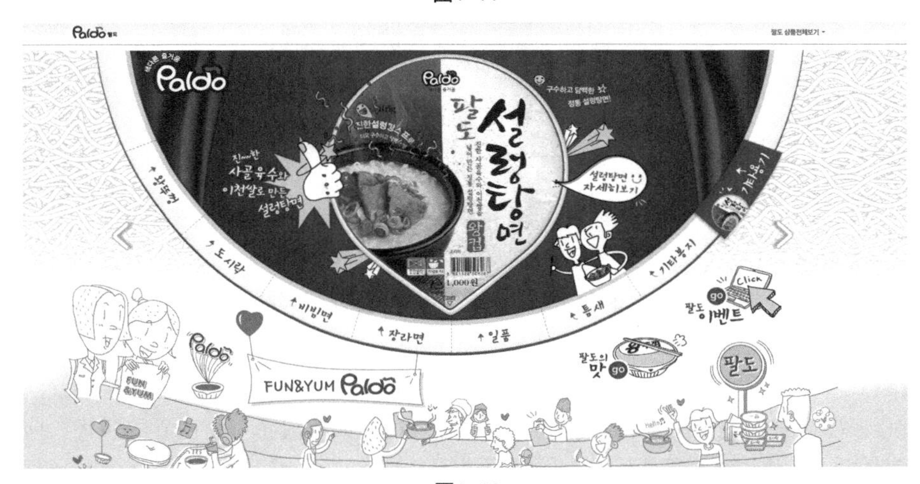

图1-12

6. 倾斜型

页面主题形象或多幅图片、文字作倾斜编排，形成不稳定感或强烈的动感，引人注目，如图 1-13 所示。

图1-13

7. 对称型

对称型的页面给人稳定、严谨、庄重、理性的感受。对称分为绝对对称和相对对称。一般采用相对对称的手法，以避免呆板。左右对称的页面版式较为常见，如图 1-14 所示。

四角型也是对称型的一种，是在页面四角安排相应的视觉元素。四个角是页面的边界点，重要性不可低估。在四个角安排的任何内容都能产生安定感。控制好页面的四个角，也就控制了页面的空间。越是凌乱的页面，越要注意对四个角的控制。

图1-14

8. 焦点型

焦点型的网页版式通过对视线的诱导，使页面具有强烈的视觉效果，如图 1-15 所示。焦点型分为以下三种情况。

◆ 中心：以对比强烈的图片或文字置于页面的视觉中心。

◆ 向心：视觉元素引导浏览者视线向页面中心聚拢，就形成了一个向心的版式。向心版式是集中的、稳定的，一种传统的手法。

◆ 离心：视觉元素引导浏览者视线向外辐射，则形成一个离心的网页版式。离心版式是外向的、活泼的，更具现代感，运用时应注意避免凌乱。

图1-15

9. 三角型

网页各视觉元素呈三角形排列。正三角形（金字塔形）最具稳定性，倒三角形则产生动感。侧三角形构成一种均衡版式，既安定又有动感。如图 1-16 所示的三角型版式。

图1-16

10. 自由型

自由型的页面具有活泼、轻快的风格。如图 1-17 所示为引导视线的图片以散点构成，传达随意、轻松的气氛。

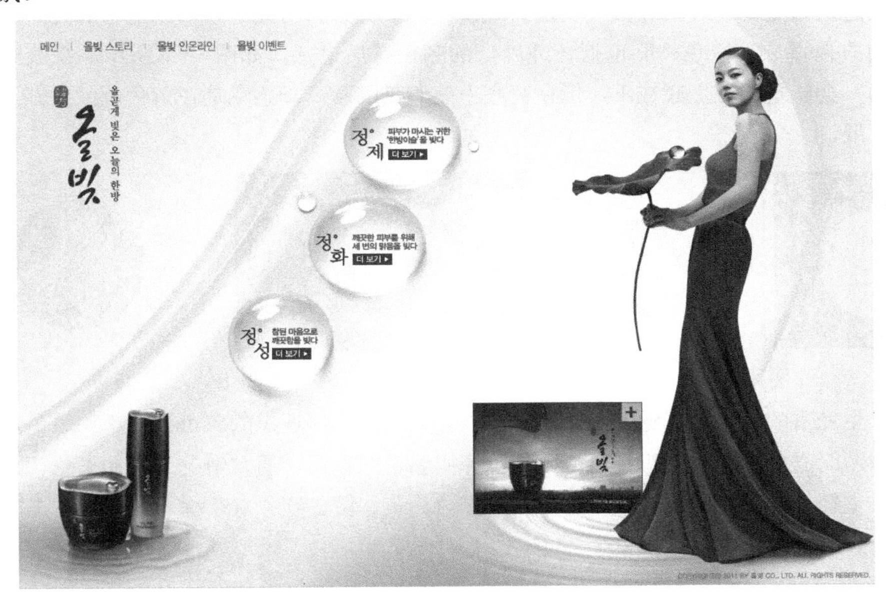

图1-17

1.3.2　网页色彩基础

色彩是人视觉最敏感的东西。不同色彩之间的对比会有不同的结果。网页的色彩搭配对于一个没有美术基础的初学者来说是个棘手的问题。那么究竟如何进行色彩搭配，才能让网页颜色既好看又合理呢？下面来了解色彩的相关知识。

1. 色彩视错

色彩的视错主要表现在色彩的冷与暖、兴奋与沉静、膨胀与收缩、前进与后退、轻与重等感觉方面。

色彩的冷暖视错是视觉上和生理、心理上相互关联产生的一种视错觉效果。橙红色是火焰的颜色，因而引起的暖感最强；蓝色使人联想到冰和水，所以它引起的冷感最强。这两种颜色被称为“暖极”和“冷极”。其他颜色的冷暖感根据其在色相环上距离冷暖两极的位置而定，靠暖极的称为暖色，靠冷极的称为冷色，部分颜色和两端的距离差不多，则称为中性色。黑、白、灰也视作中性色。

色彩的兴奋与沉静的错觉主要由不同颜色对人的视网膜及脑神经的刺激不同而形成。暖色、波长长、明度纯度高的色彩，对人的视网膜及脑神经刺激较强，会促使血液循环加快，进而产生兴奋的情绪反应，所以称这部分色彩为兴奋色。冷色、波长短、明度纯度低的色彩，对人的视网膜及脑神经刺激较弱。眼睛注视这部分颜色会产生沉静的情绪，所以称这部分颜色为沉静色。

色彩有膨胀和收缩的视觉错觉，造成这种错觉的原因有多种，一方面，是色光本身，波长长的暖色光、光度强的色光对眼睛成像作用比较强，视网膜接受这类光时产生扩散性，造成成像的边缘有条模糊带，产生膨胀感。反之，波长短的冷色光、光度弱的色光成像清晰，对比之下有收缩感。另一方面，色彩的胀缩感不仅和色相有关，还与明度也有关。明度高的有扩张、膨胀感，明度低的有收缩感。如图 1-18 所示为两个圆，这两个圆大小相同，但给人的视觉感受是白色的圆要比黑色的圆看上去大一些。

色彩的进退错觉由色彩的冷暖、明度、纯度和面积等多种对比造成的。通常暖色、亮度高、纯度高的颜色有前进感；冷色、亮度低、纯度低的颜色有后退感。如图 1-19 所示，在蓝底色上画一个黄色的圆，会感觉圆在上底在下，但在黄底上画蓝色的圆，却感觉是在黄色画纸上开了个洞，下面衬了张蓝纸。

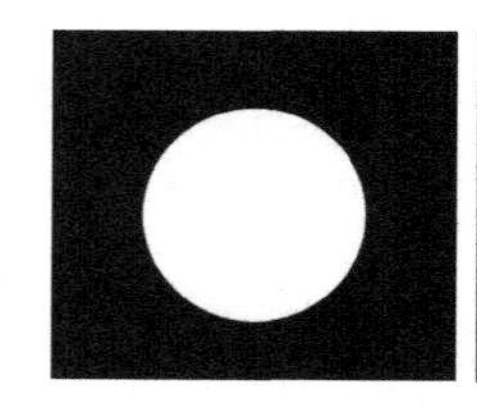
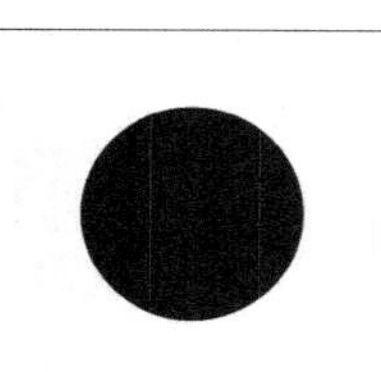

图1-18

图1-19

色彩产生轻重的视错有直觉的因素，也有联想的因素。接近黑的颜色会联想到铁、煤等具有重量感的物质，而白色会让人联想到白云、棉花等质感轻的物质。通常情况下，如果色相相同明度高的色彩会感觉轻。而不同色相轻重感也不同，按白、黄、橙、红、灰、绿、紫、蓝、黑的依次顺序视觉感由轻到重。

2. 色彩情感

色彩只是一种物理现象，它本身是没有感情的，但色彩却能表达感情，因为色彩能让人们通过视觉产生联想从而引起心理作用。色彩的联想是通过经验、记忆或相关知识而吸取的，这些色彩经过长久的反复比较，逐渐固定了它们专有的表情，不同色彩也逐渐形成了不同的象征。

白色象征雅致、干净、纯洁和出污泥而不染。如图 1-20 所示的是以白色为主色调的网页。

图1-20

一方面，黑色给人心理的影响有两种，一是消极感，使人产生恐惧忧伤的印象；二是又有肮脏、黑暗之感。另一方面，黑色又显得严肃、庄重，它还象征着权力与威仪。如图 1-21 所示的是以黑色为主色调的网页。

图1-21

红色是一种刺激性较强的颜色，在革命年代常被认为是斗争、光明、力量的象征。在中国民间，红色常和喜庆、幸福联系在一起。由于红色富有刺激性，同时它又象征着危险，例如交通信号的停止色以及消防车的色调都采用红色。如图 1-22 所示的是以红色为主色调的网页。

图1-22

黄色象征日光，同时也象征着神圣和至高无上。黄色是一种温和的暖色，轻快、明亮，同样的黄色能产生不同的感受，嫩黄色给人天真、稚嫩的美感，而成熟的谷物以及秋天树叶的金黄色则意味着收获及欢乐。如图 1-23 所示的是以黄色为主色调的网页。

图1-23

蓝色是所有色彩中最含蓄、最内向的颜色，给人以纯洁透明的感觉，也给人理性的感觉，但蓝色也是悲哀的表现色。如图 1-24 所示的是以蓝色为主色调的网页。

图1-24

绿色与大自然中草木同色，因此绿色象征着自然、生命、生长、青春、活泼等，同时又象征着和平、环保，在交通信号中又象征着前进与安全。如图 1-25 所示的是以绿色为主色调的网页。

图1-25

紫色是优雅、高贵的颜色，另外紫色与夜空、阴影相联系，所以富有神秘感，容易引起心理上的忧郁和不安。如图 1-26 所示的是以紫色为主色调的网页。

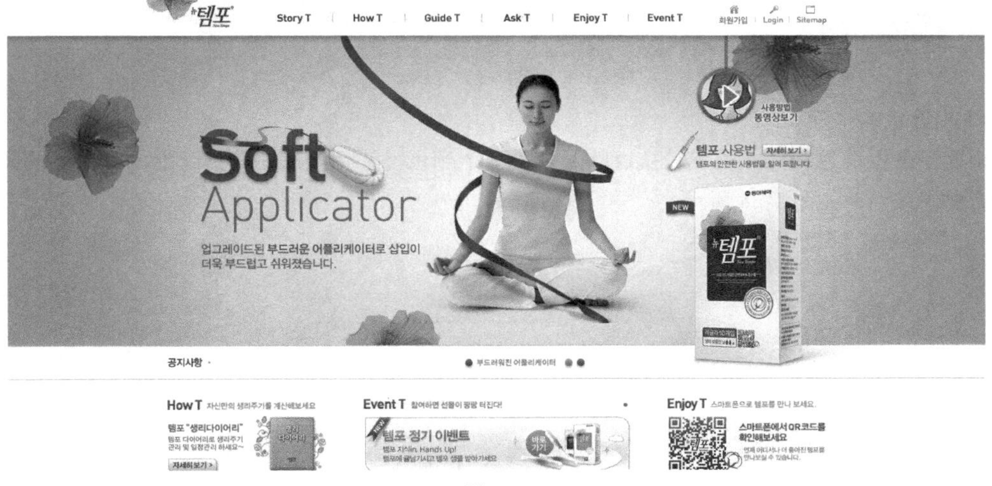

图1-26

色彩有着丰富的感情内涵，因为它包含着无穷无尽的色相和深浅浓淡的关系，通过这些关系相互搭配、组合可以形成各种各样的色彩氛围。

1.3.3 色彩搭配原则

色彩在网页设计中主要有划分页面区域、强调重要信息和增添页面吸引力的作用。根据网页中色彩使用的部位不同，可以分为背景色、基本色、辅助色和强调色，在网页设计过程中注意这几种色彩彼此之间的平衡、主次和比例，可以得到一个好的配色方案，从而实现页面形式的统一和美观。目前常用的配色有以下 3 种方案。

1. 有彩色和无彩色的搭配

有彩色和无彩色的搭配能给人带来较强的视觉冲击，这种方案能在强调网站主题的基础上控制画面平衡，给浏览者留下深刻印象，如图 1-27 所示。

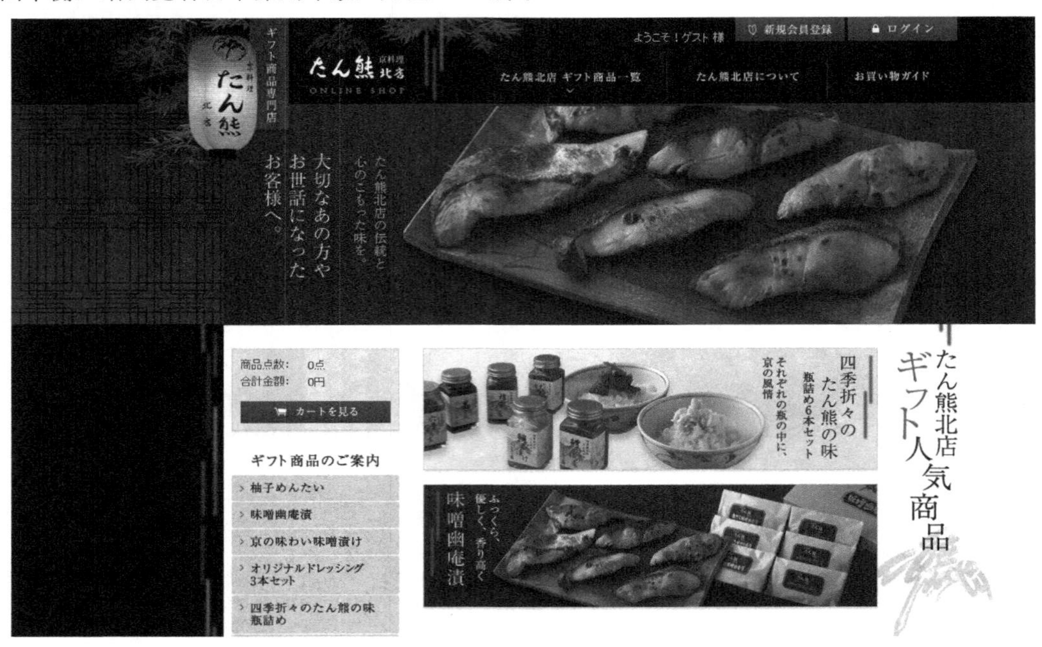

图1-27

2. 相近色的搭配

相近色是指在色相环上位置较接近的两个或几个颜色，使用相近色的搭配给浏览者协调又赋予变化的视觉感受，如图 1-28 所示。

图1-28

3. 对比色的搭配

对比色是色相环中位置相对的两种颜色，通常也是两种可以明显区分的颜色。由于对比色有强烈的分离性，在网页设计中可以营造出强烈的对比和平衡的效果，如图 1-29 所示。对比色搭配在目前网页设计中是比较常用的一种配色方案。

图1-29

除了不同色相对比的这种配色方案，同一色相不同纯度和明度对比的配色方案在网页设计中的使用也比较普遍。这类配色方案的页面协调、一致，通常带给浏览者非常强烈的整体感。如图 1-30 和图 1-31 中所示的网页是选取同一色相但不同明度、不同纯度的色彩进行搭配的。

图1-30

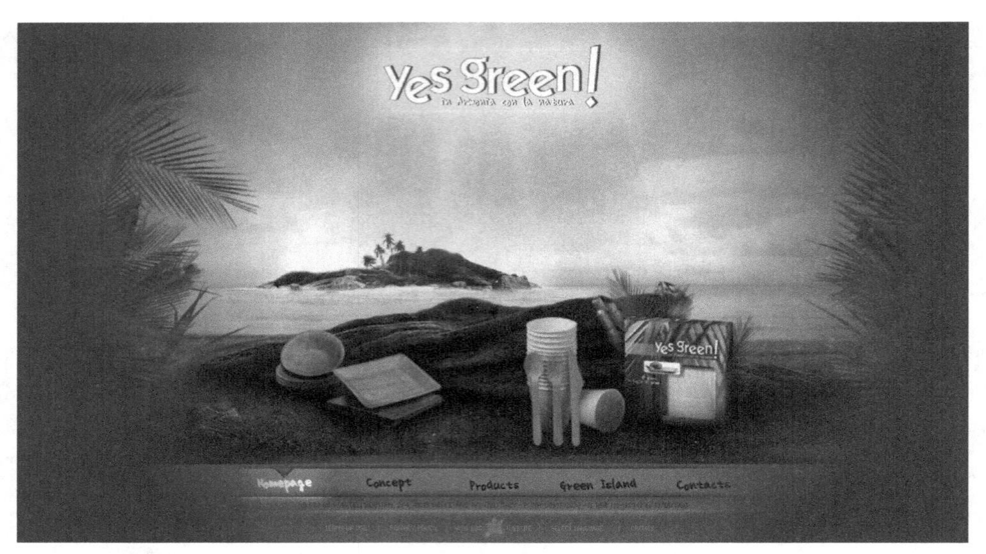

图1-31

1.4 熟悉Dreamweaver CS5的操作界面

Dreamweaver CS5 是一个全面的专业工具集，可以用于设计并部署极具吸引力的网站和 Web 应用程序，并提供强大的编码环境，备受广大网页设计者的青睐。

该软件工作区的操作界面集中了多个面板和常用工具，主要包括菜单栏、文档工具栏、状态栏、属性面板和浮动面板组等，如图 1-32 所示。

图1-32

菜单栏包括文件、编辑、查看、插入、修改、格式、命令、站点、窗口、帮助菜单。此外，在主菜单的右侧还增加了布局、扩展、站点和设计器 4 个图标按钮。

文档工具栏包括了控制文档窗口视图的按钮和一些比较常用的弹出菜单，优化可以通过“代码”、“拆分”、“设计”、“实时代码”按钮，使工作区在不同的视图模式之间进行切换。

文档窗口底部的状态栏提供了用户正在创建文档的有关信息，包括标签选择器、选取工具、手形工具、缩放工具和设置缩放比率、文档大小以及编码指示器等。

属性面板主要用于查看和更改所选对象的各种属性，每种对象都具有不同的属性。默认情况下，属性检查器位于文档窗口的底部，通过双击“属性”使该面板显示或者隐藏，还可以通过单击并拖动的方法移动该面板到文档窗口的其他位置。

浮动面板组是 Dreamweaver 操作界面的一大特色，用户可以根据自己的需要选择打开相应的浮动面板，既方便用户使用又节省屏幕空间。

1.5　新建站点

站点是管理网页文档的场所，在建设网站之前，建立一个本地站点，方便对站点中各种资源进行管理。Dreamweaver CS5 是一个创建站点的有利工具，使用它不仅可以创建单独的文档，还可以创建完整的 Web 站点。下面具体介绍建立站点的方法。

1.5.1　使用向导搭建站点

定义 Dreamweaver 站点，就是建立一个存放和组织站点资源的文件夹。启动 Dreamweaver 的应用程序，执行【站点】>【新建站点】命令，打开【站点设置对象】对话框，根据向导搭建站点，具体操作步骤见综合案例部分。

1.5.2　使用高级面板设置站点

用户可以在【站点设置对象】对话框中选择【高级设置】选项卡，设置【本地信息】、【遮盖】、【设计备注】、【文件视图列】、【Contribute】、【模板】、【Spry】等参数。

1. 本地信息

单击【高级设置】标签前的倒三角符号，展开其扩展选项，在【本地信息】选项中可以设置以下参数，如图 1-33 所示。

◆【默认图像文件夹】：输入图片文件夹的存储位置，对于比较复杂的网站，图片不只存放在一个文件夹中，所以使用价值不大。用户可以直接输入路径，也可以用鼠标单击右侧的“浏览”按钮，打开“选择站点的本地图像文件夹”对话框，从中找到相应的文件夹后保存。

◆【链接相对于】：设置站点中链接的方式，如果用户创建的是一个静态网站，则选择“文档”单选按钮，如果创建的是一个动态网站，则选择“站点根目录”单选按钮。

◆【Web URL 】：输入网站在 Internet 上的网址，输入网址的时候要注意，网址前面必须包含“http://”。

◆【区分大小写的链接检查】：设置是否在链接检查时区分大小写，一般情况下默认此选项。

◆【启用缓存】：一定要选中该复选框，这样可以加快链接和站点管理任务的速度。

2．遮盖

使用文件遮盖，可以在进行站点操作的时候排除被遮盖的文件，在“遮盖”选项中可以设置以下参数，如图 1-34 所示。

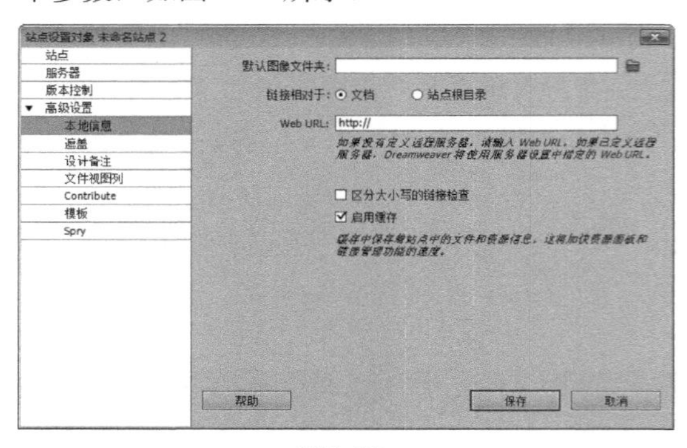

图1-33

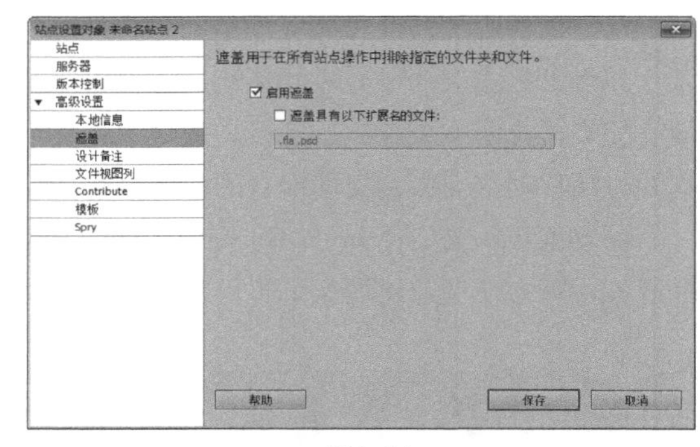

图1-34

◆【启用遮盖】：选中该复选框，将激活文件遮盖。

◆【遮盖具有以下扩展名的文件】：选中该复选框，可对特定文件名结尾的文件使用遮盖。

3．设计备注

网站开发过程中可能要记录一些开发过程中的信息，以防以后忘记。特别是团队开发网站，更需要记录一些需要别人分享的信息，然后上传到服务器上，使其他人也能访问到。在【设计备注】选项中可以设置以下参数，如图 1-35 所示。

◆【维护设计备注】：选中该复选框，可以保存设计备注。

◆【清理设计备注】：单击该按钮，可以删除过去保存的设计备注。

◆【启用上传并共享设计备注】：选中该复选框，可以在制作者上传或者取出文件时，将设计备注上传到“远程信息”中设置的远端服务器上。

4．文件视图列

【文件视图列】选项用来设置站点管理器中的文件浏览器窗口所显示的内容，在【文件视图列】选项中可以设置以下参数，如图 1-36 所示。

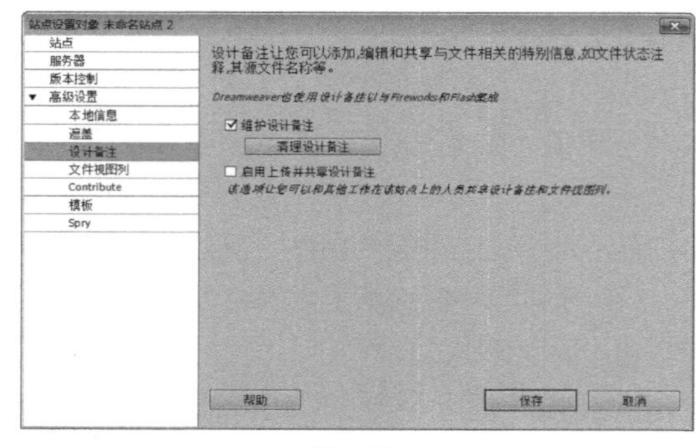

图1-35

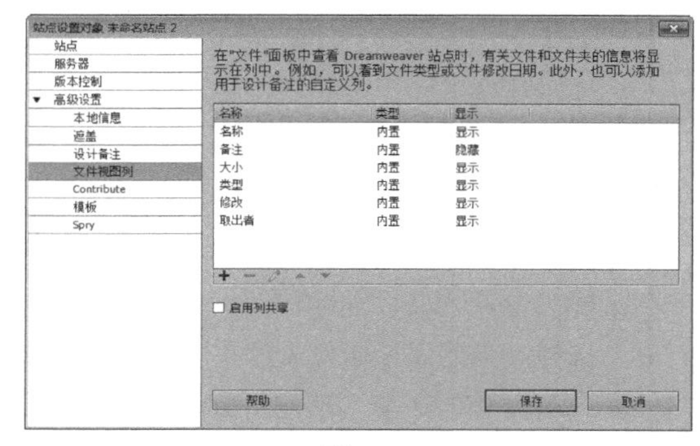

图1-36

◆【名称】：显示文件名。

◆【备注】：显示设计备注。

- 【大小】：显示文件大小。
- 【类型】：显示文件类型。
- 【修改】：显示修改内容。
- 【取出者】：正在被谁打开和修改。

5. Contribute

在对话框的【高级设置】中选择【Contribute】选项，选中【启用 Contribute 兼容性】复选框，可以提高与 Contribute 用户的兼容，如图 1-37 所示。

6. 模板

在对话框的【高级设置】中选择【模板】选项，如图 1-38 所示。如果用户站点使用模板，则更新模板时，为避免页面中的相对路径被改写，可选中【不改写文档相对路径】选项。

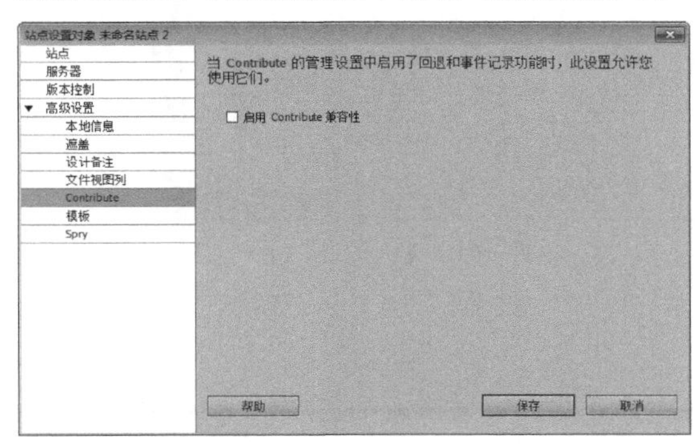

图1-37

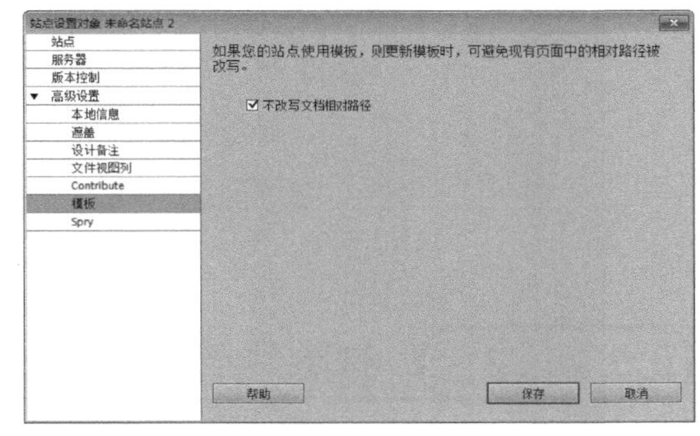

图1-38

7.Spry

Spry 是由 JavaScript 框架提供的一个强大的 Ajax 功能，能够让设计人员为用户构建出更丰富的 Web 页面。在对话框的【高级设置】中选择【Spry】选项，指定存储资源的位置，如图 1-39 所示。

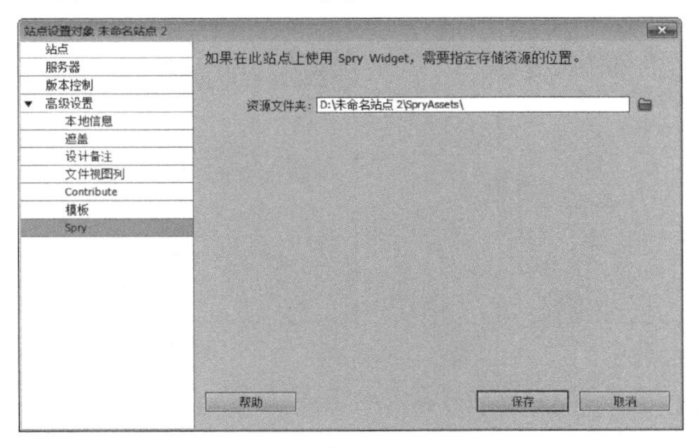

图1-39

1.6 管理站点

在 Dreamweaver 中，用户可以对本地站点进行管理操作，如打开、编辑、删除和复制站点等。

1.6.1 编辑站点

站点创建好之后，可以对站点进行编辑操作。

（1）执行【站点】>【管理站点】命令，打开【管理站点】对话框，单击【编辑】按钮，如图 1-40 所示。

（2）打开【站点设置对象】对话框，在该对话框中可以编辑站点的相关信息，如图 1-41 所示。

图1-40

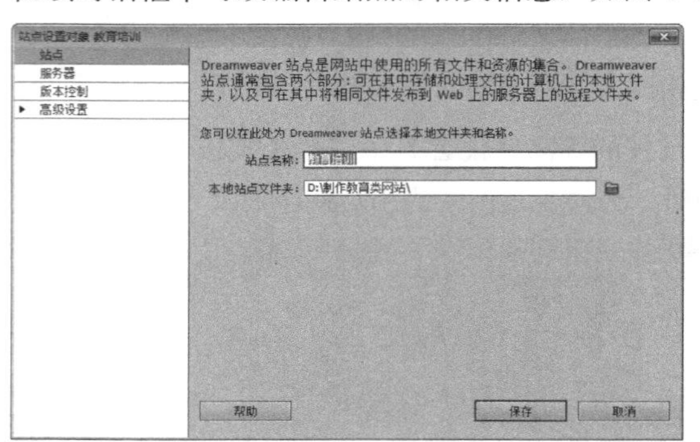

图1-41

1.6.2 删除站点

如果不再需要某个站点，可以将其从站点列表中删除。

（1）执行【站点】>【管理站点】命令，打开【管理站点】对话框，选择要删除的站点，然后单击【删除】按钮，如图 1-42 所示。

（2）此时，系统将弹出提示对话框，询问用户是否要删除站点，如图 1-43 所示。单击【是】按钮，则删除本地站点。

图1-42

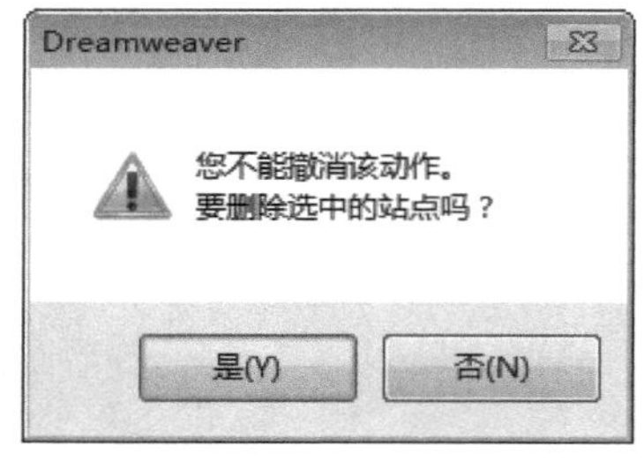

图1-43

1.6.3 复制站点

如果用户希望创建多个结构相同或类似的站点，可利用站点的复制功能。

（1）执行【站点】>【管理站点】命令，打开【管理站点】对话框，选择要复制的站点，然后单击【复制】按钮，如图 1-44 所示。

（2）此时，新复制的站点名称会出现在【管理站点】对话框的站点列表中，单击【完成】按钮，即可完成对站点的复制，如图 1-45 所示。

图1-44

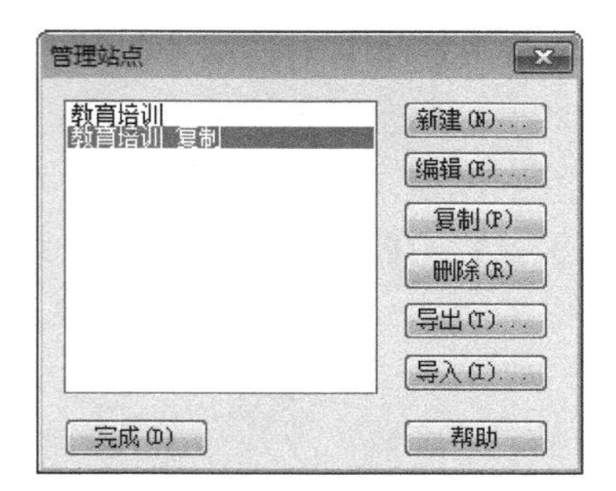

图1-45

1.6.4 导出和导入站点

在站点管理器中，选中站点单击【导出】按钮，可以将当前站点的设置导出成一个 XML 文件，以实现对站点设置的备份。单击【导入】按钮，则可以将以前备份的 XML 文件重新导入到站点管理器中。导入和导出站点可以实现 Internet 网络中各个计算机之间站点的移动，或者与其他用户共享站点的设置。

1. 导出站点

（1）执行【站点】>【管理站点】命令，打开【管理站点】对话框，选择要导出的站点，然后单击【导出】按钮，如图 1-46 所示。

（2）弹出【导出站点】对话框，在该对话框中设置导出站点的保存位置，然后单击【保存】按钮，如图 1-47 所示。返回【管理站点】对话框，单击【完成】按钮即可。

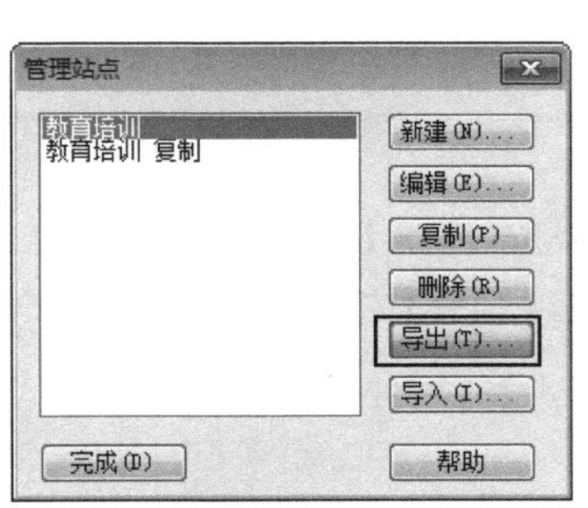

图1-46

图1-47

2. 导入站点

（1）执行【站点】>【管理站点】命令，打开【管理站点】对话框，然后单击【导入】按钮，如图 1-48 所示。

图1-48

（2）弹出【导入站点】对话框，在该对话框中选择要导入的站点，然后单击【打开】按钮，如图 1-49 所示。返回【管理站点】对话框，单击【完成】按钮即可。

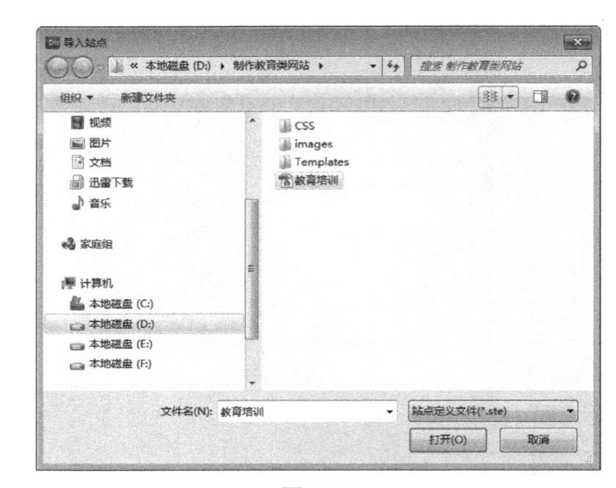

图1-49

1.6.5 打开站点

执行【窗口】>【文件】命令或按【F8】快捷键，打开【文件】面板，在该面板的下拉列表中选择要打开的站点（化妆品网站），即可打开该站点，如图 1-50 所示。

图1-50

1.6.6 新建文件或文件夹

1. 新建文件夹

如果要在站点中创建文件夹，执行【窗口】>【文件】命令，打开【文件】面板，选中要新建文件夹的父级文件夹，右键单击，在弹出的菜单中选择【新建文件夹】选项命令，如图 1-51 所示，即可创建一个新文件夹。

2. 新建文件

右键单击站点文件夹，在弹出的菜单中选择【新建文件】选项命令，即可新建文件，如图 1-52 所示。

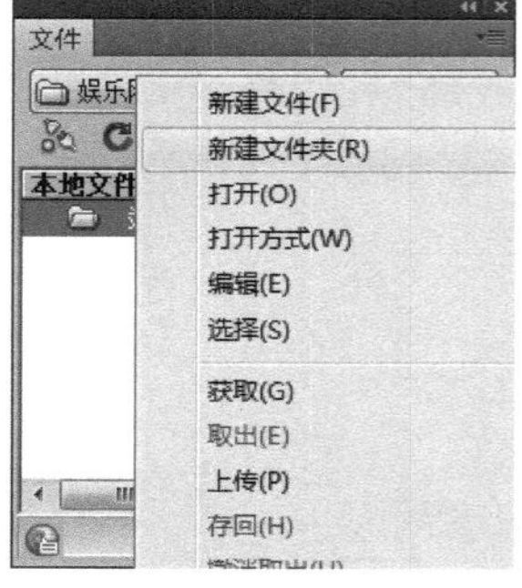

图1-51

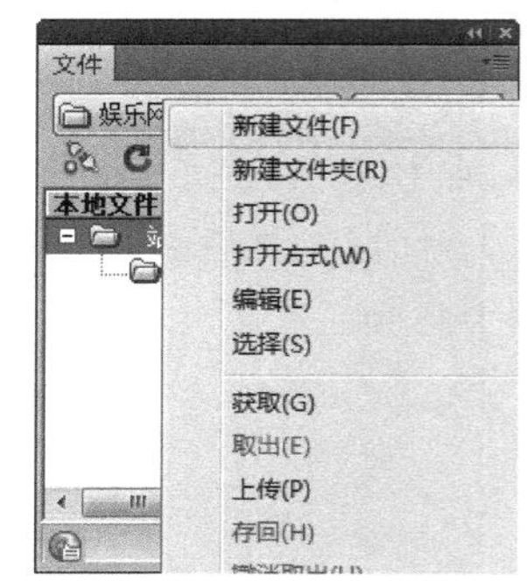

图1-52

1.6.7　文件或文件夹的移动和复制

管理站点中的文件，可以利用剪切、复制和粘贴功能来实现对文件的移动和复制。具体操作步骤如下：

（1）执行【窗口】>【文件】命令，打开【文件】面板，选择一个本地站点的文件列表，选中要移动或复制的文件，右击鼠标，在弹出的菜单中选择【编辑】命令，在其子菜单中出现【剪切】、【复制】、【删除】等选项命令，如图1-53所示。

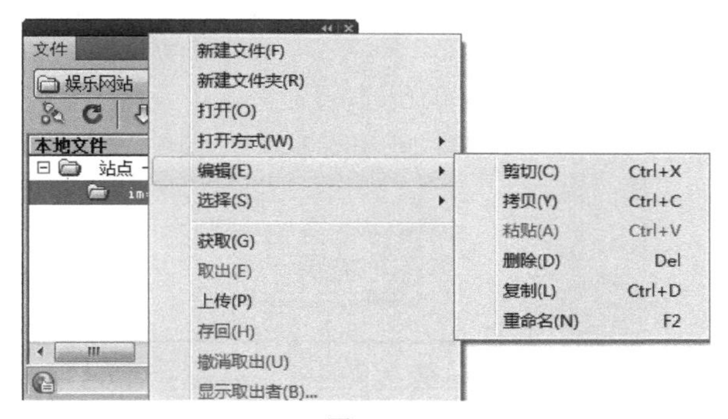

图1-53

（2）如果要进行移动操作，则在【编辑】子菜单中选择【剪切】命令；如果要进行复制操作，则在【编辑】子菜单中选择【复制】命令。然后在子菜单中选择【粘贴】命令即可完成文件的移动和复制。

1.6.8　删除文件或文件夹

在本地站点文件列表中，用户可以删除不需要的文件或文件夹。

（1）在【文件】面板中选择要删除的文件或文件夹，右键单击，从弹出的菜单中选择【编辑】>【删除】命令，如图1-54所示，或者直接按键盘上的【Delete】键。

（2）这时系统会弹出一个如图1-55所示的提示对话框，询问用户是否要真正删除文件或文件夹，单击【是】按钮后，即可将文件或文件夹删除。

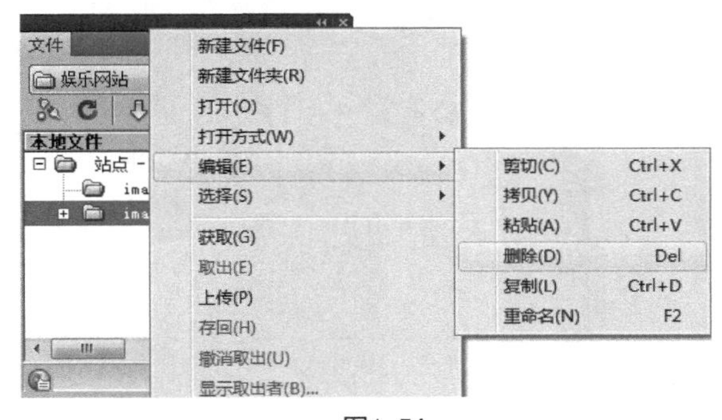

图1-54

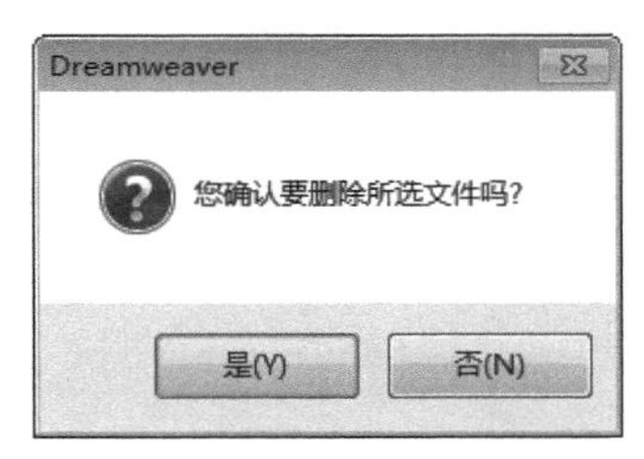

图1-55

1.7　综合案例——建立个人站点

学习目的

本实例在制作过程中，先要建立网站结构图，掌握新建站点的方法，能够在【文件】面板中创建文件及文件夹。

重点难点

- 网站结构图的建立。
- 站点的创建。
- 文件夹和文件的创建。

本实例效果如图 1-56 和图 1-57 所示。

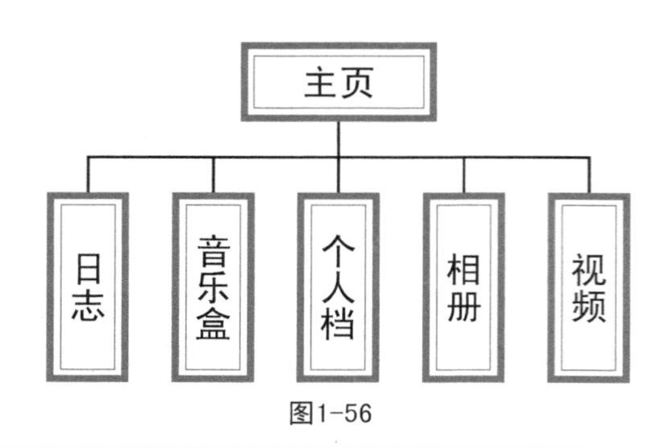

图1-56

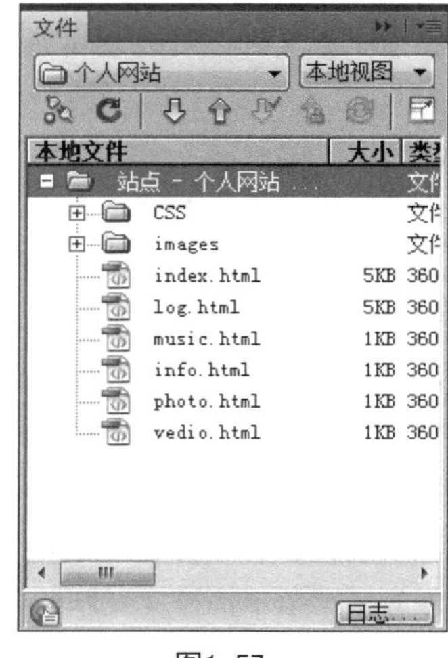

图1-57

操作步骤详解

1. 新建站点

Step 01 启动 Dreamweaver CS5 应用程序，执行【站点】>【新建站点】命令，如图 1-58 所示。

Step 02 弹出【站点设置对象】对话框，在该对话框中选择【站点】选项卡，在【站点名称】文本框中输入名称“个人网站”，并建立本地站点文件夹“D：\ 个人网站”，单击【保存】按钮，如图 1-59 所示。

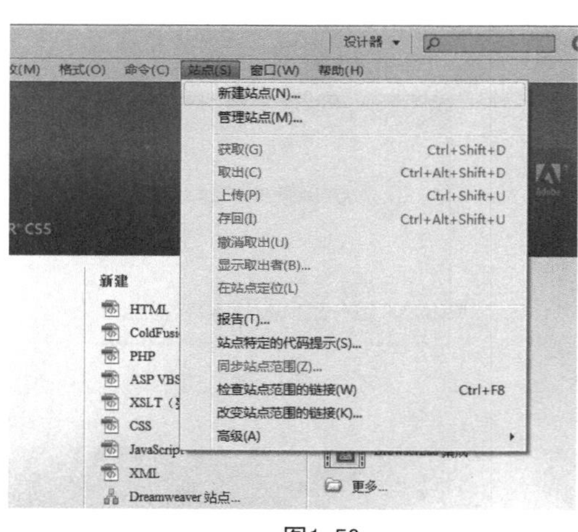

图1-58

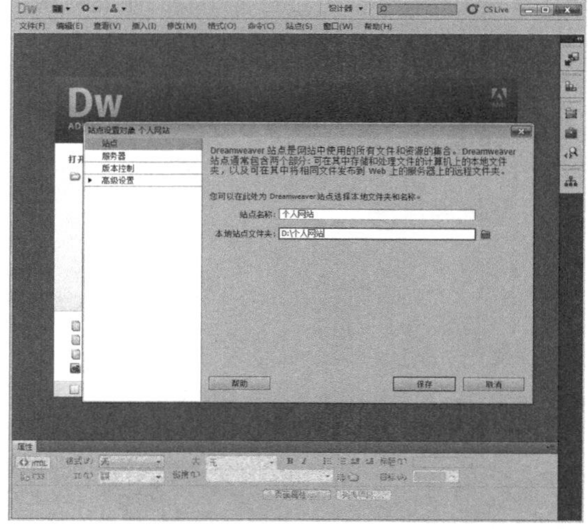

图1-59

2. 新建文件夹和文件

Step 03 执行【窗口】>【文件】命令，打开【文件】面板，右键单击站点文件夹，在弹出的菜单中选择【新建文件夹】选项，如图 1-60 所示。

Step 04 为新建的文件夹命名，这里输入“images”，用于放置图片素材，如图 1-61 所示。

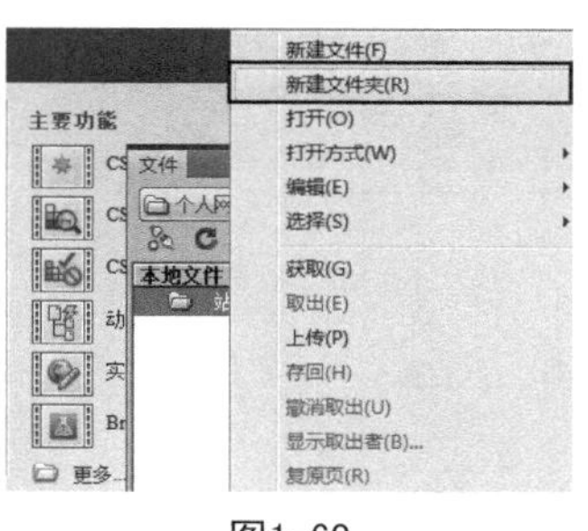

图1-60

图1-61

Step 05 右键单击站点文件夹，在弹出的菜单中选择【新建文件】命令，为文件命名，这里输入 index.html，如图 1-62 所示。

Step 06 使用同样的方法，创建其他文件夹和网页文件。最终结构如图 1-63 所示。

图1-62

图1-63

1.8　经典商业案例赏析

在开始制作网页之前，需要对网站的需求进行分析。格局凌乱的网站，内容再精彩也不能算是一个好的网站。要设计出一个精美的网站，前期的规划是必不可少的。规划站点就像设计师设计大楼一样，图纸设计好了，才能建造出漂亮的建筑。如图 1-64 所示为一听音乐网网站，从导航栏可以看出该网站的结构。

图1-64

1.9 习题

一、填空题

1. 在网页设计中，色彩搭配原则有 ______、______ 和 ______。
2. 网站的制作流程是 ______、______ 和 ______。

二、选择题

1. 使用下面的 ______ 快捷键可以打开【文件】面板。

   A.【Ctrl + F】　B.【F8】　C.【Alt + F】　D.【F9】

2. 在 Dreamweaver 中，通过 ______ 面板管理站点。

   A.【站点】　B.【文件】　C.【资源】　D.【行为】

3. 有关站点管理的叙述正确的是 ______。

   A. 站点建立好之后便不能进行修改

   B. 删除站点后，对应的文件也会跟着被移至回收站

   C. 复制站点命令，可以生成一个和原站点内容相同的站点

   D. 站点的名称一旦确定就不能更改

4. 下面 ______ 不是网站的布局类型。

   A. 骨骼型　B. 中轴型　C. 曲线型　D. 散点型

三、上机练习

1. 熟悉 Dreamweaver CS5 的操作界面。
2. 结合本章的综合案例，逐步学习操作。
3. 掌握个人站点建立方法后，结合所学内容，建立一个公司站点，如图 1-65 所示。

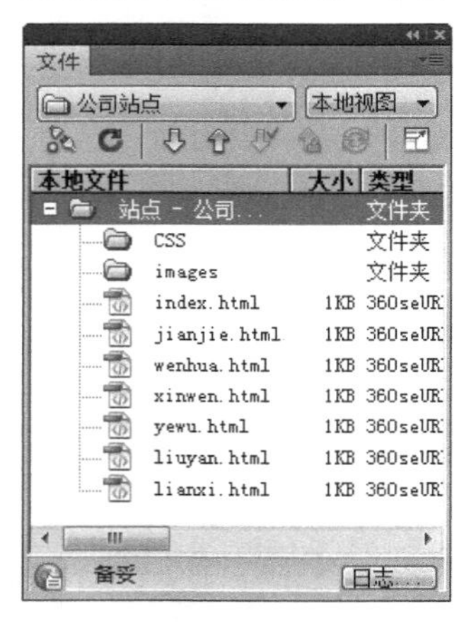

图1-65

第2章 编辑网页构成元素

不同性质的网站，其页面元素是不同的。通常网页是由文本、图像、超链接、表格、表单、导航栏、动画、框架等基本元素所组成的，其中文本、图像和超链接是最基本的。一个图文并茂、制作精美、布局合理的网页，不仅能增强其丰富性和观赏性，并且还能提高浏览者的兴趣。

本章知识要点

- 文本的插入与编辑
- 图像的插入与编辑
- 在网页中插入多媒体
- 在网页中插入特殊元素

2.1 网页文本

网页中信息的传达主要以文本为主，用户可对网页字体的样式、大小、颜色、底纹、边框等属性进行设置。

2.1.1 输入文本

文本是网页信息的重要载体，也是网页中必不可少的内容，它的格式设计是否合理将直接影响到网页的美观程度。在网页中插入文本有两种方法，直接输入文本和从外部导入文本。

1. 直接输入文本

打开网页文档，将光标定位在需要输入文本的位置，输入文字内容即可，如图 2-1 所示。

2. 从外部导入文本

（1）打开需要导入文本的网页文档，执行【文件】>【导入】>【Word 文档】命令，如图 2-2 所示。

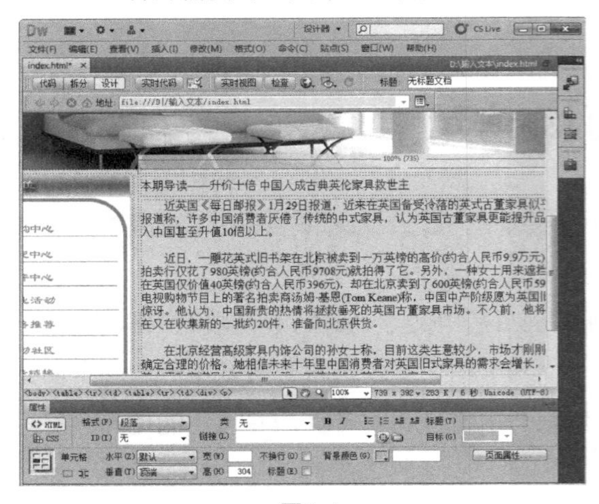

图2-1

图2-2

（2）打开【导入 Word 文档】对话框，在该对话框中选择要导入的文件，然后单击【打开】按钮，如图 2-3 所示。

（3）此时，文本内容已经被导入网页文档中，如图 2-4 所示。

图2-3

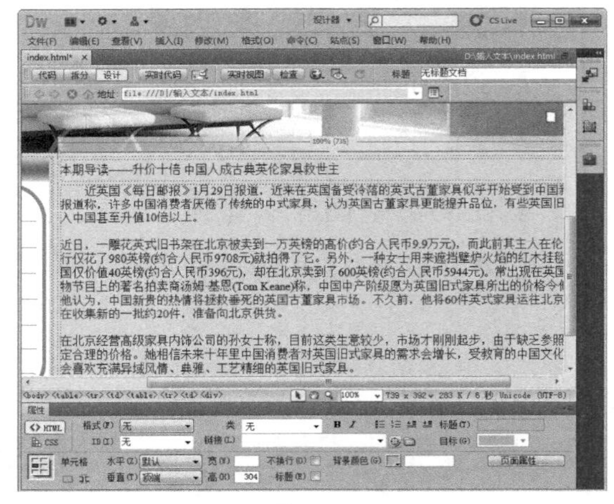

图2-4

> **技巧**
>
> 通过拖动方式也可以导入文本，具体方法为：打开要导入文本所在的文件夹，并将其拖动到要插入文本的位置，弹出【插入文档】对话框，在【您想如何插入文档】选项列表中选择一种方式[这里选择【插入内容】选项，并选择【带结构的文本以及基本格式（粗体、斜体）】]，然后单击【确定】按钮即可导入文档，如图2-5和图2-6所示。

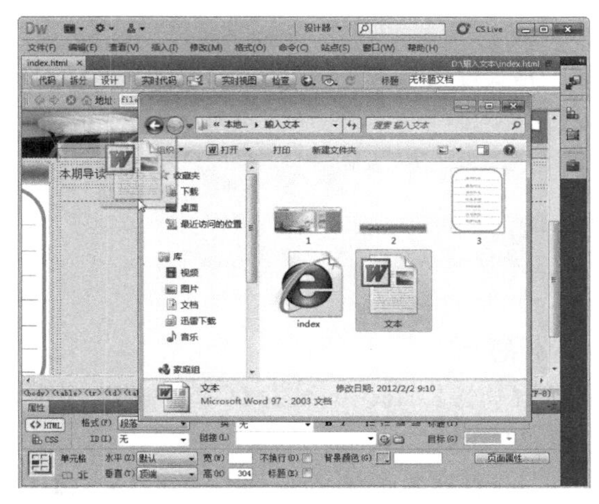

图2-5

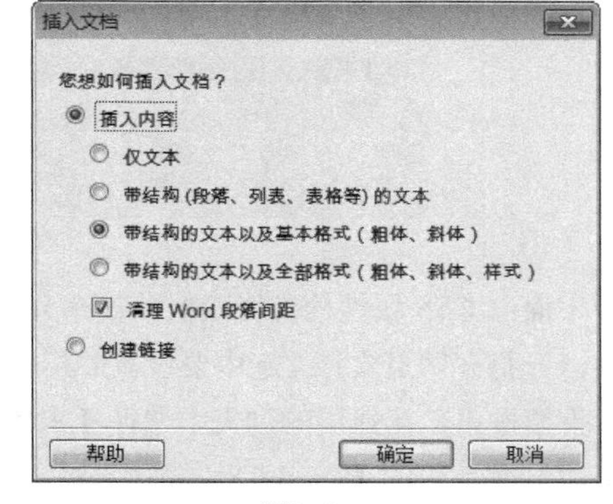

图2-6

2.1.2 设置文本属性

在网页制作过程中，文字可以方便地设置成各种字体及大小，但建议用于正文的文字一般不要太大，字体颜色也不要过多，否则效果会让人眼花缭乱。通常正文字体大小设置为9磅或12像素即可，字体颜色不超过3种。

要设置文本属性，最简单的方法就是通过文本【属性】面板进行设置。Dreamweaver CS5的属性面板中包含了CSS属性检查器和HTML属性检查器两种。

1. HTML属性检查器

HTML格式用于设置文本的字体、大小、颜色、边距等。因此，文档中的文本可以通过HTML格式设置其属性，如图2-7所示。

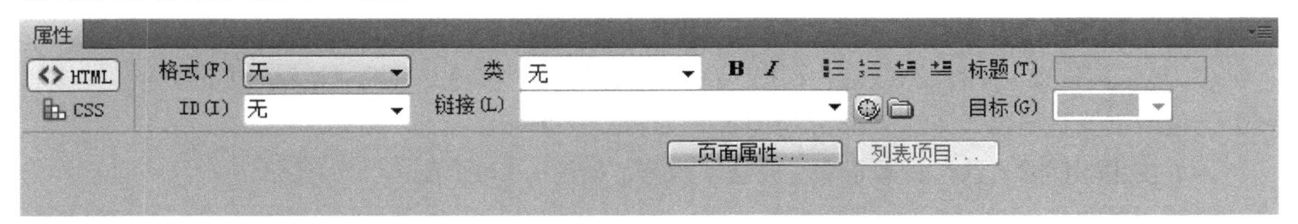

图2-7

该属性界面中，各选项说明如下。

◆【格式】：设置所选文本或段落格式，该选项包含多种格式，其中包含段落格式、标题格式及预先格式化等，可按需要进行选择。

◆【ID】：标识字段。

◆【类】：显示当前选定对象所属的类、重命名该类或链接外部样式表。

◆【链接】：为所选文本创建超链接文本。

◆【目标】：用于指定准备加载链接文档的方式。

◆【页面属性】：单击该按钮，即可打开【页面属性】对话框，在该对话框中可对页面的外观，标题、链接等各种属性进行设置。

◆【列表项目】：为所选的文本创建项目、编号列表。

2．CSS 属性检查器

文档中的文本，可以使用 CSS（层叠样式表）格式设置其属性，该格式可以新建 CSS 样式或将现存的样式应用于所选文本中，如图 2-8 所示。

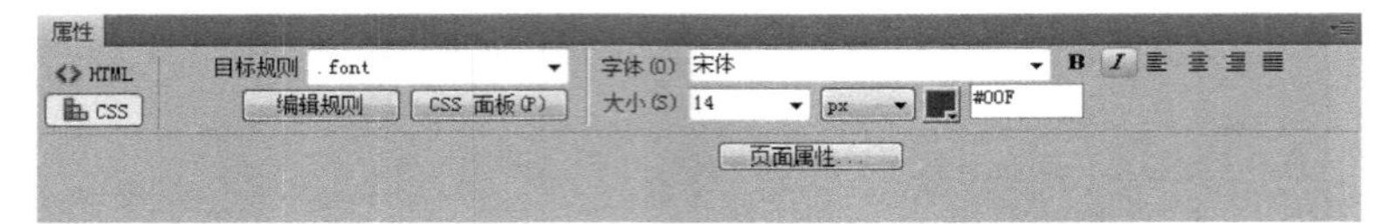

图2-8

下面以 CSS 属性检查器面板为例来介绍文本属性的设置。

（1）打开网页文档，选中要设置的标题文本，在【属性】面板中，单击【CSS】按钮，单击【字体】下拉按钮，在弹出的列表中选择【宋体】，如图 2-9 所示。

（2）在弹出的【新建 CSS 规则】对话框中，设置选择器名称为 .font，然后单击【确定】按钮，如图 2-10 所示。

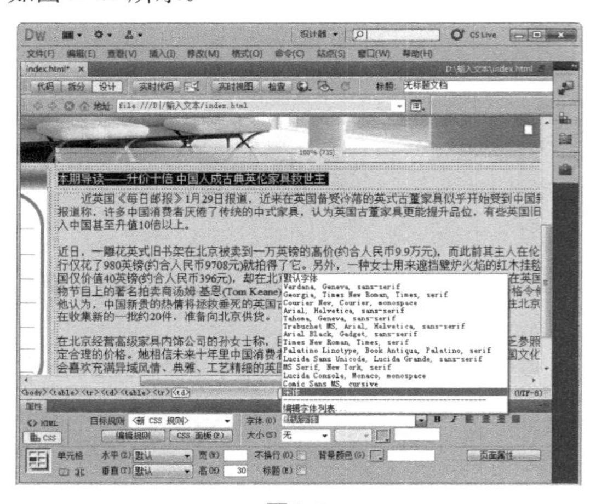

图2-9

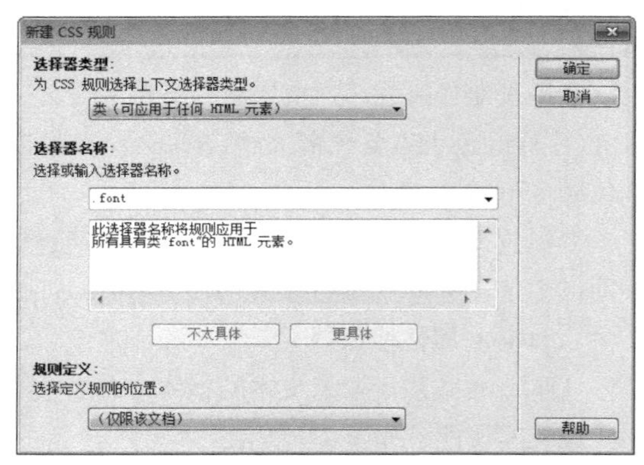

图2-10

（3）显示新设置的字体格式，且在【属性】面板中的【目标规则】文本框中显示命名的 .font。在【属性】面板中设置其颜色为 #00F，字号为 18px，如图 2-11 所示。

（4）使用同样的方法，设置正文中的文本内容，如图 2-12 所示。

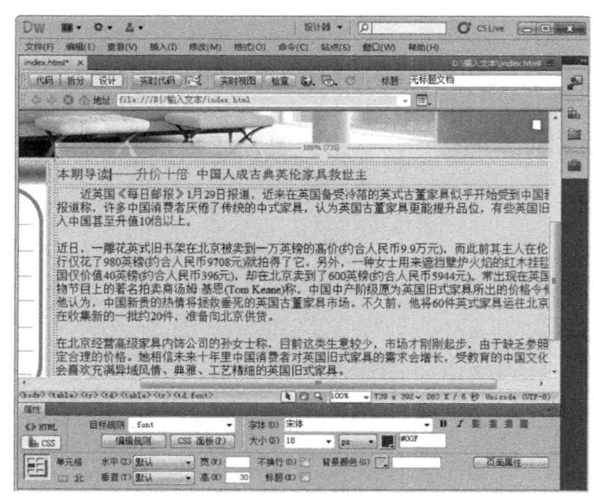

图2-11

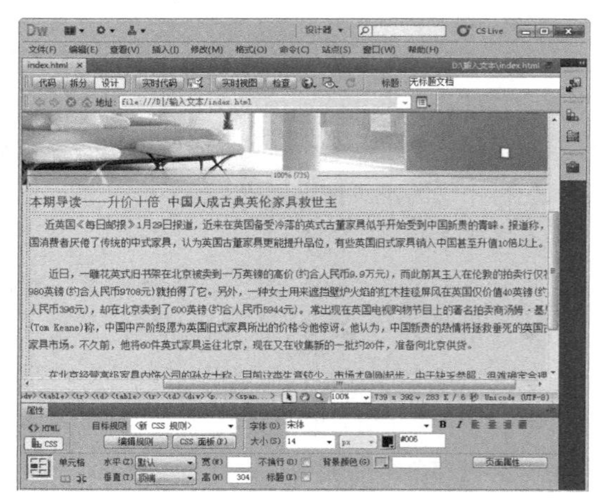

图2-12

如果字体列表中没有需要的字体，可以按如下方法编辑字体列表。

（5）在【属性】面板的【字体】下拉列表中选择【编辑字体列表】选项，打开【编辑字体列表】对话框，如图 2-13 所示。

（6）在【可用字体】列表框中选择要使用的字体，然后单击«按钮，所选字体就会出现在左侧的【选择的字体】列表框中，如图 2-14 所示。

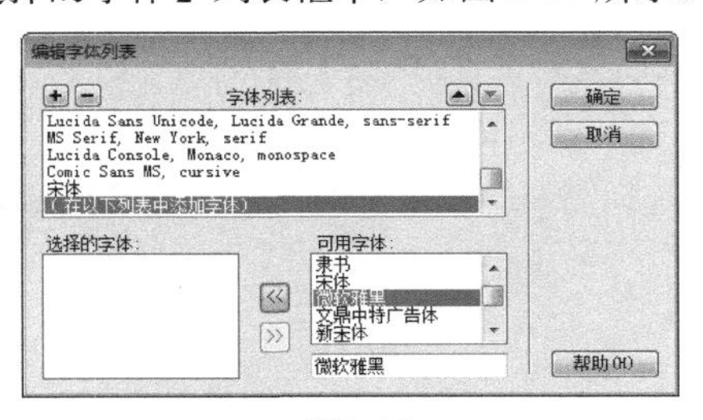

图2-13

图2-14

如果要创建新的字体列表，可以从【字体列表】列表框中选择【在以下列表中添加字体】选项。如果没有出现该选项，可以单击左上角的+按钮进行添加。

要从字体组合项中删除字体，在【字体列表】列表框中选定该字体组合项，然后单击左上角的−按钮即可删除。

一般来说，应尽量在网页中使用宋体或黑体，不使用特殊字体，因为浏览网页的计算机中如果没安装这些特殊的字体，在浏览时就只能以普通的默认字体来显示。

2.2 网页图像

图像是网页中最重要的元素之一。有美感的图像会为网站增添活力，同时也会引起浏览者的兴趣，增加网站浏览量。图像在网页中能够起到画龙点睛的作用，在文档的适当位置上放置一些图像，比单纯使用文字更具有说服力，同时更能起到美化页面的效果。

2.2.1 网页中的图像格式

网页中常用的图像格式有 3 种，即 GIF、JPEG 和 PNG 。其中 GIF 和 JPEG 文件格式的支持情况最好，大多数浏览器都可以进行查看。另外，PNG 文件具有较大的灵活性并且文件较小，所以它对于几乎任何类型的网页图形都是最合适的。

GIF 是英文单词 Graphics Interchange Format 的缩写，即图像交换格式。GIF 支持 256 色，可以做成逐帧动画，可以设置透明度，一般用于网页中的小图标。

JPEG 是英文单词 Joint Photographic Experts Group 的缩写，即联合图像专家组，专门用来处理照片图像。JPEG 支持百万级真彩，被广泛应用于网页制作上，特别是在表现色彩丰富、物体形状结构复杂的图片，如风景照片、人物照片等方面。

PNG 是英文单词 Portable Network Graphic 的缩写，即便携网络图像。该格式是一种将图像压缩到 Web 上的文件格式，和 GIF 格式不同的是，PNG 格式并不仅限于 256 色。它包括对索引色、灰度、真彩色图像以及 alpha 通道透明的支持。

2.2.2 插入图像

要想制作出精美的网页效果，图像是必不可少的。图像在网页中具有提供信息、展示形象、美化网页、表达个人情趣和风格的作用。

（1）打开需要插入图像的网页，将光标定位在要插入图像的位置，执行【插入】→【图像】命令，如图 2-15 所示。

（2）弹出【选择图像源文件】对话框，在该对话框中选择需要的图像文件，然后单击【确定】按钮，如图 2-16 所示。

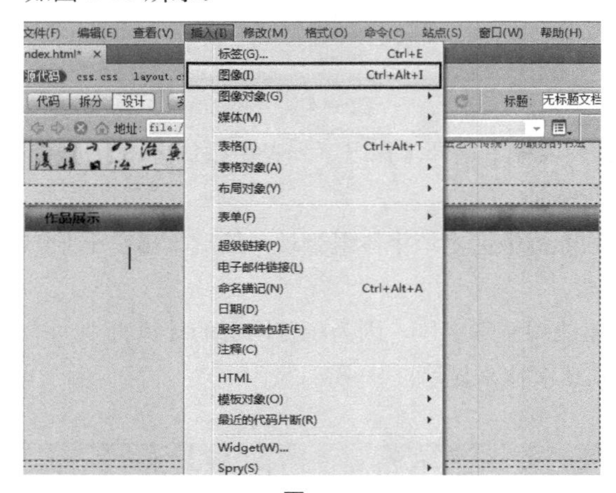

图2-15

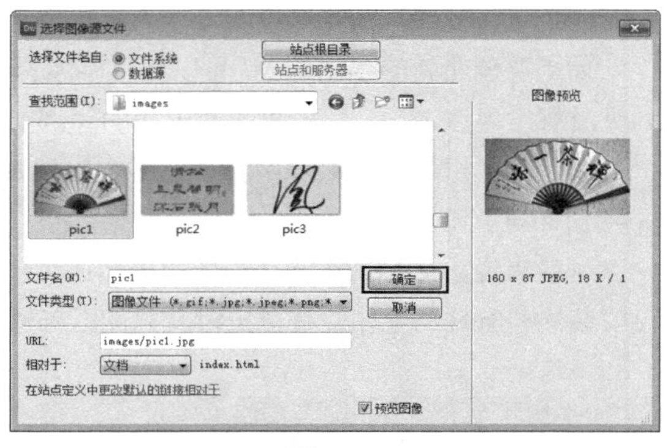

图2-16

（3）弹出【图像标签辅助功能属性】对话框，直接单击【确定】按钮，图像就被插入到网页中了，如图 2-17 所示。

（4）使用同样的方法依次插入其他的图像文件，如图 2-18 所示。

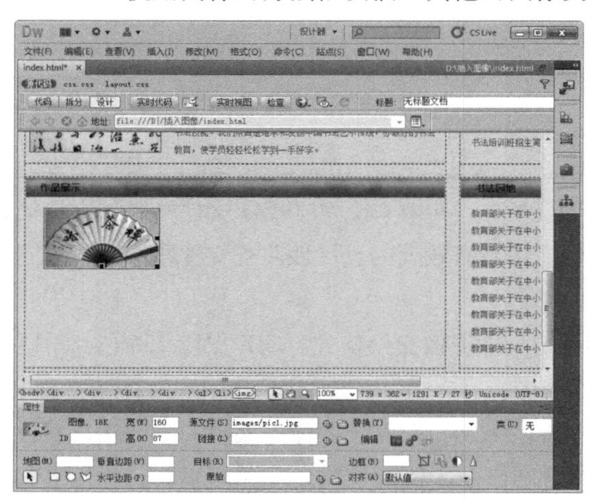

图2-17

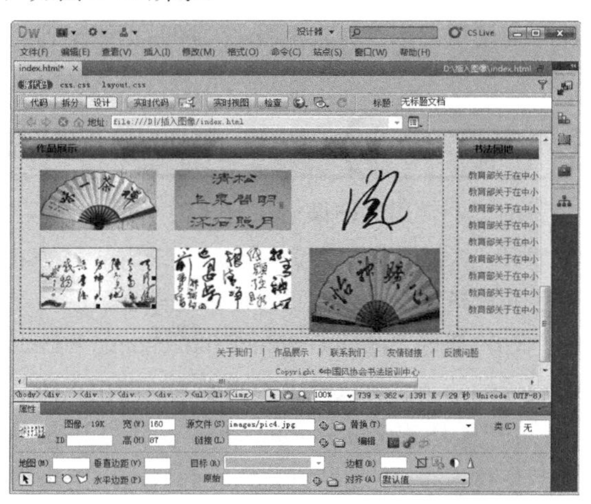

图2-18

2.2.3 设置图像的属性

插入图像以后，如果图像的大小、位置不合适，会使得网页效果不协调，这时就需要对图像属性进行调整。

（1）在网页中选择图像后，在【属性】面板可以看到图像的相关属性，如图 2-19 所示。

（2）修改图像的大小，设置其宽为 160，高为 87，此时页面中的元素看起来就很协调了，如图 2-20 所示。

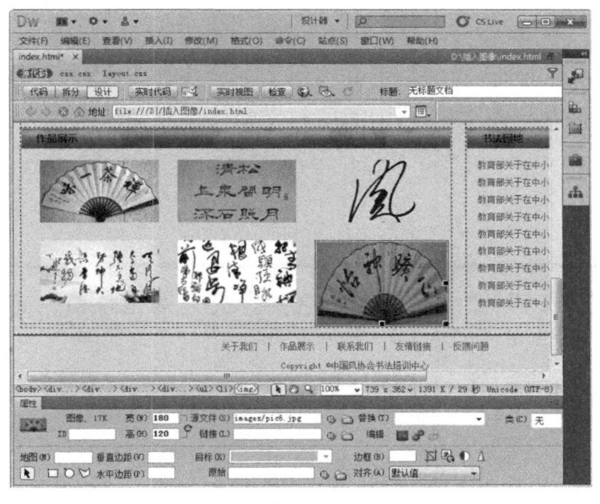

图2-19

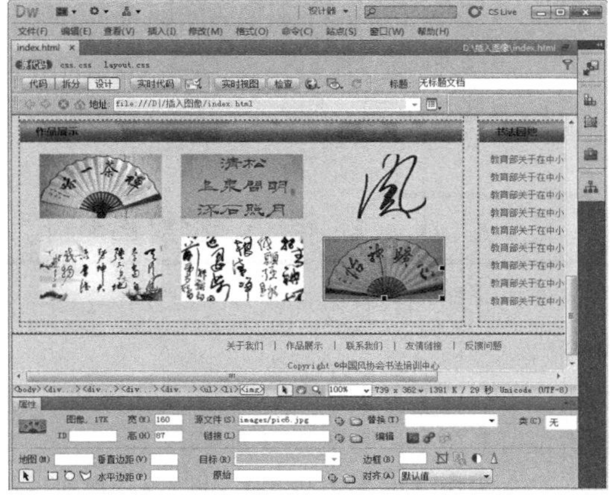

图2-20

在图像的【属性】面板，可以设置以下参数。

◆【宽】和【高】：以像素为单位设定图像的宽度和高度。当在网页中插入图像时，Dreamweaver 自动使用图像的原始尺寸。指定图像的大小时可以使用点、英寸、毫米和厘米等单位，在 HTML 源代码中，Dreamweaver 将这些值转换为以像素为单位。除此之外，还可以在图像上直接拖动鼠标来改变大小。选中要改变的图像，图像四周出现控制点，拖动任一个控制点则可改变图像大小。

◆【源文件】：指定图像文件的具体路径。

◆【链接】：为图像设置超链接。可以单击浏览按钮选择要链接的文件，或者直接输入 URL 路径。

◆【目标】：链接时的目标窗口或框架，包括 _parent、_blank、_new、_self 和 _top 5 个选项。

◆【替换】：可用于注释图片。当浏览器不能正常显示图像时，便在图像的位置用这个注释代替图像。

◆【编辑】：启动【外部编辑器】首选参数中指定的图像编辑器，并使用该图像编辑器打开选定的图像，通过属性面板可以设置裁剪大小、重新取样、设置亮度、对比度及锐化图像等操作。

◆【地图】：可用于创建客户端图像地图。

◆【热点工具】：单击这些按钮，可以创建图像的热区链接。

◆【垂直边距】：图像在垂直方向与文本域或其他页面元素的间距。

◆【水平边距】：图像在水平方向与文本域或其他页面元素的间距。

◆【原始】：指定在载入主图像之前应该载入的图像。

◆【边框】：以像素为单位的图像边框的宽度。默认为无边框。

◆【对齐】：设置图像和文本的对齐方式。其中，【对齐】下拉列表中各对齐方式的含义如下：

- 【默认值】：浏览器默认的对齐方式，大多数浏览器使用基线对齐作为默认对齐方式。
- 【基线】：图像底部与文本或者同一段落中其他对象的基线对齐。
- 【顶端】：图像顶端与当前行最高对象的顶端对齐。
- 【居中】：图像中间与当前行的基线对齐。
- 【底部】：图像底部与当前行最低对象的底部对齐。
- 【文本上方】：图像顶端与当前行中的最高字母对齐。
- 【绝对居中】：图像中间与当前行中的文本或对象的中间对齐。
- 【绝对底部】：图像的底部与当前行中字母（如 j、q、y 等）的下部对齐。
- 【左对齐】：图像与浏览器或表格中单元格的左边对齐，当前行中的所有文本移动到图像的右边。
- 【右对齐】：图像与浏览器或表格中单元格的右边对齐，当前行中的所有文本移动到图像的左边。

2.2.4 插入图像占位符

为方便版面设计的需要，可以使用【图像占位符】在图像没有处理好之前，先为图像预留指定大小的空间。

（1）打开网页文件，将光标定位在要插入图像占位符的位置。执行【插入】>【图像对象】>【图像占位符】命令，如图 2-21 所示。

（2）弹出【图像占位符】对话框，在对话框中进行相应的设置，如图 2-22 所示。

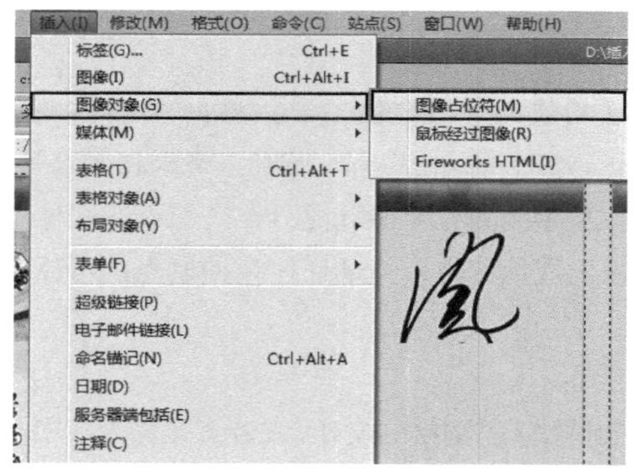

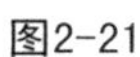
图2-21

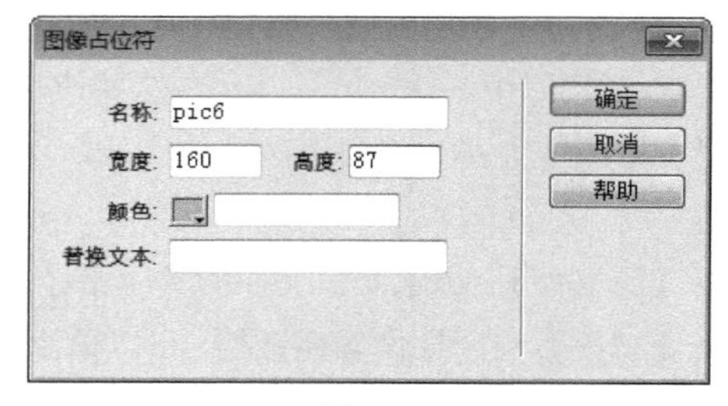

图2-22

（3）然后单击【确定】按钮，这时图像占位符已经插入，如图 2-23 所示。

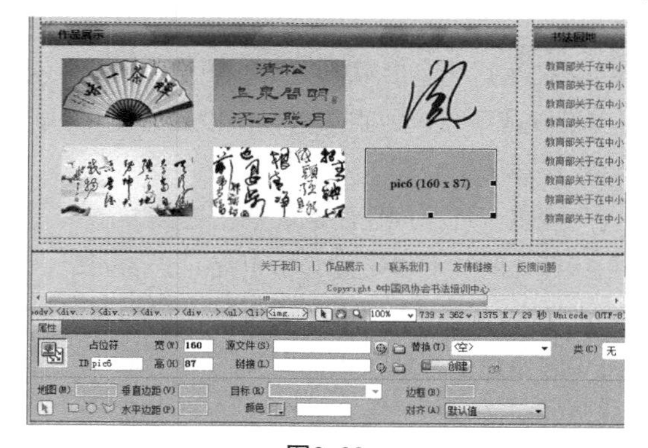

图2-23

2.2.5 插入鼠标经过图像

鼠标经过图像是指在浏览器中查看并在鼠标指针移过它时发生变化的图像。鼠标经过图像由两个图像文件组成，一个是主图像，就是页面首次载入时显示的图像；而另一个是次图像，就是当鼠标指针经过主图像时显示的图像。通常情况下，这两个图像文件的大小应该大小相等。如果这两个图像文件的大小不同，Dreamweaver 会自动调整次图像，以便使其符合主图像的尺寸。

（1）打开网页文件，将光标定位在要插入图像的位置，执行【插入】>【图像对象】>【鼠标经过图像】命令，如图 2-24 所示。

（2）弹出【插入鼠标经过图像】对话框，在该对话框中设置相关参数，如图 2-25 所示。

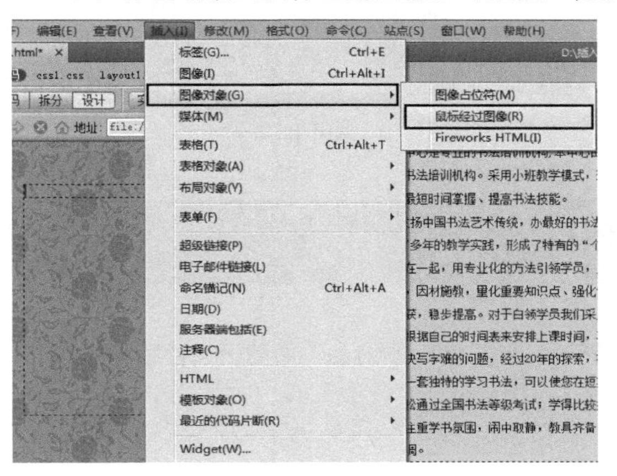

图2-24

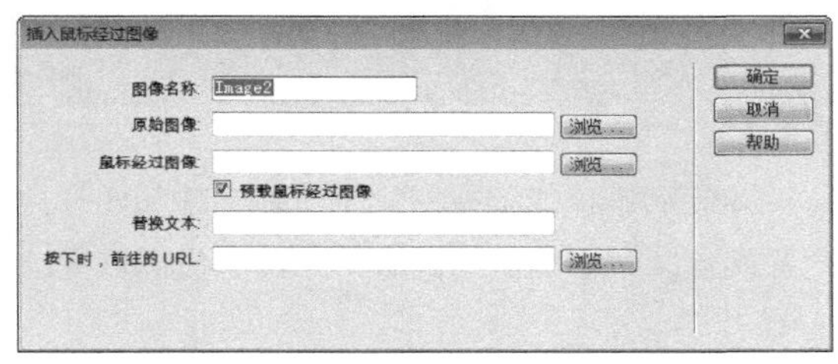

图2-25

（3）在对话框中单击【原始图像】文本框后面的【浏览】按钮，弹出【原始图像】对话框，选择需要的图像，如图 2-26 所示。

（4）单击【确定】按钮，添加原始图像，单击【鼠标经过图像】文本框右边的【浏览】按钮，弹出【鼠标经过图像】对话框，选择需要的图像，如图 2-27 所示。

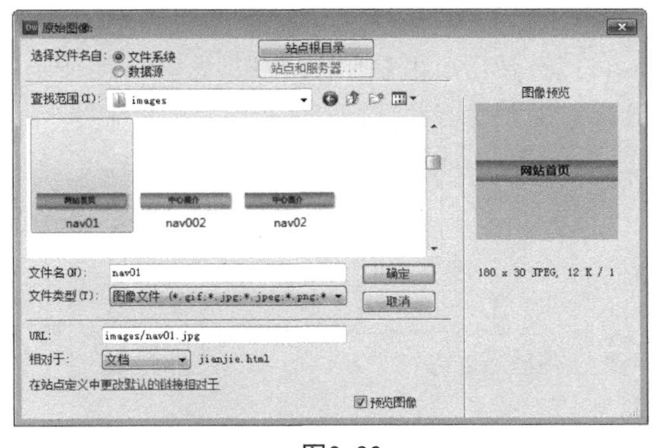

图2-26

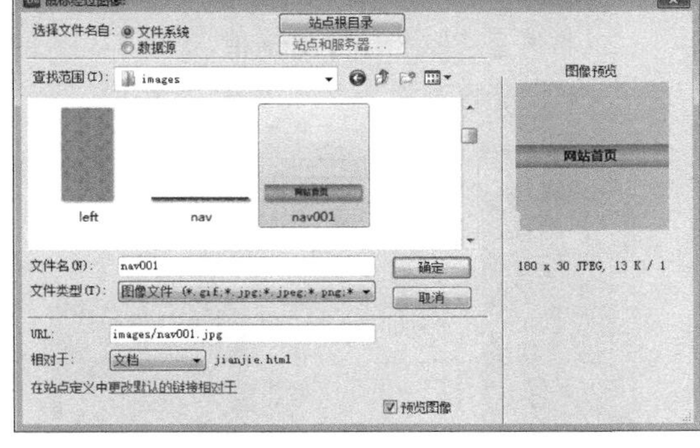

图2-27

（5）单击【确定】按钮，插入鼠标经过图像。使用同样的方法插入其他鼠标经过图像，如图 2-28 所示。

（6）按【F12】快捷键预览网页，效果如图 2-29 所示。

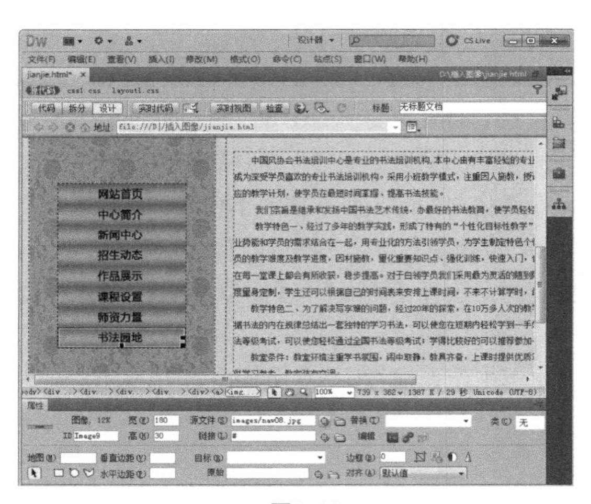

图2-28

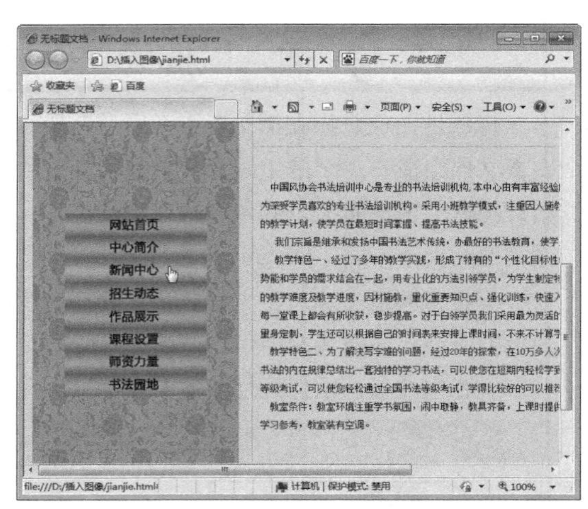

图2-29

2.3 插入多媒体

互联网不仅能够在网站上传输文字和图片，还能传输各类多媒体信息，如动画、音频和视频等，这样既可以丰富网页的内容，又可以使网页生动有趣。

2.3.1 插入 SWF 动画

SWF 动画是在 Flash 软件中完成的，在 Dreamweaver 中能将现有的 SWF 动画插入到文档中，以便丰富网页效果。

（1）打开网页文档，将光标定位在要插入 SWF 动画的位置，执行【插入】>【媒体】>【SWF】命令，如图 2-30 所示。

（2）打开【选择 SWF】对话框，选择要插入的 Flash 动画，然后单击【确定】按钮，如图 2-31 所示。

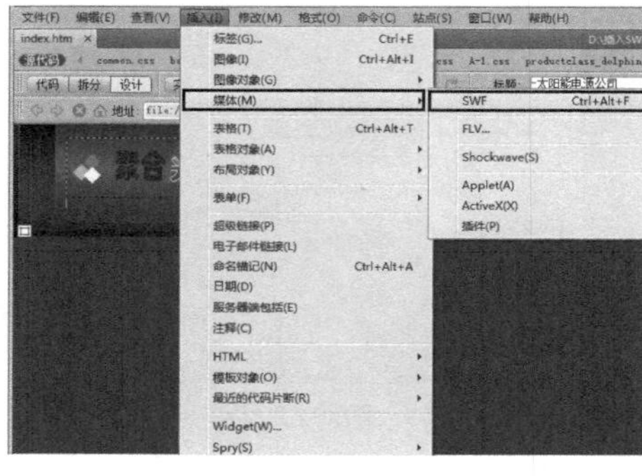

图2-30

图2-31

（3）弹出【对象标签辅助功能属性】对话框，单击【确定】按钮。此时，网页中就插入了 Flash 动画，如图 2-32 所示。

（4）选择插入的 Flash，单击【属性】面板中的【播放】按钮［播放］，即可预览动画，如图 2-33 所示。

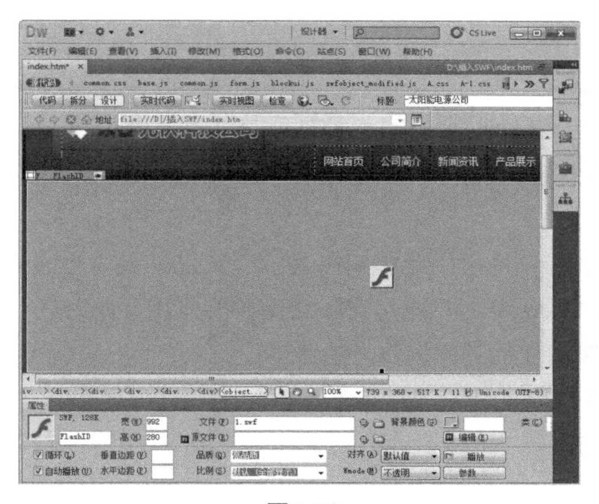

图2-32

图2-33

选中插入的 SWF，在【属性】面板可以设置以下参数。

◆【FlashID】：为 SWF 文件指定唯一 ID。在【属性】面板最左侧的未标记文本框中输入 ID。

◆【宽】和【高】：以像素为单位设定文档中 SWF 动画的尺寸。可以输入数值改变其大小，也可以在文档中拖动缩放手柄改变其大小。

◆【文件】：指定 SWF 文件或 Shockwave 文件的路径。单击文件夹图标浏览文件或直接输入文件路径。

◆【源文件】：指定源文档（FLA 文件）的路径。

◆【背景颜色】：指定影片区域的背景颜色。在不播放影片时（在加载时和在播放后）也显示此颜色。

◆【编辑】：启动 Flash 以更新 FLA 文件（使用 Flash 创作工具创建的文件）。如果计算机上没有安装 Flash，则会禁用此选项。

◆【类】：可用于对影片应用 CSS 类。

◆【循环】：选中此选项，使影片连续播放。如果没有选择循环，则影片将播放一次，然后停止。

◆【自动播放】：在加载页面时自动播放影片。

◆【垂直边距】和【水平边距】：指定动画边框与网页上边界和左边界的距离。

◆【品质】：设置 SWF 动画在浏览器中的播放质量，包括低品质、自动低品质、自动高品质和高品质 4 个选项。

◆【比例】：设置影片如何适合在宽度和高度文本框中设置的尺寸，包括全部显示、无边框和严格匹配 3 个选项，【默认】设置为显示整个影片。

◆【对齐】：设置影片在页面上的对齐方式。

◆【Wmode】：为 SWF 文件设置 Wmode 参数以避免与 DHTML 元素相冲突。默认值为不透明，这样在浏览器中，DHTML 元素就可以在 SWF 文件的上面显示。如果 SWF 文件包括透明度，并且希望 DHTML 元素显示在它们的后面，则选择【透明】选项。选择【窗口】选项可从代码中删除 Wmode 参数并允许 SWF 文件显示在其他 DHTML 元素的上面。

◆【播放】：在【文档】窗口中播放影片。

◆【参数】：打开一个对话框，可在其中输入传递给影片的附加参数。影片必须已设计好，才可以接收这些附加参数。

2.3.2 插入 FLV 视频

FLV 就是 Flash Video 的简称。FLV 流媒体格式是 Flash 支持的一种视频格式。由于它形成的文件极小、加载速度极快，使得网络观看视频文件非常方便，有效地解决了 SWF 文件体积庞大，不能在网络上很好地使用等缺点。

目前各在线视频网站（如新浪播客、优酷、土豆等）均采用此视频格式。FLV 已经成为当前视频文件的主流格式。该格式不仅可以轻松地导入到 Flash 中，并能起到版权保护的作用，同时还可以不通过本地的播放器播放视频。在网页中插入视频文件的具体操作方法如下。

（1）打开网页文档，将光标定位在要插入 FLV 的位置，执行【插入】>【媒体】>【FLV】命令，如图 2-34 所示。

（2）打开【插入 FLV】对话框，单击该对话框中的【浏览】按钮，弹出【选择 FLV】对话框，选择要插入的 FLV 视频文件，然后单击【确定】按钮，如图 2-35 所示。

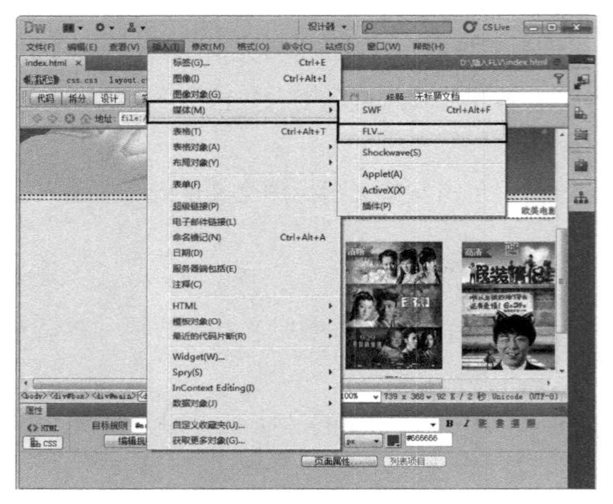

图2-34

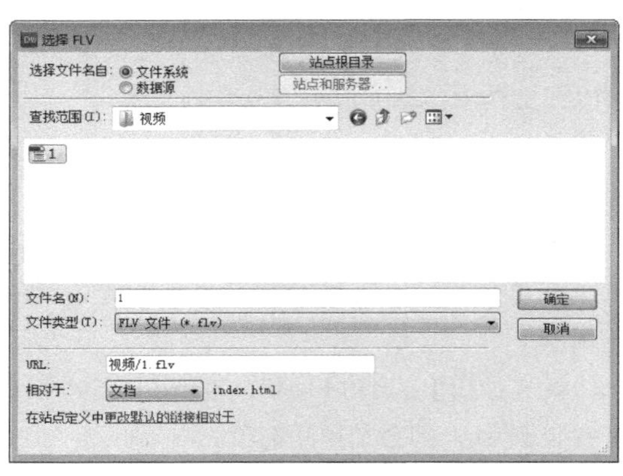

图2-35

（3）返回【插入 FLV】对话框，在该对话框中设置视频文件的外观、宽度和高度等参数，然后单击【确定】按钮，如图 2-36 所示。

（4）此时，在网页中就插入了 FLV 视频文件，如图 2-37 所示。

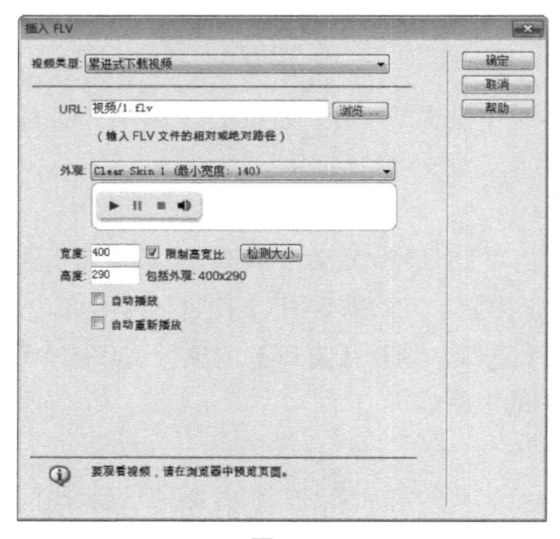

图2-36

图2-37

（5）保存文件，按【F12】快捷键预览网页。单击视频播放按钮即可观看该视频，如图 2-38 所示。

图2-38

在【插入 FLV】对话框的【视频类型】下拉列表中有两种视频类型，一种是累进式下载视频；另一种是流视频。

1．累进式下载视频

累进式下载视频类型是将 FLV 文件下载到站点访问者的硬盘上，然后进行播放，但是与传统的“下载并播放”视频传送方法不同，累进式下载允许在下载完成之前就开始播放视频文件。

执行【插入】>【媒体】>【FLV】命令，打开【插入 FLV】对话框，在【视频类型】下拉列表中选择【累进式下载视频】，如图 2-39 所示。

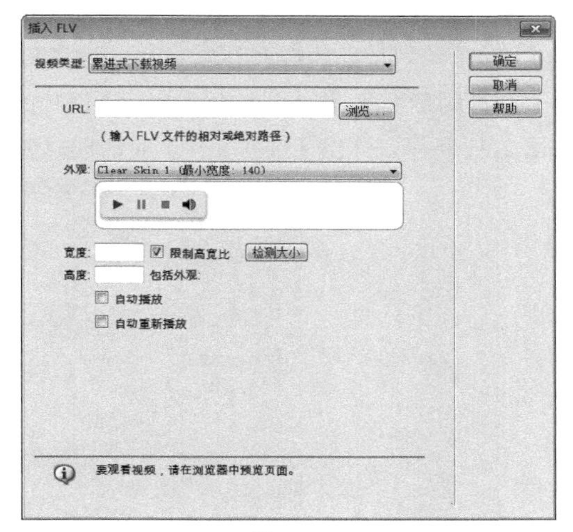

图2-39

该对话框中所有选项的含义如下。

◆【URL】：设置 FLV 文件的相对路径或绝对路径。若要指定相对路径可单击【浏览】按钮，导航到 FLV 文件并将其选定。若要指定绝对路径，则输入 FLV 文件的 URL。

◆【外观】：设置视频组件的外观。

◆【宽度】和【高度】：以像素为单位设置 FLV 文件的宽度和高度。

◆【包括外观】：指 FLV 文件的宽度和高度与所选外观的宽度和高度相加得出的和。

◆【限制高宽比】：保持视频组件的宽度和高度之间的比例不变。默认情况下会选择此选项。

◆【自动播放】：指定在网页面打开时是否播放视频。

◆【自动重新播放】：指定播放控件在视频播放完之后是否返回起始位置。

2．流视频

流视频是对视频内容进行流式处理，并在一段可确保流畅播放的很短的缓冲时间后在网页上播放该内容。

在【插入 FLV】对话框的【视频类型】下拉列表中选择【流视频】，如图 2-40 所示。

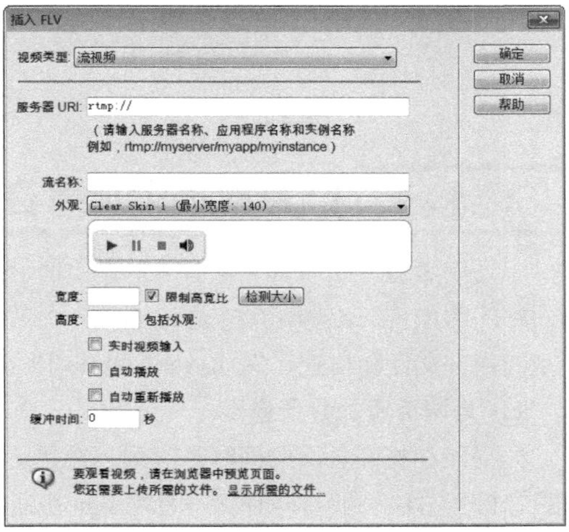

图2-40

该对话框中部分选项的含义如下。

◆【服务器 URI】：指定服务器名称、应用程序名称和实例名称。

◆【流名称】：指定想要播放的 FLV 文件的名称。

◆【实时视频输入】：指定视频内容是否是实时的。

◆【自动播放】：指定在网页打开时是否播放视频。

◆【自动重新播放】：指定播放控件在视频播放完之后是否返回起始位置。

◆【缓冲时间】：指定在视频开始播放前，进行缓冲处理所需的时间（以秒为单位）。默认的缓冲时间设置为 0。单击【播放】按钮后，视频会立即开始播放。

2.3.3 插入 Shockwave 动画

Shockwave 是 Macromedia 公司制定的一种网上媒体交互压缩格式的标准，其生成的压缩格式可以被快速下载，并且被目前的主流浏览器所支持。Shockwave 是一种复杂的播放技术，由于它提供了强大的、可扩展的脚本引擎，可以用来制作聊天室、操作 html 、解析 xml2 文档、控制矢量图形。

打开网页文档，将光标定位在要插入影片的位置，执行【插入】>【媒体】>【Shockwave】命令，如图 2-41 所示，弹出【选择文件】对话框，选择需要的文件，单击【确定】按钮即可。

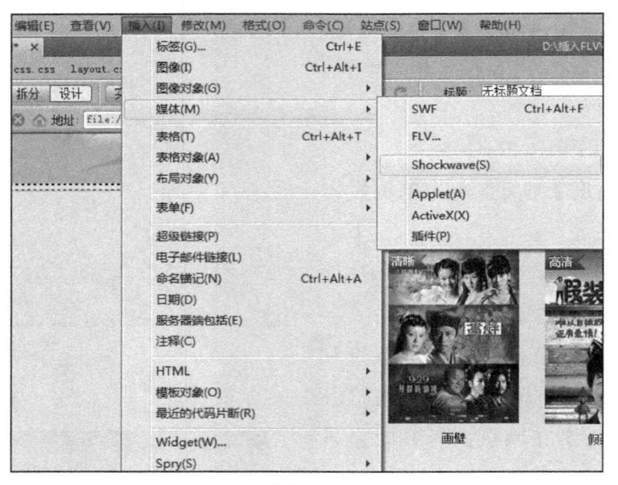

图2-41

2.3.4 为网页添加声音

当访问者打开了添加背景音乐的网页时背景音乐即会自动播放，设置背景音乐可以加深浏览者对网站的印象，突出网站的主题，达到声色并茂的效果。用户可以向网页中添加声音。有多种不同类型的声音文件和格式，例如 .wav、.mid 和 .mp3 等。

1. 为网页添加背景音乐

如果能在打开页面的同时，听到一曲优美动人的音乐，相信这会使网站增色不少。为网页添加背景音乐的方法一般有两种。一种是通过普通的 <bgsound> 标签来添加，另一种是通过 <embed> 标签来添加。

（1）使用 <bgsound> 标签

打开网页文档，点击【代码】切换到代码编辑视图，在 <body> 和 </body> 之间输入"<"，在弹出的代码提示框中选择 bgsound，并输入以下代码：src= "music.mp3" loop= "－1"，如图 2-42 所示。

bgsound 标签包含 5 个属性。

- 【balance】：设置音乐的左右均衡。
- 【delay】：设置播放延时。
- 【loop】：控制循环次数。
- 【src】：设置音乐文件的路径。
- 【volume】：设置音乐的音量。

```
163     </tr>
164   </table>
165 ⊟ <bgsound src="music.mp3" loop="-1">
166   </body>
167   </html>
168
```

图2-42

loop= " －1" 表示音乐无限循环，若要设置播放次数，则改为相应的数字即可。

（2）使用 <embed> 标签

使用 <embed> 标签来添加音乐的方法并不是很常见，但是它的功能非常强大，如果结合一些播放控件就可以制作一个 Web 播放器。

它的使用方法和 <bgsound> 标签基本一样，添加如下代码：<embed src= "music.mp3" autostart= "true" loop= "true" hidden= "true" >，如图 2-43 所示。

```
162       </table></td>
163     </tr>
164   </table>
165 ⊟ <embed src="music.mp3" autostart="true" loop="true" hidden="true">
166   </body>
167   </html>
168
```

图2-43

其中，autostart 用来设置打开页面时音乐是否自动播放，而 hidden 设置是否隐藏媒体播放器。因为 embed 实际上类似一个 Web 页面的音乐播放器，所以如果不隐藏，则会显示出系统默认的媒体插件。

2．在网页中嵌入音频

在网页中嵌入音频可将声音直接集成到页面中，但只有访问者具有所选声音文件的适当插件后，声音才可以播放。如果希望将声音用作背景音乐，或者希望控制音量、播放器在页面上的外观以及声音文件的开始点和结束点时，就可以嵌入文件。

（1）打开网页文档，将光标定位在要插入音频文件的位置，执行【插入】>【媒体】>【插件】命令，如图 2-44 所示。或者在【插入】面板的【常用】类别中，单击【媒体】按钮，然后从弹出菜单中选择【插件】图标。

（2）打开【选择文件】对话框，选择要插入的音频文件，然后单击【确定】按钮，如图 2-45 所示。

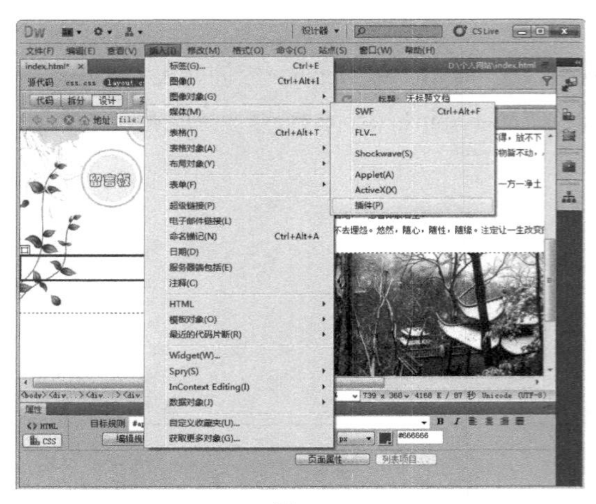
图2-44

图2-45

（3）选中该插件，在【属性】面板中设置【宽】为 248，如图 2-46 所示。

（4）保存文件，按【F12】快捷键预览网页。在网页上就出现了音频播放插件，用户即可控制音乐的播放与停止，如图 2-47 所示。

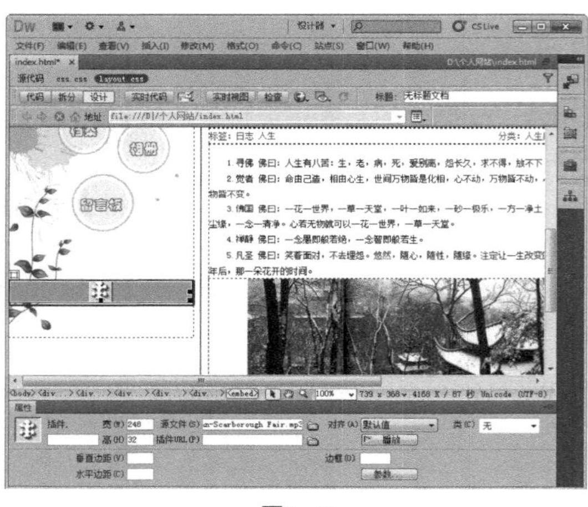
图2-46

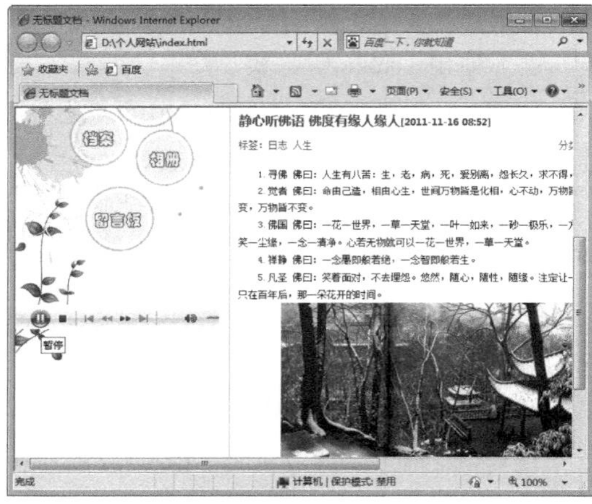
图2-47

2.3.5 插入 ActiveX 控件

用户可以通过不同方式和使用不同格式将视频添加到网页。视频可被用户下载，或者可将视频进行流式处理以便在下载它的同时播放它。

视频格式可以分为适合本地播放的本地影像视频和适合在网络中播放的网络流媒体影像视频两大类。尽管后者在播放的稳定性和播放画面质量上没有前者优秀，但网络流媒体影像视频的广泛传播性使之正被广泛应用于视频点播、网络演示、远程教育、网络视频广告等互联网信息服务领域。在网页中常用的视频格式有 AVI、MPEG、ASF 和 RM。

在网页中插入 ActiveX 控件的步骤如下。

（1）打开网页文档，将光标定位在要插入视频文件的位置，在【插入】面板的【常用】类别中，单击【媒体】按钮，然后从弹出菜单中选择【ActiveX】图标，如图 2-48 所示。

（2）选中插入的控件，在【属性】面板中设置【宽】和【高】分别为400、290，选中【嵌入】复选框，然后单击【源文件】文本框后的【浏览】按钮，如图2-49所示。

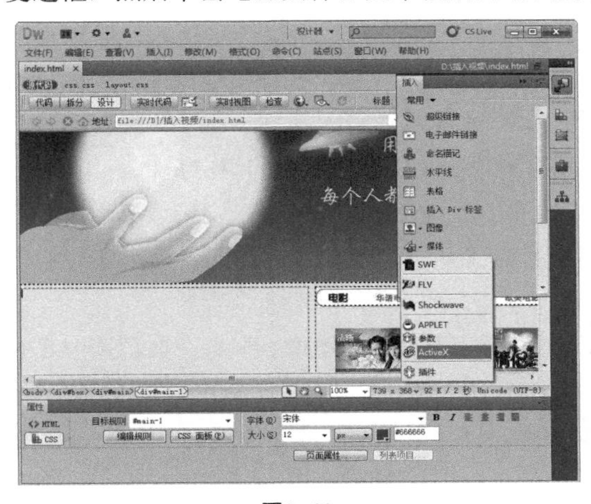

图2-48

图2-49

（3）弹出【选择Netscape插件文件】对话框，选择要嵌入的视频文件，然后单击【确定】按钮，如图2-50所示。

（4）保存文件，按【F12】快捷键预览网页。网页上就出现视频播放插件，用户就可以观看视频了，如图2-51所示。

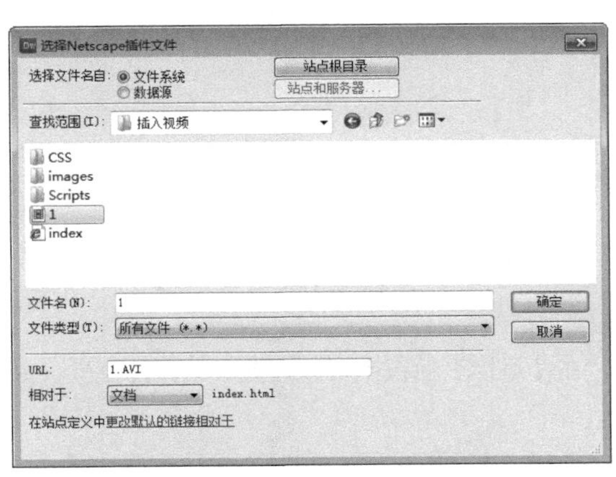

图2-50

图2-51

在ActiveX的【属性】面板中可以设置以下参数。

◆【名称】：指定用来标识ActiveX对象以撰写脚本的名称。

◆【宽】和【高】：指定对象的宽度和高度（以像素为单位）。

◆【ClassID】：为浏览器标识ActiveX控件。输入一个值或从弹出菜单中选择一个值。在加载页面时，浏览器使用该类ID来确定与该页面关联的ActiveX控件所需的ActiveX控件的位置。如果浏览器未找到指定的ActiveX控件，则它将尝试从【基址】中指定的位置下载它。

◆【嵌入】：为该ActiveX控件在object标签内添加embed标签。如果ActiveX控件具有Netscape Navigator插件等效项，则embed标签激活该插件。Dreamweaver将作为ActiveX属性输入的值分配给它们的Netscape Navigator插件等效项。

◆【对齐】：确定对象在页面上的对齐方式。

◆【参数】：打开一个用于输入要传递给 ActiveX 对象的其他参数的对话框。许多 ActiveX 控件都受特殊参数的控制。

◆【源文件】：定义在启用了【嵌入】选项时用于 Netscape Navigator 插件的数据文件。如果用户没有输入值，则 Dreamweaver 将尝试根据已输入的 ActiveX 属性确定该值。

◆【垂直边距】和【水平边距】：以像素为单位指定对象上、下、左、右的空白量。

◆【基址】：指定包含该 ActiveX 控件的 URL。如果在访问者的系统中尚未安装该 ActiveX 控件，则 Internet Explorer 将从该位置下载它。如果没有指定【基址】参数并且访问者尚未安装相应的 ActiveX 控件，则浏览器无法显示 ActiveX 对象。

◆【替换图像】：指定在浏览器不支持 object 标签的情况下要显示的图像。只有在取消选中【嵌入】选项后此选项才可用。

◆【数据】：为要加载的 ActiveX 控件指定数据文件。许多 ActiveX 控件（例如 Shockwave 和 RealPlayer）不使用此参数。

2.4 插入特殊元素

在 Dreamweaver 中，可以利用系统自带的符号集合，方便快捷地插入一些常用的特殊字符，如版权符、货币符以及数字运算符等。下面将进行具体介绍。

2.4.1 插入水平线

水平线在网页文档中经常用到，它主要用于分隔文档内容，使文档结构清晰明了，合理使用水平线可以获得非常好的效果。

（1）打开一个网页文档，将光标定位在要插入水平线的位置，执行【插入】>【HTML】>【水平线】命令，如图 2-52 所示。

（2）这时，就在网页文档中插入了一条水平线，在【属性】面板中可以设置水平线的属性，如图 2-53 所示。

图2-52

图2-53

在水平线【属性】面板中可以设置以下参数。

◆【水平线】：设置水平线的名称。

◆【宽】和【高】：以像素为单位或以页面尺寸百分比的形式设置水平线的宽度和高度。

◆【对齐】：设置水平线的对齐方式，包括【默认】、【左对齐】、【居中对齐】和【右对齐】4个选项。只有当水平线的宽度小于浏览器窗口的宽度时，该设置才有效。

◆【类】：可以使用【样式】来格式化水平线。

◆【阴影】：设置绘制的水平线是否带阴影。

2.4.2 插入日期和时间

在浏览网页时，访问者经常会看到最近一次修改网页的时间，这说明网页是在不断更新的。Dreamweaver 提供了一个方便的日期对象，该对象可以任何格式插入当前日期。

（1）打开一个网页文档，将光标定位在要插入时间的位置，执行【插入】>【日期】命令，如图2-54所示。

（2）弹出【插入日期】对话框，在该对话框中分别设置星期格式、日期格式和时间格式，并注意勾选【储存时自动更新】复选框，这样才会不断地更新时间日期。设置完成后单击【确定】按钮，如图2-55所示。

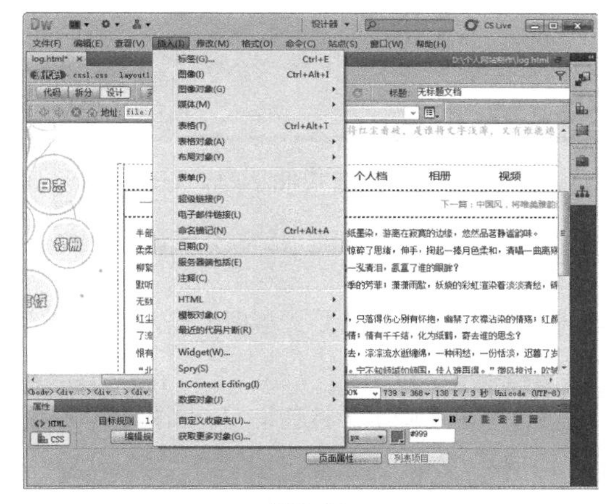

图2-54

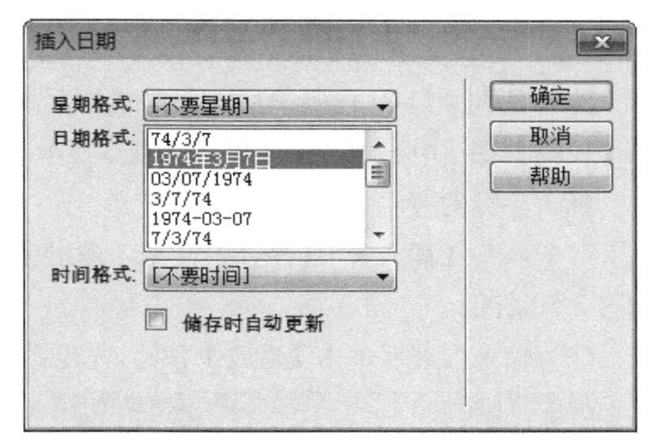

图2-55

（3）这样就在网页中插入了日期，并且会自动更新，如图 2-56 所示。

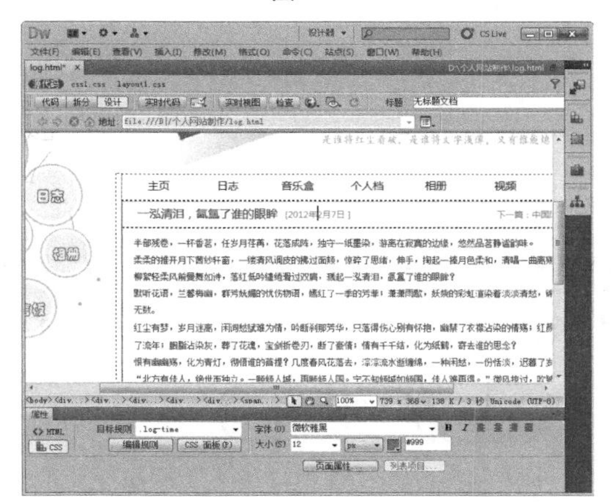

图2-56

2.4.3 插入特殊字符

下面以插入版权符为例进行介绍插入特殊字符的方法。

（1）将光标定位在要插入字符的位置，执行【插入】>【HTML】>【特殊字符】>【版权】命令，如图 2-57 所示。

（2）执行命令后，即可在插入点所在位置插入版权字符，如图 2-58 所示。

图2-57

图2-58

2.4.4 插入注释

注释是在 HTML 代码中插入的描述性文本，用于解释该代码或提供其他信息。注释文本只会在【代码】视图中出现，不会显示在浏览器中。

插入注释的方法如下。

（1）执行【插入】>【注释】命令，弹出【注释】对话框，在【注释】文本框中输入注释内容，如图 2-59 所示。

（2）输入内容后单击【确定】按钮，弹出系统信息提示，单击【确定】按钮即可，如图 2-60 所示。

图2-59

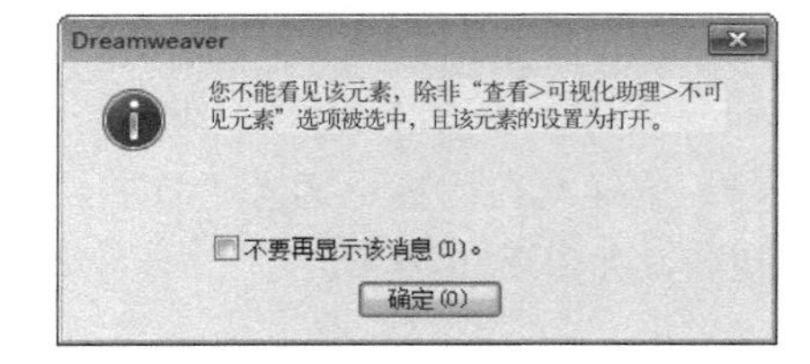

图2-60

2.5 综合案例——制作普通网页

学习目的

本实例在制作过程中，讲述了网页元素的编辑方法，制作图文并茂的网页。

重点难点

- 输入文本。
- 插入图像。
- 网页元素的编辑。

本实例效果如图 2-61 所示。

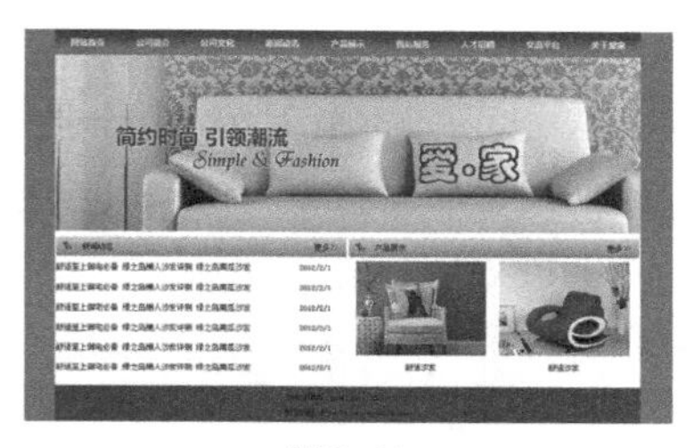

图2-61

操作步骤详解

Step 01 运行 Dreamweaver 应用程序，新建一个网页文档，并保存为 index.html，单击【属性】面板中的【页面属性】按钮，打开【页面属性】对话框，在左侧【分类】中选择【外观（CSS）】选项，在右侧设置各参数，如图 2-62 所示，然后单击【确定】按钮。

Step 02 打开【插入】面板，单击【常用】选项中的【表格】按钮，在打开的【表格】对话框中，设置【行数】为 2，【列数】为 1，【表格宽度】为 900 像素，【边框粗细】、【单元格边距】、【单元格间距】均为 0，如图 2-63 所示，然后单击【确定】按钮。

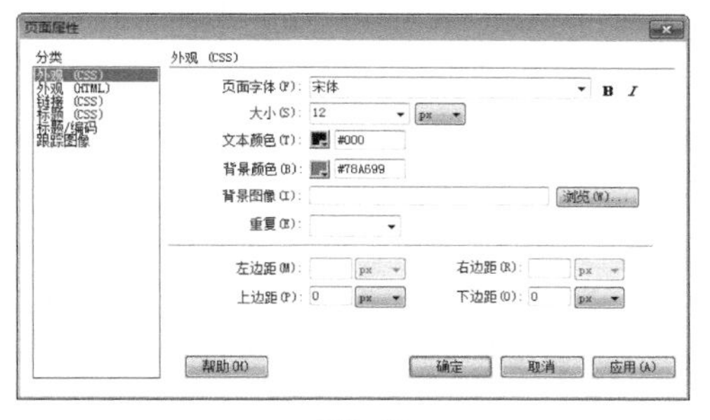

图2-62

图2-63

Step 03 在网页文档中插入了一个 2 行 1 列的表格，在【属性】面板中设置该表格居中对齐，并设置第一行的行高为 40，打开【快速标签编辑器】，添加设置单元格背景的代码，如图 2-64 所示。

Step 04 在第一个单元格中插入一个 1 行 9 列的表格，表格宽度为 100%，行高为 40，然后在各单元格中输入相应的文本内容，并应用 CSS 样式（微软雅黑，加粗，13px，#FFF），如图 2-65 所示。

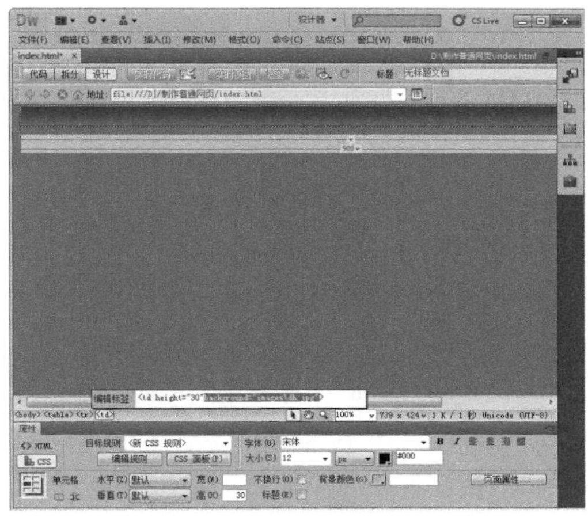

图2-64

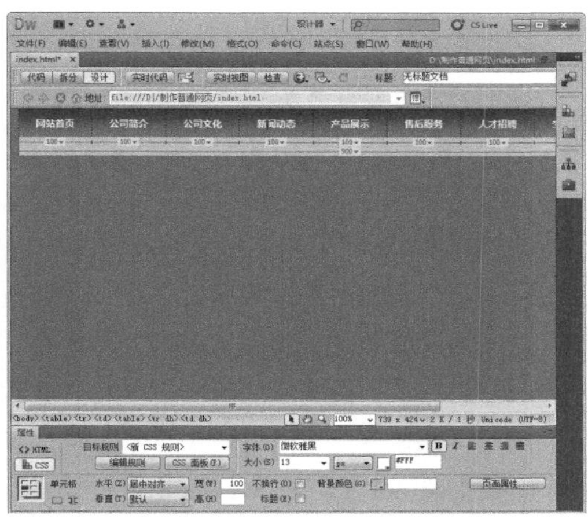

图2-65

Step 05 将光标定位在第二个单元格，执行【插入】>【图像】命令，在打开的对话框中选择要插入的图片，如图 2-66 所示，单击【确定】按钮。

Step 06 在图像下方插入一个 1 行 1 列的表格，表格宽度为 900 像素，居中对齐，并设置其背景颜色为白色，如图 2-67 所示。

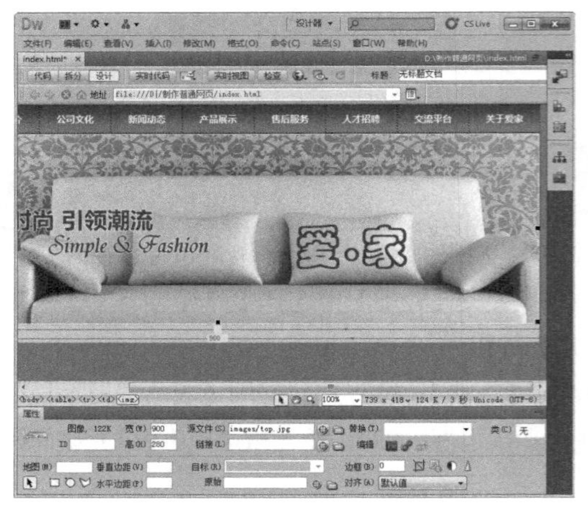

图2-66

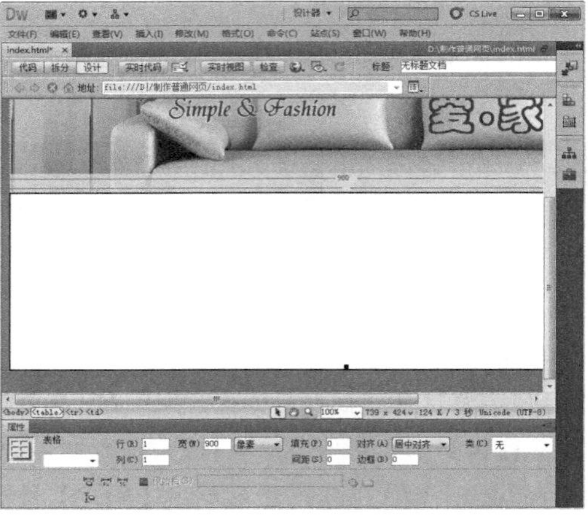

图2-67

Step 07 在该表格中嵌套一个 1 行 2 列的表格，表格宽度设为 100%；在左侧的单元格中再插入一个 7 行 2 列的表格，表格宽度设为 100%，单元格间距为 2；合并第一行两个单元格，打开【快速标签编辑器】添加设置单元格背景的代码，如图 2-68 所示。

Step 08 在第一行中插入一个 1 行 3 列的表格，调整单元格宽度，并输入文本内容，如图 2-69 所示。

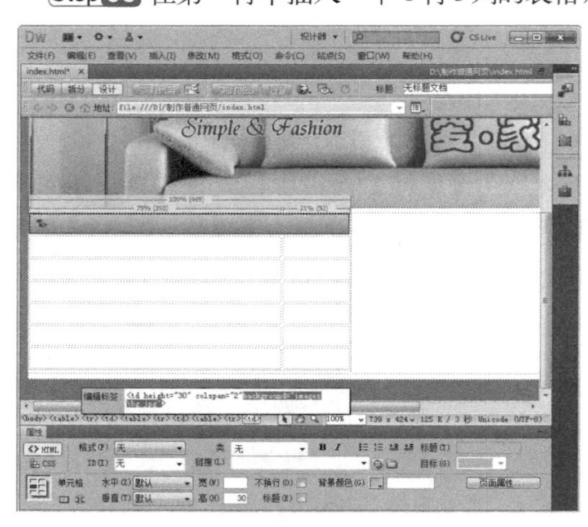

图2-68

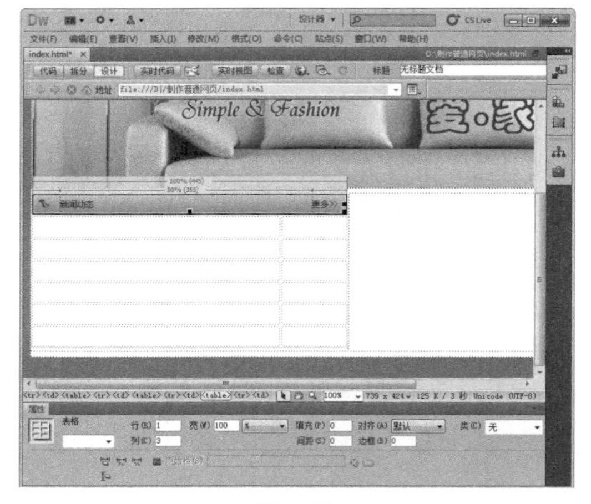

图2-69

Step 09 在其他单元格中输入文本内容，如图 2-70 所示。

Step 10 在右侧单元格中插入 2 行 1 列的表格，并设置第一个单元格的背景，然后在该单元格中插入 1 行 3 列的表格，并输入相应文本内容，如图 2-71 所示。

Step 11 在“产品展示”下方的单元格中插入一个 2 行 2 列的表格，表格宽度设为 99%，单元格间距为 2，并在各单元格中插入图像，输入文本内容，如图 2-72 所示。

Step 12 在网页文档底部插入一个 1 行 1 列的表格，表格宽度为 900 像素，居中对齐，并设置单元格的背景颜色为 #347967，如图 2-73 所示。

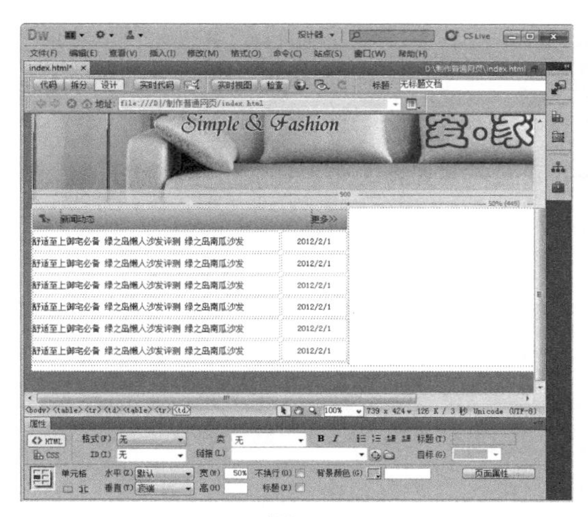

图2-70

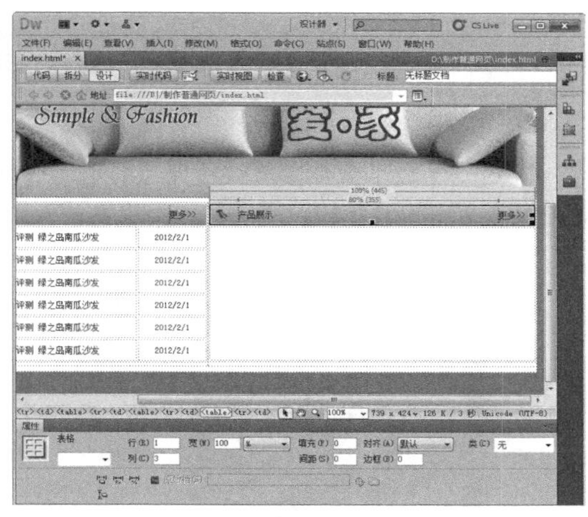

图2-71

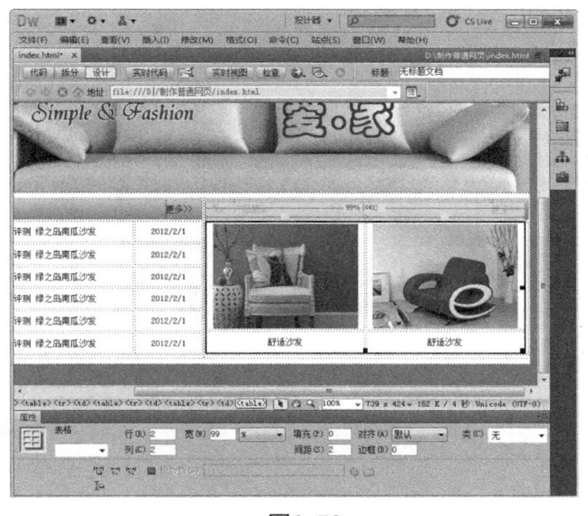

图2-72

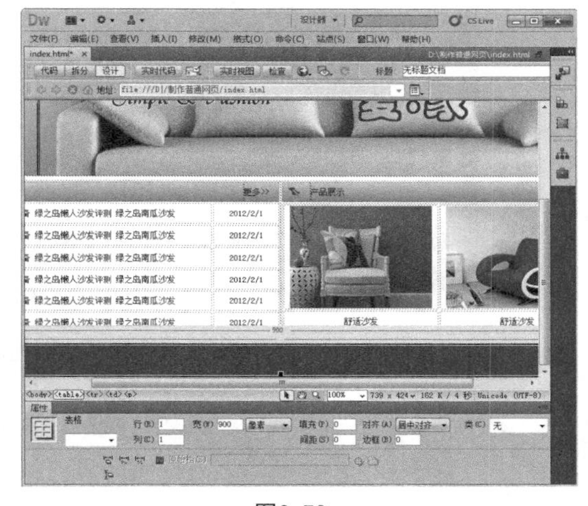

图2-73

Step 13 在该表格中输入版权信息文本内容，如图 2-74 所示。

Step 14 保存文件，按【F12】快捷键预览网页，如图 2-75 所示。

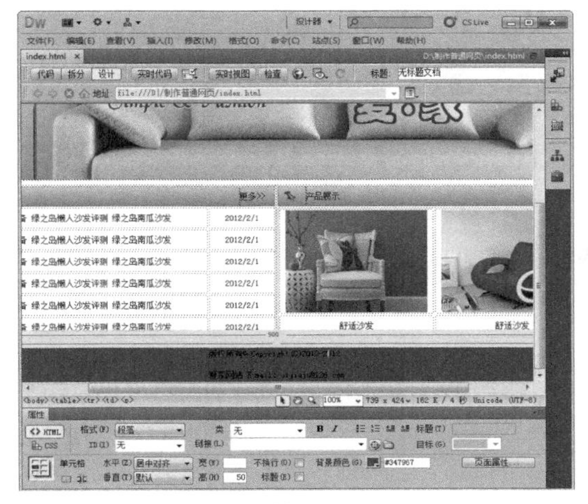

图2-74

图2-75

2.6 经典商业案例赏析

构成网页的元素有很多，文本和图像是最基本的元素。浏览者从文本对象获得大部分的信息，而图像是文本的解释和说明，在适当位置插入图像使得网页图文并茂，赏心悦目，如图 2-76 所示。

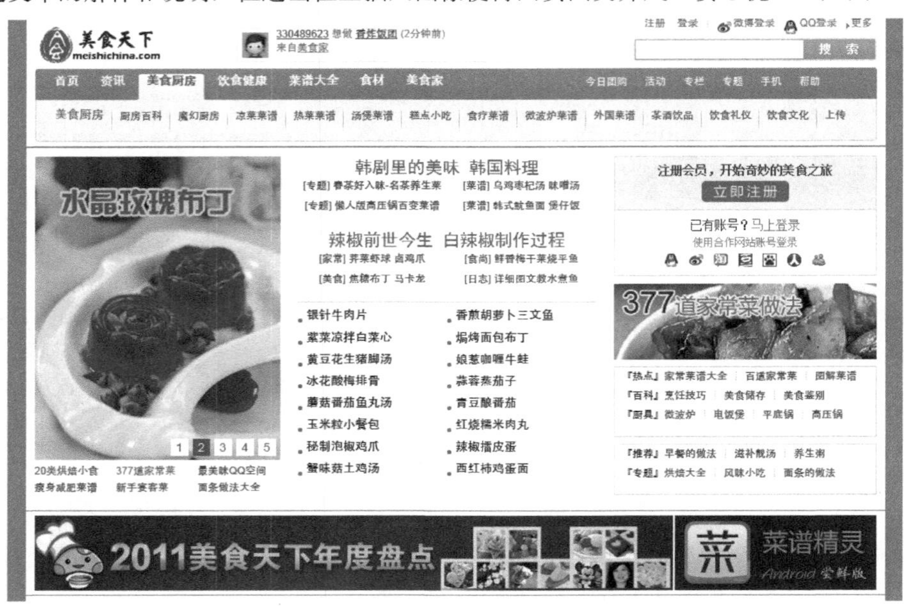

图2-76

2.7 习题

一、填空题

1. 在网页中可以使用的图像格式主要有 ______ 和 ______。

2. 网页的主要组成元素有 ______、______、______、______、______ 和 ______（请列出 6 个）。

3. 链接时的目标窗口或框架，包括 ______、_blank、______、_self 和 ______ 个选项。

4. 插入的 FLV 有两种视频类型，一种是 ______，另一种是 ______。

二、选择题

1. 在网页中插入特殊元素包括 ______。

A. 水平线　　B. 注释　　C. 日期　　D. 以上均是

2. 在 Dreamweaver 中，调整图像属性按下 ______ 键，拖动图像右下方的控制点，可以按比例调整图像大小。

A. Shift　　B. Ctrl　　C. Alt　　D. Shift +Alt

三、上机练习

1. 根据本章实例步骤，按照提供的素材完成综合实例。

2. 尝试制作一个简单的网页并保存。

第3章 掌握必要的HTML语言

HTML是最基本的网页制作的语言，也就是说万维网是建立在超文本基础之上的。网页的本质就是HTML。特别是HTML5的出现，将Web带入一个更加成熟的应用平台，在这个平台上，视频、音频、图像、动画以及同电脑的交互都被标准化。本章我们就来学习HTML的语法格式及使用方法。

本章知识要点

- HTML的基本结构
- HTML的基本标记
- HTML 5简介

3.1 认识HTML

网页的本质就是HTML，通过结合使用其他的Web技术（如脚本语言、CGI、组件等），可以创造出功能强大的网页。可以说，万维网是建立在超文本基础之上的。HTML是Web编程的基础，但又不同于编程语言，下面就来认识一下这种特殊的语言。

3.1.1 HTML语言简介

HTML（Hypertext Markup Language），即超文本标记语言，是目前因特网上用于编写网页的主要语言。但它并不是一种程序设计语言，它是一种规范，一种标准，它通过标记符号来标记要显示的网页中的各个部分。网页文件本身是一种文本文件，通过在文本文件中添加标记符，可以告诉浏览器如何显示其中的内容（如文字如何处理，画面如何安排，图片如何显示等）。

HTML文件是一种可以用任何文本编辑器创建的ASCII码文档。常见的文本编辑器如记事本、写字板等都可以编写HTML文件，在保存时以.htm或.html作为文件扩展名保存，当使用浏览器打开这些文件时，浏览器将对其进行解释，浏览者就可以从浏览器窗口中看到页面内容。

HTML 称为超文本，是因为文本中包含了“超级链接”点。这也是 HTML 获得广泛应用的最重要的原因。浏览器按顺序阅读网页文件，然后根据标记符解释和显示其标记的内容，对书写出错的标记将不指出其错误，且不停止其解释执行过程，编制者只能通过显示效果来分析出错原因和出错部位。但需要注意的是，对于不同的浏览器，对同一标记符可能会有不完全相同的解释，因而可能会有不同的显示效果。

3.1.2 HTML 的基本语法结构

1. 标记和属性

HTML 文件由标记和被标记的内容组成。标记是被封装在“<”和“>”所构成的一对尖括号中，如 <P>，在 HTML 中表示段落。标记分为单标记和双标记，双标记就是用一对标记对所标识的内容进行控制，包括开始标记符和结束标记符。而单标记则不需要成对出现。这两种标记的格式如下：

单标记：< 标记 > 内容

双标记：< 标记 > 内容 < / 标记 >

标记规定的是信息内容，但这些文本、图片等信息内容将怎样显示，还需要在标记后面加上相关的属性。标记的属性是描述对象特征的，用来控制标记内容的显示和输出格式，标记通常都有一系列属性。属性的一般格式如下：

< 标记 属性 1= 属性值 属性 2= 属性值…> 内容 < / 标记 >

例如，要将页面中段落文字的颜色设置为红色，则设置其 color 属性的值为 red，具体格式为：<p color=red> 内容 </p>

需要说明的是，并不是所有的标记都有属性，例如，换行标记
 就没有属性。一个标记可以有多个属性，在实际使用时根据需要设置其中一个或多个，这些属性之间没有先后顺序之分。

2. HTML 文档结构

HTML 文档必须以 <html > 标记开始，</html> 标记结束，其他标记都包含在这里面。在这两个标记之间，HTML 文件主要包括文件头和文书体两个部分。

例如，打开记事本，输入以下内容，如图 3-1 所示。

```
<html>
<head>
<title>文章阅读</title>
</head>

<body>
<center> <font face="黑体" size= 5 color= blue > 静听雨落，默度凡尘 </center>
<font face="宋体" size= 3 color=green >锦瑟流年，花开花落，又是一季，昨夜的风雨吹落的花儿，残留一地，伤感的情景，有着一个淡淡的人，拈手痴花泪，闻着淡淡的花香，淡淡的思绪，淡淡的想着，昨夜，雨落凡尘，花开却又花逝的忧伤。
</body>
</html>
```

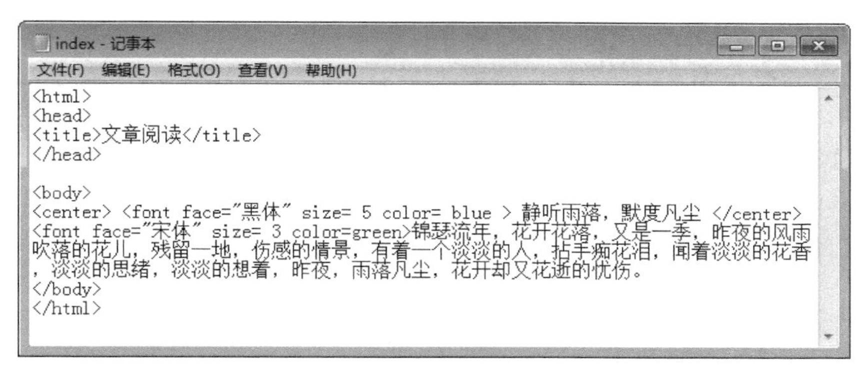

图3-1

输入完成后，执行【文件】>【另存为】命令，弹出【另存为】对话框，在【保存类型】右边的下拉菜单里选择【所有文件】。这一点非常重要，否则它将被保存为文本文档，而不是 HTML 文档。选择【保存类型】之后，将这个文档保存为“index.htm”或者“index.html”，并设置保存路径。双击打开保存的 HTML 文件，如图 3-2 所示。

整个文档包含在 HTML 标记中，<html> 和 </html> 成对出现，<html> 处于文件的第一行，表示文档的开始，</html> 位于文件最后一行，表示文档的结束。

文件头部分用 <head> 标记表示，处于第二层，<head> 和 </head> 成对出现，包含在 <html> 和 </html> 中。<head> 和 </head> 之间包含的是文件标题标记，它处于第三层。网页的标题内容“文章阅读”写在 <title></title> 之间。文件头部分是对网页信息进行说明，在文件头部分定义的内容通常不在浏览器窗口中出现。

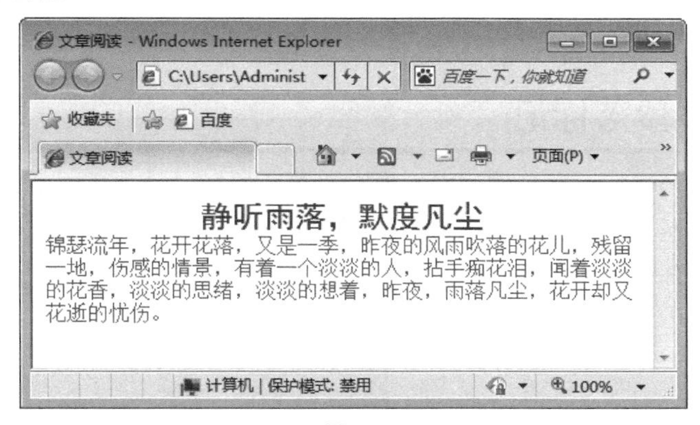

图3-2

文件体部分用 <body> 标记表示，它也处于第二层，包含在 <html> 内，在层次上和文件头标记并列。网页的内容如文字、图片、动画等就写在 <body> 和 </body> 之间，它是网页的核心。可以看到浏览器顶端标题栏中显示的文字就是网页的标题，是 <title> 和 </title> 之间的内容。而源代码 <body> 和 </body> 间的内容显示在浏览器窗口之中。

3.2 HTML的基本标记

网页中常见的标记有文本标记、图像标记、表格标记和超链接标记等。下面将进行具体介绍。

3.2.1 文本标记

在 HTML 中，通过 <hn> 标记来标识文档中的标题和副标题，n 代表从 1~6 的数字，数字越大所标记的标题字越来越小。

例如，用 <hn> 标记设置标题示例，代码显示如下。

```
<html>
<head>
<title>文本标记</title>
</head>

<body>
<h1>往返于紫陌纤尘</h1>
<h2>往返于紫陌纤尘</h2>
<h3>往返于紫陌纤尘</h3>
<h4>往返于紫陌纤尘</h4>
<h5>往返于紫陌纤尘</h5>
<h6>往返于紫陌纤尘</h6>
</body>
</html>
```

效果如图 3-3 所示。

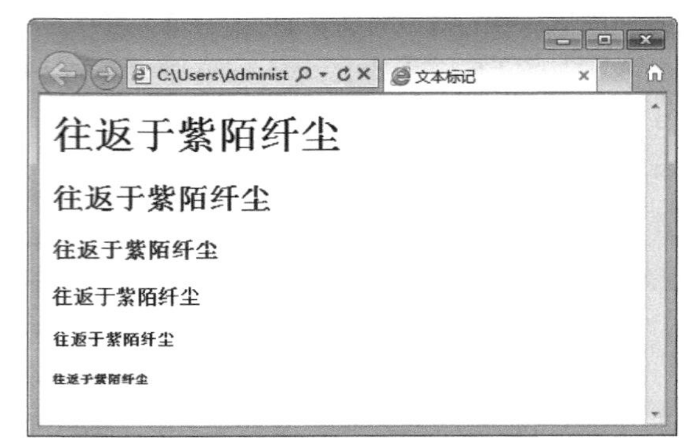

图3-3

3.2.2 段落标记

段落文本是通过 <p> 标记定义的，文本内容写在开始标记 <p> 和结束标记 </p> 之间。属性 align 用于设置段落文本的对齐方式，属性值有 3 个，分别是 left（左对齐）、center（居中对齐）和 right（右对齐）。当没有设置 align 属性时，默认为左对齐。

例如，用 <p> 标记设置段落文本示例，代码如下。

```
<html>
<head>
<title>段落文字的对齐方式</title>
</head>

<body>
<p >每天给自己一个希望</p>
<p align=” left” >每天给自己一个希望</p>
<p align=” center” >每天给自己一个希望</p>
<p align=” right” >每天给自己一个希望</p>
</body>
</html>
```

效果如图 3-4 所示。

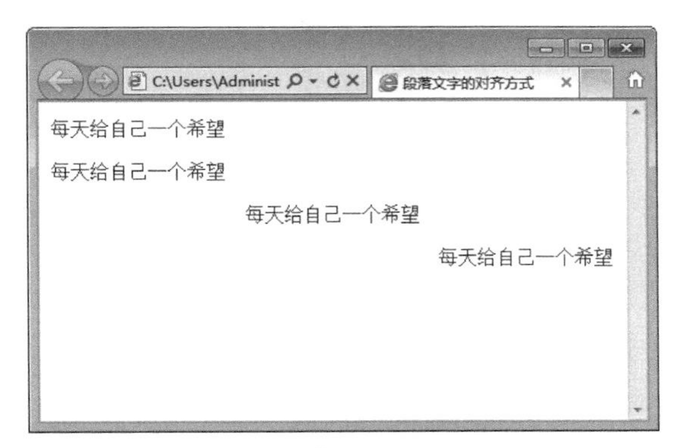

图3-4

可用来进行段落处理的还有强制换行标记
，
放在一行的末尾，可以使后面的文字、图片、表格等显示于下一行。它和<p>标记的区别是，用
分开的两行之间不会有空行，而<p>分开的两行之间却会有空行。

例如，用
换行的代码如下。

```
<html>
<head>
<title>强制换行标记</title>
</head>

<body>
<p>每天给自己一个希望</p>
<p>每天给自己一个希望</p>
不为明天烦恼<br />不为昨天叹息
</body>
</html>
```

效果如图3-5所示。

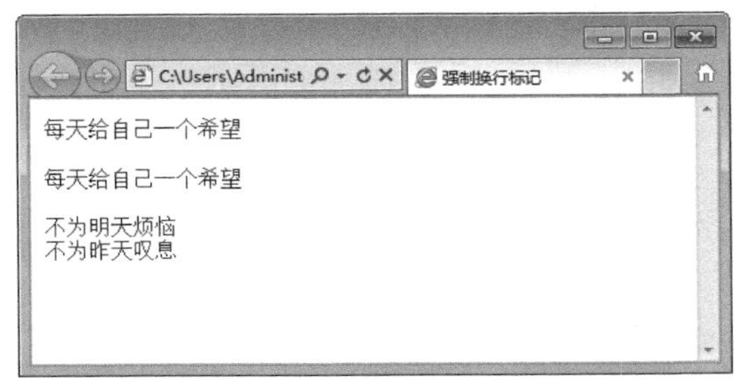

图3-5

3.2.3 文本格式标记

文本显示的格式通过<font>标记来标志。<font>标记常用的属性有3个，size设置文本字号大小，取值是0-7；color设置文本颜色，取值是十六进制RGB颜色；face设置字体，取值可以是宋体、黑体等。

例如，用<font>标记设置文本格式，代码如下。

```
<html>
<head>
<title>文本格式标记</title>
</head>

<body>
<font size="3">听弦断，风华荏苒</font><br />
<font size="6">听弦断，风华荏苒</font><br />
```

```
<font color=" #000000" >听弦断，风华荏苒</font><br />
<font color=" red" >听弦断，风华荏苒</font><br />
<font face=" 黑体" >听弦断，风华荏苒</font><br />
<font face=" 宋体" >听弦断，风华荏苒</font><br />
</body>
</html>
```

效果如图 3-6 所示。

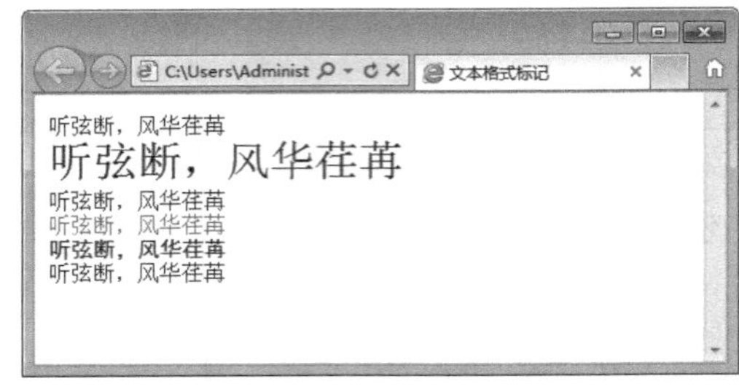

图3-6

为了让文字显示有变化，或者为了强调某部分文字，可以设置一些其他文本格式标记。这些单独的文本格式标记有以下 4 种。

<b> </b>　　文本以加粗形式显示

<i> </i>　　文本以斜体形式显示

<u> </u>　　文本加下划线显示

<strong> </strong>　文本加重显示通常黑体加粗

其他文本格式标记的示例，代码如下。

```
<html >
<head>
<title>文本格式标记</title>
</head>

<body>
<b>要生存，先做一株小草</b><br />
<i>要生存，先做一株小草</i><br />
<u>要生存，先做一株小草</u><br />
<strong>要生存，先做一株小草</strong>
</body>
</html>
```

效果如图 3-7 所示。

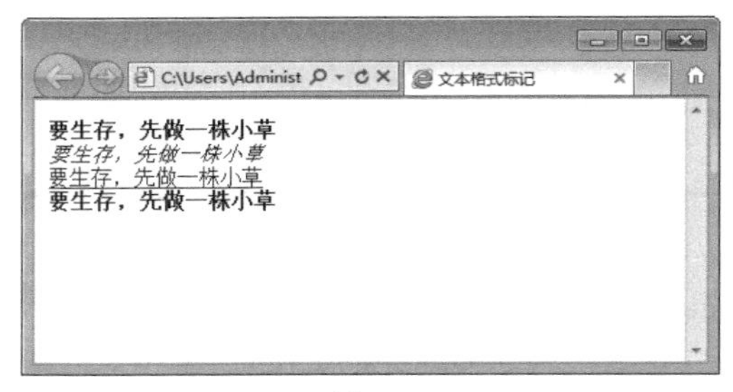

图3-7

3.2.4 图像标记

在页面中插入图片用 <img> 标记，<img> 是单向标记，不成对出现，如 <img src="image01.jpg">。src 属性用来设置图片所在的路径和文件名。图片标记常用的属性还有 width 和 height，分别用来设置图片的宽和高。另外，alt 也是常见属性设置，用来设置替代文字属性，当浏览器尚未完全读入图片时，或者浏览器不支持图片显示时，在图片位置显示这些文字。

图像标记的使用示例，代码如下。

```
<html>
<head>
<title>图像标记</title>
</head>

<body>
<img src="image1.jpg" alt="image3" width="300" height="200" />
<img src="iamge/image2.jpg" alt="image2" width="300" height="200" />
</body>
</html>
```

效果如图 3-8 所示。

图3-8

在上例中，图 image1.jpg 和网页保存在同一目录下，所以在属性 src 后面的引号内直接输入图像名即可。而图 image2.jpg 和网页没有保存在同一目录下，所以属性 src 后面的引号内要输入图像的完整地址。

3.2.5　超链接标记

超链接是指从一个页面跳转到另一个页面，或者是从页面的一个位置跳转到另一个位置的链接关系，它是 HTML 的关键技术。链接的目标可以是页面、图片、多媒体、电子邮件等，有了超链接，各个孤立的页面才可以相互联系起来。

1. 页面链接

在 HTML 中创建超链接需要使用 <a> 标记，具体格式如下：

<a href="URL" target="_blank"> 链接 </a>

Href 属性控制链接到的文件地址，target 属性控制目标窗口，target=blank 表示在新窗口打开链接文件，如果不设置 target 属性则表示在原窗口打开链接文件。在 <a> 和 </a> 之间可以用任何可单

击的对象作为超链接的源，如文字或图像。

常见的超链接指向其他网页的超链接，如果超链接的目标网页位于同一站点，则可以使用相对URL，如果超链接的目标网页位于其他位置，则需要指定绝对URL。例如，以下的HTML代码显示了创建超链接的方式。

```
<a href="http://www.baidu.com" > 百度搜索 </a>
<a href="test2.htm" > 网页 test2</a>
```

2. 锚记链接

如果要对同一网页的不同部分进行链接，则需要建立锚记链接。

设置锚记链接，首先为页面中要跳转到的位置命名。命名时使用 <a> 标记的 name 属性，此处 <a> 与 </a> 之间可以包含内容，也可以不包含内容。

例如，在页面开始处用以下语句进行标记。

```
<a name="top" > 顶部 </a>
```

对页面进行标记后，可以用 <a> 标记设置指向这些标记位置的超链接。如果在页面开始处标记了“top”，则可以用以下语句进行链接：

```
<a href="#top" > 返回顶部 </a>
```

这样，设置后用户在浏览器单击文字“返回顶部”时，将显示“顶部”文字所在的页面部分。

要注意的是，应用锚记链接要将其 href 的值指定为符号 # 后跟锚记名称。如果将值指定为一个单独的 #，则表示空链接，不做任何跳转。

3. 电子邮件链接

如果将 href 属性的取值指定为“mailto: 电子邮件地址”，则可以获得指向电子邮件的超链接。例如，使用以下 HTML 代码可以设置电子邮件超链接。

```
<a href=" mailto:lx_book@126.com" >lx_book 的邮箱 </a>
```

当浏览用户点击该超链接后，系统将自动启动邮件客户程序，并将指定的邮件地址填写到【收件人】栏中，用户可以编辑并发送邮件。

3.2.6 列表标记

列表分为有序列表、无序列表和定义列表。有序列表是指带有序号标志（如数字）的列表，没有序号标志的列表为无序列表，定义列表则可对列表项做出解释。

1. 有序列表

有序列表的标记是 <ol>, 其列表项标记是 <li>。具体格式如下。

```
<ol type=" 序号类型 ">
  <li> 列表项 1 </li>
  <li> 列表项 2 </li>
  <li> 列表项 3 </li>
 </ol>
```

type 属性的取值包含以下 5 种。

1：序号为数字。

A：序号为大写英文字母。

a：序号为小写英文字母。

I：序号为小写罗马字母。

i：序号为小写罗马字母。

有序列表示例，代码如下。

```
<html>
<head>
<title>有序列表</title>
</head>

<body>
<ol type="a">
  <li>流年过往，岁月静好 </li>
  <li>烟雨江南，无你何欢 </li>
  <li>仰望穹苍，且听风吟 </li>
  <li>花满树，此时春风意 </li>
</ol>
<ol type="I">
  <li>流年过往，岁月静好 </li>
  <li>烟雨江南，无你何欢 </li>
  <li>仰望穹苍，且听风吟 </li>
  <li>花满树，此时春风意 </li>
</ol>
</body>
</html>
```

效果如图 3-9 所示。

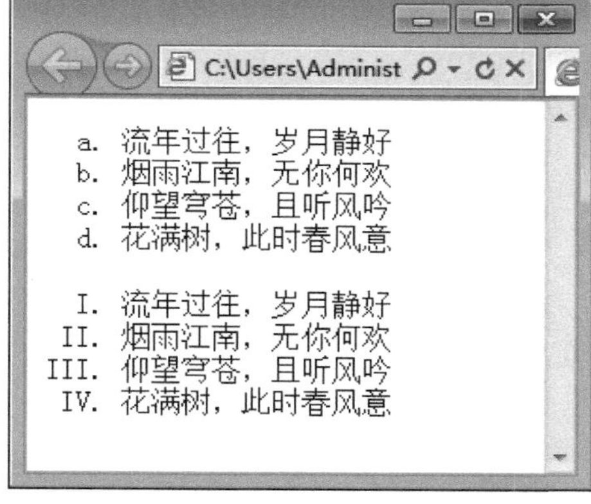

C:\Users\Administ
a. 流年过往，岁月静好
b. 烟雨江南，无你何欢
c. 仰望穹苍，且听风吟
d. 花满树，此时春风意
I. 流年过往，岁月静好
II. 烟雨江南，无你何欢
III. 仰望穹苍，且听风吟
IV. 花满树，此时春风意

图3-9

2. 无序列表

无序列表的标记是 <ul>，其列表项标记是 <li>。具体格式如下。

```
<ul type=" 符号类型 ">
 <li> 列表项 1 </li>
 <li> 列表项 2 </li>
 <li> 列表项 3 </li>
</ul>
```

type 属性控制列表在排序时使用的字符类型，取值包含以下 3 种。

disc：符号为实心圆。

circle：符号为空心圆。

square：符号为实心方点。

无序列表示例，代码如下。

```
<html>
<head>
```

```
<title>有序列表</title>
</head>

<body>
<ul type="circle">
  <li>流年过往，岁月静好 </li>
  <li>烟雨江南，无你何欢 </li>
  <li>仰望穹苍，且听风吟 </li>
  <li>花满树，此时春风意 </li>
</ul>
<ul type="disc">
  <li>流年过往，岁月静好 </li>
  <li>烟雨江南，无你何欢 </li>
  <li>仰望穹苍，且听风吟 </li>
  <li>花满树，此时春风意 </li>
</ul>
<ul type="square">
  <li>流年过往，岁月静好 </li>
  <li>烟雨江南，无你何欢 </li>
  <li>仰望穹苍，且听风吟 </li>
  <li>花满树，此时春风意 </li>
</ul>
</body>
</html>
```

效果如图 3-10 所示。

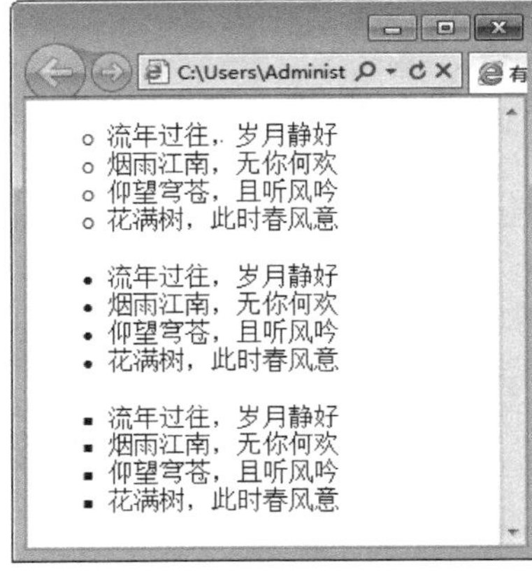

图3-10

3. 定义列表

定义型列表一般用于对列表项目进行简短说明，具体格式如下。

```
<dl>
<dt></dt>
<dd></dd>
</dl>
```

定义列表在 HTML 中的标签是 <dl>，列表项的标签是 <dt> 和 <dd>。<dt> 标签所包含的列表项目标志一个定义术语，<dd> 标签包含的列表项目是对定义术语的定义说明。

例如以下代码。

```
<dl>
    <dt>2012/2/28</dt>
            <dd>时光走失在那年夏天</dd>
    <dt>2012/2/26</dt>
            <dd>年华里最美好的信仰</dd>
</dl>
```

效果如图 3-11 所示。

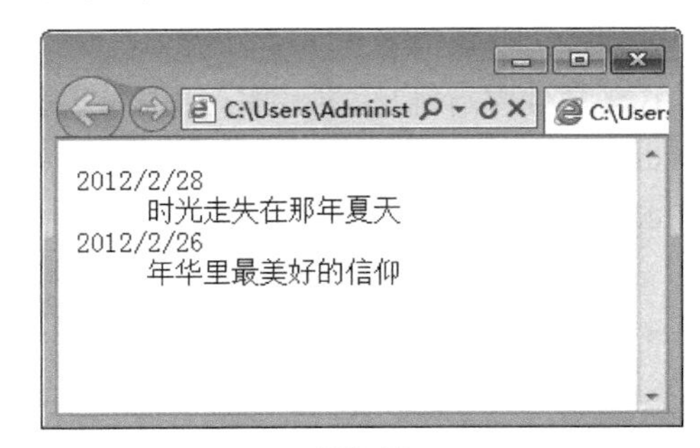

图3-11

3.2.7 表格标记

表格的主要用途是显示数据，它是进行信息管理的有效手段。通常表格由三部分组成，即行、列和单元格。使用表格会用到 3 个标签，即 <table>、<tr> 和 <td>。<table> 表示表格对象，<tr> 表示表格中的行，<td> 表示单元格，<td> 必须包含在 <tr> 标签内。具体格式如下。

```
<table>
 <tr><td> 表项目 1</td>……<td> 表项目 n</td></tr>
……
 <tr><td> 表项目 1</td>……<td> 表项目 n</td></tr>
</table>
```

表格的属性设置如宽度、边框等包含在 <table> 标记内，如果要在页面中创建一个 3 行、3 列，宽度为 400，边框为 1 的表格。其代码如下。

```
<table width="400" border="1">
   <tr>
    <td>语文</td>
    <td>英语</td>
    <td>数学</td>
  </tr>
  <tr>
    <td>数学</td>
    <td>英语</td>
    <td>语文</td>
  </tr>
  <tr>
    <td>英语</td>
    <td>语文</td>
    <td>数学</td>
  </tr>
 </table>
```

效果如果 3-12 所示。

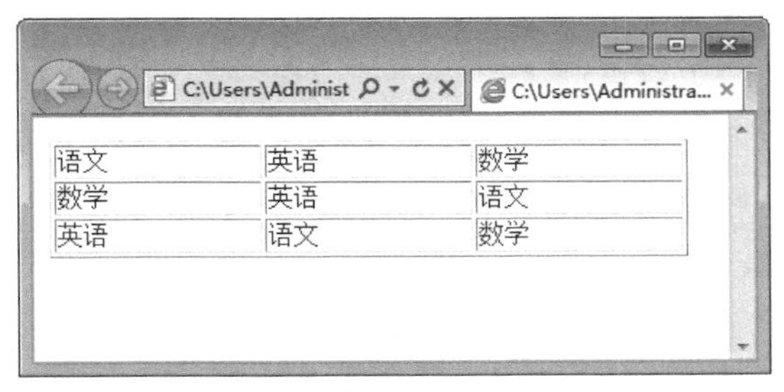

图3-12

<table>、<tr> 和 <td> 三者是组成表格最基本的标签，另外还有一些其他标签可用于控制表格如 <caption> 和 <th> 等。

1. <caption>

<caption> 标签用于定义表格标题。它可以为表格提供一个简短说明。把要说明的文本插入 <caption> 标签内，<caption> 标签必须包含在 <table> 标签内，可以在任何位置。显示的时候表格标题显示在表格的上方中央。

2. <th>

<th> 标签用于设定表格中某一表头的属性，适当标出表格中行或列的头可以让表格更有意义。在表格中，往往把表头部分用粗体表示，也可以直接使用 <th> 取代 <td> 建立表格的标题行。

例如，制作一个成绩表表格，代码如下。

```
<html>
<head>
<title>表格标记</title>
</head>

<body>
<table width="400" border="1">
<caption>成绩表</caption>
  <tr>
   <td> </td>
   <td>语文</td>
   <td>数学</td>
   <td>英语</td>
   <td>物理</td>
   <td>化学</td>
  </tr>
  <tr>
    <th>丁一</th>
    <td>90</td>
    <td>98</td>
    <td>95</td>
    <td>90</td>
    <td>89</td>
  </tr>
  <tr>
     <th>张三</th>
    <td>96</td>
    <td>90</td>
    <td>85</td>
    <td>99</td>
    <td>100</td>
  </tr>
  </table>
```

效果如图 3-13 所示。

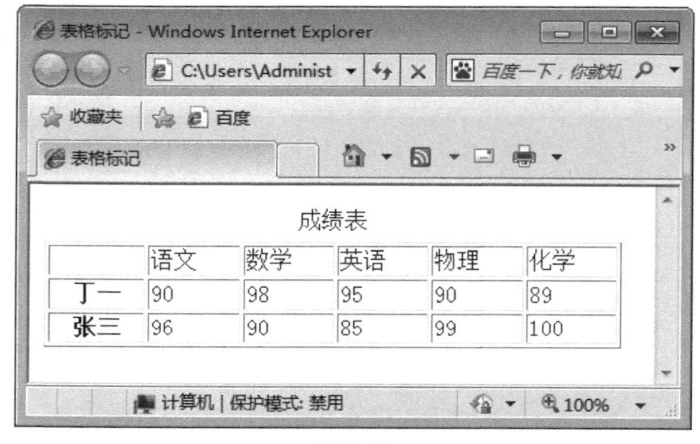

图3-13

3.2.8 表单标记

表单在网络中的应用范围非常广泛，可以实现很多功能，如网站登录、账户注册等。表单是网页上的一个特定区域，这个区域是由一对 <form> 标记定义的。<form> 标记声明表单，定义了采集数据的范围，也就是 <form></form> 里面包含的数据将被提交到服务器。表单的元素很多，包括常用的输入框、文本框、单选按钮、复选框和按钮等。大多的表单元素都由 input 标记定义，表单的构造方法则由 type 属性声明。但下拉菜单和多行文本框这两个表单元素除外。常用的表单元素有下面 8 种。

1．文本框

文本框可接受任何类型的文本的输入，如图 3-14 所示。文本框的标记为 <input>，其 type 属性为 text。

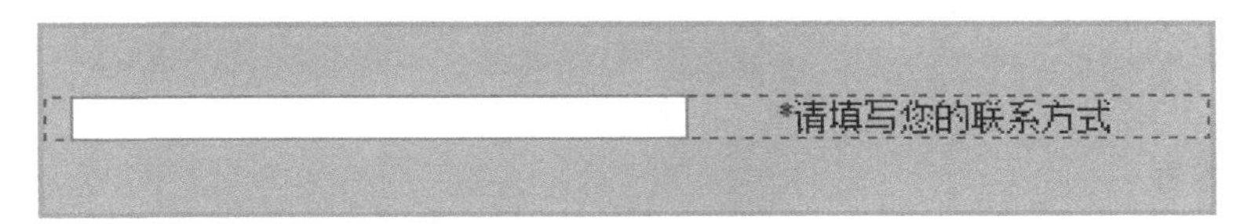

图3-14

2．复选框

复选框用于选择数据，它允许在一组选项中选择多个选项，如图 3-15 所示。复选框的标记也是 <input>，其 type 属性为 checkbox。

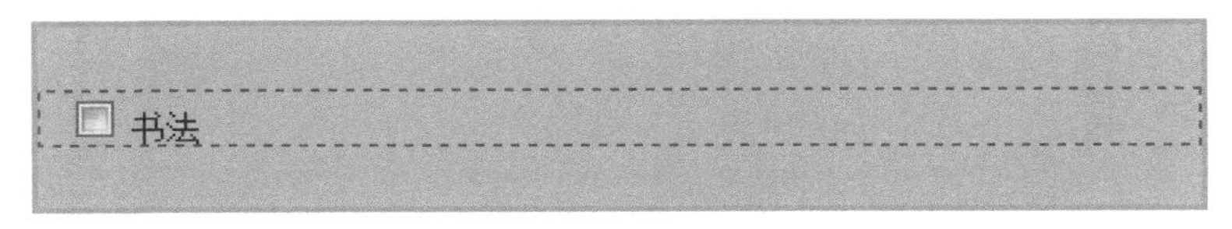

图3-15

3．复选框组

复选框组可以一次插入多个复选框，如图 3-16 所示。

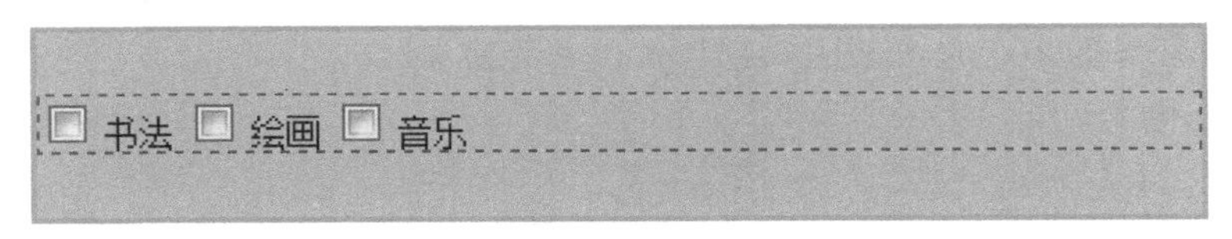

图3-16

4．单选按钮

单选按钮也用于选择数据，不过在一组选项中只能选择一个选项，如图 3-17 所示。单选按钮的标记是 <input>，其 type 属性为 radio。

图3-17

5．单选按钮组

单选按钮组一次可以插入多个单选按钮，如图 3-18 所示。

图3-18

6. 提交按钮

提交按钮的作用是在网页中单击该按钮即可把表单内容提交到服务器，如图 3-19 所示。提交按钮的标记是 <input>，它的 type 属性为 submit。除了提交按钮，预定义的还有重置按钮。另外，还可以通过自定义设置按钮的其他功能。

图3-19

7. 多行文本框

多行文本框的标记是 <textarea>，它可以创建一个对数据量没有限制的文本框，如图 3-20 所示。通过 rows 属性和 cols 属性定义多行文本框的宽和高，当输入内容超过其范围时，文本框中可以自动出现一个滚动条。

图3-20

8. 下拉菜单

下拉菜单在一个滚动列表中显示选项值，用户可以从滚动列表中选择选项，如图 3-21 所示。下拉菜单的标记是 <select>，它的选项内容用 option 标记定义。

图3-21

3.3 HTML 5简介

HTML 5 是 HTML 下一个主要修订版本，现在仍处于发展阶段。从广义上来说，HTML 5 是指包括 HTML、CSS 和 JavaScript 在内的一套技术组合。和以前的版本不同，HTML 5 并非仅限于表示 Web 内容，它的新使命是将 Web 带入一个成熟的应用平台。

3.3.1 HTML 5 的语法变化

在 HTML 5 中，语法发生了很大的变化。但是，HTML 5 的“语法变化”和其他编程语言的语法变化意义有所不同。在以前的 HTML 中，遵循规范实现的 Web 浏览器几乎没有。HTML 原本是通过 SGML(Standard Generalized Markup Language）语言来规定语法的。但是由于 SGML 的语法非常复杂，文档结构解析程序的开发也比较难，多数 Web 浏览器不作为 SGML 解析器运行。因此，HTML 规范中虽然要求“应遵循 SGML 的语法”，但实际情况却是 HTML 执行时在各浏览器之间并没有一个统一的标准。

在 HTML 5 中，提高 Web 浏览器间的兼容性是它要实现的重大目标。要确保兼容性，必须消除规范与实现的背离。因此，HTML 5 需要重新定义新的 HTML 语法，即实现规范向实现靠拢。

由于文档结构解析的算法也有着详细的记载，使得 Web 浏览器厂商可以专注于遵循规范去进行实现工作。在新版本的 FireFox 和 WebKit（Nightly Builder 版）中，已经内置了遵循 HTML 5 规范的解析器。IE (Internet Explorer) 和 Opera 也为了保证兼容性更好地实现而紧锣密鼓地努力着。

3.3.2 HTML 5 的标记方法

1. 内容类型 (Content Type)

HTML 5 的文件扩展符与内容类型保持不变。也就是说，扩展名仍然为“.html”或“.htm”，内容类型 (Content Type) 仍然为“text/html”。

2. DOCTYPE 声明

DOCTYPE 声明是 HTML 文件中必不可少的，它位于文件第一行。在 HTML 4 中，DOCTYPE 声明的方法如下。

```
<!DOCTYPE html PUBLIC "-//W3C//DTD  XHTML  1.0Transitional//EN"
http：//www.w3.org/TR/xhtml1/DTD/xhtml1-transitional.dtd">
```

在 HTML 5 中，可以不使用版本声明，声明文档将会适用于所有版本的 HTML。HTML 5 中的 DOCTYPE 声明方法（不区分大小写）如下。

```
<!DOCTYPE html>
```

另外，当使用工具时，也可以在 DOCTYPE 声明方式中加入 SYSTEM 识别符，声明方法如下面的代码所示。

```
<!DOCTYPE HTML SYSTEM "about：legacy-compat">
```

在HTML 5中，DOCTYPE声明可以不区分大小写，并且引号不区分单引号还是双引号。

3. 字符编码的设置

在 HTML 5 中，字符编码的设置方法也有些新的变化。在以往设置 HTML 文件的字符编码时，要用到如下 <meta> 元素。

```
<meta http-equiv="Content-Type" content="text/html;charset=UTF-8">
```

在 HTML 5 中，可以使用 <meta> 元素的新属性 charset 来设置字符编码，如下面的代码所示。

```
<meta charset="UTF-8">
```

以上两种方法都有效。因此也可以继续使用以往的设置方法（通过 content 属性来设置）。但要注意不能同时使用。

3.3.3 HTML 5中的新增元素

在HTML 5中，新增加了以下一些元素，其中包括section、article、aside、header、hgroup、footer、nav、figure、video、audio、embed、mark、progress、meter、time、wbr、canvas、command、details、datalist等，下面详细介绍这些元素。

1. section元素

section元素表示页面中如章节、页眉、页脚或页面中其他部分的一个内容区块。

语法格式：<section>... </section>

示例：<section>欢迎学习使用HTLM5 </section>

2. article元素

article元素表示页面中的一块与上下文不相关的独立内容，例如，博客中的一篇文章或报纸中的一篇文章。

语法格式：<article>... </article>

示例：<article>HTLM5华丽蜕变 </article>

3. aside元素

aside元素表示article元素内容之外的，并且与article元素的内容相关的一些辅助信息。

语法格式：<aside>... </aside>

示例：< aside>HTML5将开启一个新的时代 </aside >

4. header元素

header元素表示页面中一个内容区块或整个页面的标题。

语法格式：<header>... </header>

示例：<header> HTML5应用与开发指南 </header>

5. hgroup元素

hgroup元素用于组合整个页面或页面中一个内容区块的标题。

语法格式：<hgroup>... </hgroup>

示例：< hgroup > 系统功能管理 </hgroup >

6. footer元素

footer元素表示整个页面或页面中一个内容区块的脚注。

语法格式：<footer></footer>

示例：

```
< footer> 李若 <br />
    135*******1<br />
    2012-2-7
</ footer >
```

7. nav元素

nav元素用于表示页面中导航链接的部分。

语法格式：<nav></nav>

8. figure元素

figure 元素表示一段独立的流内容，一般表示文档主体流内容中的一个独立单元。

示例：

<figure >

<figcaption>HTML5</figcaption>

<p>HTML5 是当今最流行的网络应用技术之一 </p>

</figure>

9. video 元素

video 元素用于定义视频，例如电影片段或其他视频流。

示例：

<video src= "movie.ogv" , controls= "controls" >video 元素应用示例 </video>

10. audio 元素

在 HTML 5 中，audio 元素用于定义音频，例如音乐或其他音频流。

示例：<audio src= "someaudio.wav" >audio 元素应用示例 </audio>

11. embed 元素

embed 元素用来插入各种多媒体，其格式可以是 Midi、Wav、AIFF、AU 和 MP3 等。

示例：<embed src= "horse.wav"/>

12. mark 元素

mark 元素主要用来在视觉上向用户呈现那些需要突出显示或高亮显示的文字。

语法格式：<mark></mark>

示例：<mark>HTML5 技术的应用 </mark>

13. progress 元素

progress 元素表示运行中的进程，可以使用 progress 元素来显示 JavaScript 中耗费时间函数的进程。

语法格式：<progress></progress>

14. meter 元素

meter 元素表示度量衡。仅用于已知最大值和最小值的度量。

语法格式：<meter></meter>

15. time 元素

time 元素表示日期或时间，也可以同时表示两者。

语法格式：<time></time>

16. wbr 元素

wbr 元素表示软换行。wbr 元素与 br 元素的区别是，br 元素表示此处必须换行；而 wbr 元素则表示浏览器窗口或父级元素的宽度足够宽时（没必要换行时），不进行换行，而当宽度不够时，主动在此处进行换行。wbr 元素对字符型的语言作用很大，但是对于中文却没多大用处。

示例：

<p>To learn AJAX，you must be fami<wbr>liar with the XMLHttp<wbr>Request Object．</p>

17. canvas 元素

canvas 元素用于表示图形，例如，图表和其他图像。这个元素本身没有行为，仅提供一块画布，但它把一个绘图 API 展现给客户端 JavaScript，以使脚本能够把想绘制的图像绘制到画布上。

示例：

<canvas id="myCanvas"width="300"height="300"></canvas>

18. command 元素

command 元素表示命令按钮，例如，单选按钮或复选框。

示例：<command onclick=cut()"label="cut">

19. details 元素

details 元素通常与 summary 元素配合使用，表示用户要求得到并且可以得到的细节信息。summary 元素提供标题或图例。标题是可见的，用户点击标题时，会显示出细节信息。summary 元素是 details 元素的第一个子元素。

语法格式：<details> </details>

示例：

<details>

<summary>HTML 5 应用实例 </summary>

本节将教您如何学习和使用 HTML5

</details>

20. datalist 元素

datalist 元素用于表示可选数据的列表，datalist 元素通常与 input 元素配合使用，可以制作出具有输入值的下拉列表。

语法格式：<datalist></datalist>

除了以上这些之外，还有 datagrid、keygen、output、source、menu 等元素，这里就不再一一介绍了，有兴趣的朋友可以购买 HTML5 专业书籍进行学习。

3.3.4 HTML 5 中新增的属性元素

在 HTML 5 中还新增加了很多的属性，下面简单介绍一些新增的属性。

1. 表单相关的属性

在 HTML5 中，新增的与表单相关的元素如下所示。

（1）autofocus 属性，该属性可以用在 input(type=text)、select、textarea 与 button 元素当中。autofocus 属性可以让元素在打开画面时自动获得焦点。

（2）placeholder 属性，该属性可以用在 input 元素 (type=text) 和 textarea 元素当中，使用该属性会对用户的输入进行提示，通常用于提示用户可以输入的内容。

（3）form 属性，该属性用在 input、output、select、textarea、button 和 rieldset 元素当中。

（4）required 属性，该属性用在 input 元素 (type=text) 和 textarea 元素当中。该属性表示在用户提交的时候进行检查，检查该元素内一定要有输入内容。

（5）在 input 元素与 button 元素中增加了新属性 formaction、formenctype、formmethod、formnovalidate 和 formtarget，这些属性可以重载 form 元素的 action、enctype、method、novalidate 和 target 属性。

（6）在 input 元素、button 元素和 form 元素中增加了 novalidate 属性，该属性可以取消提交时进行的有关检查，表单可以被无条件地提交。

2. 与链接相关的属性

在 HTML5 中，新增的与链接相关的属性如下所示。

（1）在 a 与 area 元素中增加了 media 属性，该属性规定了目标 URL 是什么类型的媒介进行优化的。

（2）在 area 元素中增加了 hreflang 属性与 rel 属性，以保持与 a 元素、link 元素的一致。

（3）在 link 元素中增加了 sizes 属性。该属性用于指定关联图标 (icon 元素) 的大小，通常可以与 icon 元素结合使用。

（4）在 base 元素中增加了 target 属性，主要目的是保持与 a 元素的一致性。

3. 其他属性

（1）在 meta 元素中增加了 charset 属性，该属性为文档的字符编码的指定提供了一种良好的方式。

（2）在 meta 元素中增加了 type 和 label 两个属性。label 属性为菜单定义一个可见的标注，type 属性使菜单可以以上下文菜单、工具条与列表菜单 3 种形式出现。

（3）在 style 元素中增加了 scoped 属性，用于规定样式的作用范围。

（4）在 script 元素中增加了 async 属性，该属性用于定义脚本是否异步执行。

为方便读者学习，特将 HTML 的标记及其含义制作成表格，如表 3-1 所示。

表3-1　HTML 标记及其功能描述

标记	描述
<!--...-->	定义注释
<!DOCTYPE>	定义文档类型
<a>	定义超链接
<abbr>	定义缩写
<address>	定义地址元素
<area>	定义图像映射中的区域
<article>	定义article
<aside>	定义页面内容之外的内容
<audio>	定义声音内容
<b>	定义粗体文本
<base>	定义页面中所有链接的基准URL
<bdo>	定义文本显示的方向
<blockquote>	定义引用
<body>	定义body元素

续表

 	插入换行符
<button>	定义按钮
<canvas>	定义图形
<caption>	定义表格标题
<cite>	定义引用
<code>	定义计算机代码文本
<col>	定义表格列的属性
<colgroup>	定义表格列的分组
<command>	定义命令按钮
<datagrid>	定义树列表 (tree-list) 中的数据
<datalist>	定义下拉列表
<datatemplate>	定义数据模板
<del>	定义删除文本
<details>	定义元素的细节
<dialog>	定义对话（会话）
<div>	定义文档中的一个部分
<dfn>	定义自定义项目
<dl>	定义自定义列表
<dt>	定义自定义项目，斜体显示
<dd>	定义自定义的描述
<em>	定义强调文本
<embed>	定义外部交互内容或插件
<event-source>	为服务器发送的事件定义目标
<fieldset>	定义 fieldset
<figure>	定义媒介内容的分组及其标题
<footer>	定义 section 或 page 的页脚
<form>	定义表单
<h1> - <h6>	定义标题 1 到标题 6

续表

<head>	定义关于文档的信息
<header>	定义 section 或 page 的页眉
<hr>	定义水平线
<html>	定义 html 文档
<i>	定义斜体文本
<iframe>	定义行内的子窗口（框架）
<img>	定义图像
<input>	定义输入域
<ins>	定义插入文本
<kbd>	定义键盘文本
<label>	定义表单控件的标注
<legend>	定义 fieldset 中的标题
<li>	定义列表的项目
<link>	定义资源引用
<m>	定义有记号的文本
<map>	定义图像映射
<menu>	定义菜单列表
<meta>	定义元信息
<meter>	定义预定义范围内的度量
<nav>	定义导航链接
<nest>	定义数据模板中的嵌套点
<object>	定义嵌入对象
<ol>	定义有序列表
<optgroup>	定义选项组
<option>	定义下拉列表中的选项
<output>	定义输出的一些类型
<p>	定义段落
<param>	为对象定义参数

续表

<pre>	定义预格式化文本
<progress>	定义任何类型任务的进度
<q>	定义短的引用
<rule>	为升级模板定义规则
<samp>	定义样本计算机代码
<script>	定义脚本
<section>	定义 section
<select>	定义可选列表
<small>	定义小号文本
<source>	定义媒介源
<span>	定义文档中的 section
<strong>	定义强调文本
<style>	定义样式定义
<sub>	定义上标文本
<sup>	定义下标文本
<table>	定义表格
<thead>	定义表头，用于组合HTML表格的表头内容
<tbody>	定义表格的主体
<tr>	定义表格行
<th>	定义表头，<th>元素内部的文本通常会呈现为居中的粗体文本
<td>	定义表格单元
<tfoot>	定义表格的脚注
<textarea>	定义 textarea
<time>	定义日期/时间
<title>	定义文档的标题
<ul>	定义无序列表
<var>	定义变量
<video>	定义视频

3.4　经典商业案例赏析

HTML 是一种规范，一种标准，它通过标记符号来标记要显示的网页中的各个部分。网页文件本身是一种文本文件，通过在文本文件中添加标记符，可以通知浏览器如何显示其中的内容，如图 3-22 所示。

图3-22

3.5　习题

一、填空题

1. 在 HTML 中，标记 <pre> 的作用是 ________。

2. 在 HTML 中，标记 <font> 的 size 属性最大取值可以是 ________。

3．<title></title> 标记必须包含在 ________ 标记中。

4．在 HTML 中，段落标签是 ________。

二、选择题

1．表示放在每个定义术语词之前的代码是 ________。

A．<dt></dt>　　B．2<dl></dl>

C．<dd></dd>　　D．<ol></ol>

2．下面 ________ 可以正确地标记换行。

A．
　　B．<break/>

C．
　　D．<p>

3．为了标志一个 HTML 文件，应该使用 HTML 标记是 ________。

A．<p></p>　　B．<body></body>

C．<html></html>　　D．<table></table>

4．HTML 文件中，下面 ________ 标记包含了网页的全部内容。

A．<center></center>　　B．<pre></pre>

C．<body></body>　　D．
</br>

三、上机练习

1．熟练掌握 HTML 语言的应用，制作简单的网页效果。

2．通过对本章知识的学习，做出一个属于自己的个人网页。

第4章 网页中的各种链接

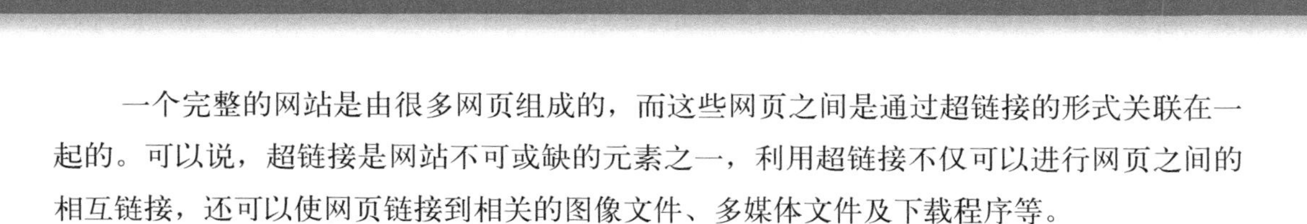

一个完整的网站是由很多网页组成的，而这些网页之间是通过超链接的形式关联在一起的。可以说，超链接是网站不可或缺的元素之一，利用超链接不仅可以进行网页之间的相互链接，还可以使网页链接到相关的图像文件、多媒体文件及下载程序等。

本章知识要点

- 超链接路径
- 各种超链接的创建
- 超链接的管理

4.1 超链接概述

超链接是网页中非常重要的一个元素，它是站点内网页之间、站点与Web之间的链接关系，可以使站点的网页成为有机整体，还能在不同站点之间建立联系。超链接由链接载体和链接目标两部分组成。许多页面元素都可以作为链接载体，如文本、图像、动画等。而链接目标可以是任意网络资源，如页面、图像、声音或其他网站等。

4.1.1 链接的概念

超链接在本质上属于一个网页的一部分，它是一种允许我们同其他网页或站点之间进行连接的元素。当各个网页链接在一起后，才能真正构成一个网站。

简单地讲，它是从一个网页指向其他目标的连接关系，这个目标可以是另外一个网页，可以是相同网页上的不同位置，还可以是一个图片、一个电子邮件地址、各种媒体（如声音、图像和动画）以及一个应用程序等。通过使用超链接，用户可享受丰富多彩的多媒体世界。

4.1.2 链接路径

创建超链接时必须了解链接与被链接的路径。在一个网站中，路径通常有 3 种表达方式，绝对路径、根目录相对路径和文档目录相对路径。

1. 绝对路径

绝对路径是包括服务器协议（在本例中为 http 协议）的完全路径，例如“中国教育信息网”，完全路径为：http://www.chinaedu.edu.cn/index.html，如果所要链接当前站点之外的文档，就必须使用绝对路径。

2. 根目录相对路径

根目录相对路径（也称相对根目录路径）以“/”开头，路径是从当前站点的根目录开始计算。比如在 D 盘 myweb 目录就是名为“myweb”的站点，这时“/index.htm”路径，就表示文件位置为 D:\myweb\index.htm。根目录相对路径适用于链接内容频繁更换环境中的文件，这样即使站点中的文件被移动了，其链接仍可以生效。

如果目录结构过深，在引用根目录下的文件时，用根目录相对路径会更好些。比如某一个网页文件中引用根目录下 img 目录中的一个图像，在当前网页中用文档相对路径表示为：“../../../../../img/1.jpg”，而用根目录相对路径只需要表示为“/img/1.jpg”即可。

在预览文件时，用根目录相对路径链接的内容在本地浏览器中不会显示出来，这是因为浏览器不承认站点的根文件夹为服务器。

3. 文档目录相对路径

文档目录相对路径就是指包含当前文档的文件夹，也就是以当前网页所在文件夹为基础开始计算路径。例如，当前网页所在位置为 D:\myweb\mypic。

“a.htm”就表示 D:\myweb\mypic\a.htm；

“../a.htm”相当于 D:\myweb\a.htm，其中“../”表示当前文件夹上一级文件夹。

“img/1.jpg”是指 D:\myweb\mypic\img\1.jpg，其中“img/”意思是当前文件夹下名为 img 的文件夹。

文档相对路径是最简单的路径，一般多用于链接保存在同一文件夹中的文档。

4.2 创建超链接

Dreamweaver CS5 提供了多种创建超链接的方法，可以创建到文本、图像、多媒体文件或可下载软件的链接等。下面将详细介绍各种超链接的创建。

4.2.1 文本链接

网页中大部分链接是通过文字来建立的，当我们在浏览网页时，鼠标指针经过带链接的文本时，形状会发生变化，同时文本的字体或者颜色等属性也可能发生相应的变化，这就是带链接的文本，单击它可以打开所链接的网页。创建文本链接有以下 6 种方法。

1．使用【链接】文本框

选择要链接的文本内容，在【属性】面板【链接】后的文本框中输入要链接到的文件（如index-1.htm），如图 4-1 所示。

2．使用【浏览文件】按钮

选择要链接的文本内容，单击【属性】面板【链接】后的【浏览文件】按钮，在弹出的【选择文件】对话框中选择要链接到的文件，然后单击【确定】按钮即可，如图 4-2 所示。

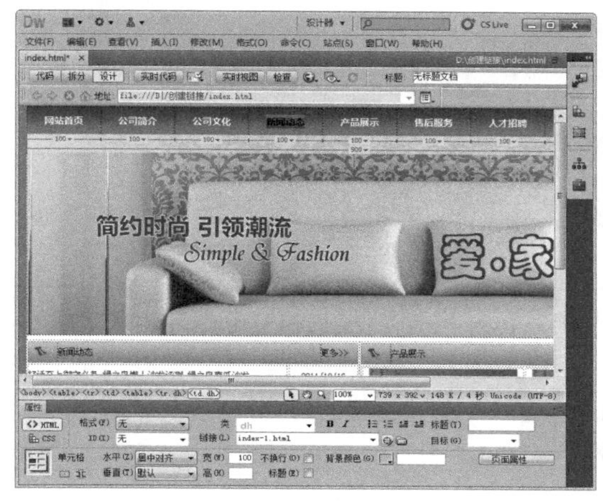

图4-1

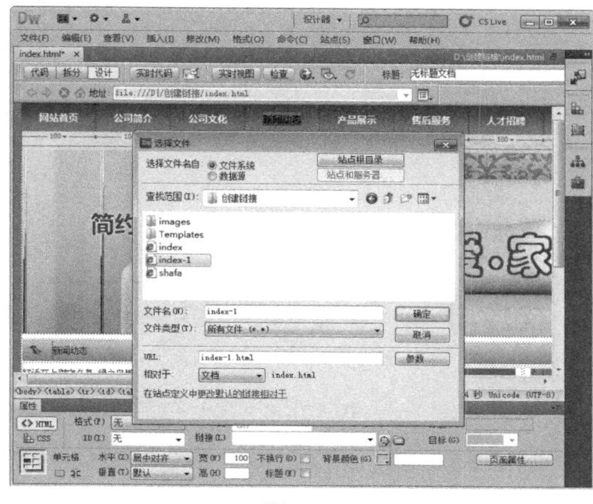

图4-2

3．使用【指向文件】按钮

打开【文件】面板，选择要链接的文本内容，拖动【属性】面板上的【指向文件】按钮，指向要链接的文件，如图 4-3 所示。

4．使用鼠标右键菜单

选中要链接的文本内容，单击鼠标右键，在弹出的快捷菜单中选择【创建链接】选项，然后在弹出的对话框中进行设置，如图 4-4 所示。

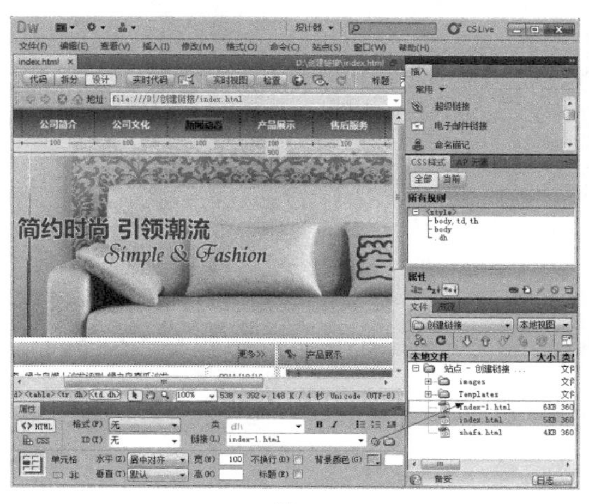

图4-3

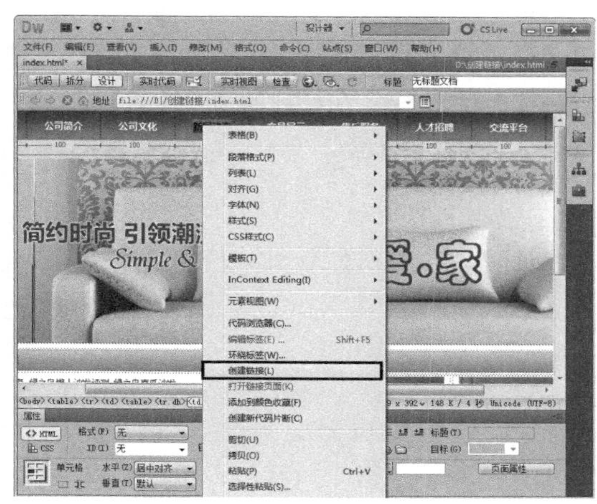

图4-4

5. 使用【超级链接】对话框

选中要链接的文本内容，执行【插入】>【超级链接】命令，在弹出的【超级链接】对话框中进行设置，如图 4-5 所示。

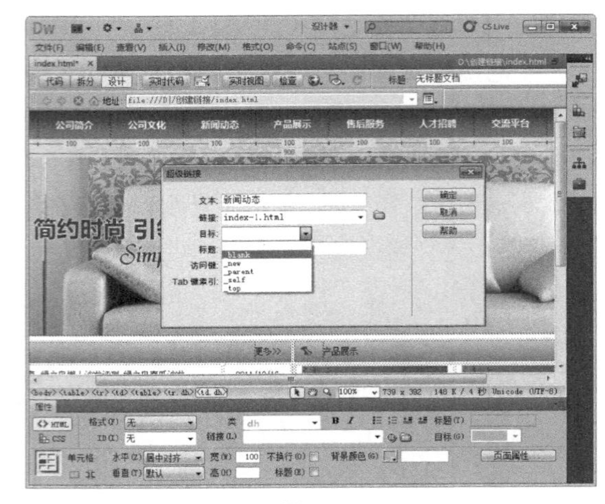

图4-5

技巧

在【超级链接】对话框中，【目标】下拉列表中有5个选项可供选择，其含义分别如下。

_blank ：在一个新的未命名的浏览器窗口中打开链接的网页。

_new ：始终在同一个新窗口打开。

_parent ：如果是嵌套的框架，链接会在父框架或窗口中打开；如果不是嵌套的框架，则同_top ，链接会在整个浏览器窗口中显示。

_self ：该选项是浏览器的默认选项，会在当前网页所在的窗口或框架中打开链接的网页。

_top ：会在完整的浏览器窗口中打开。

6. 使用【超级链接】按钮

选中要链接的文本内容，在插入栏中选择【常用】分类按钮，并单击【超级链接】按钮，在打开的窗口中进行设置，如图 4-6 所示。

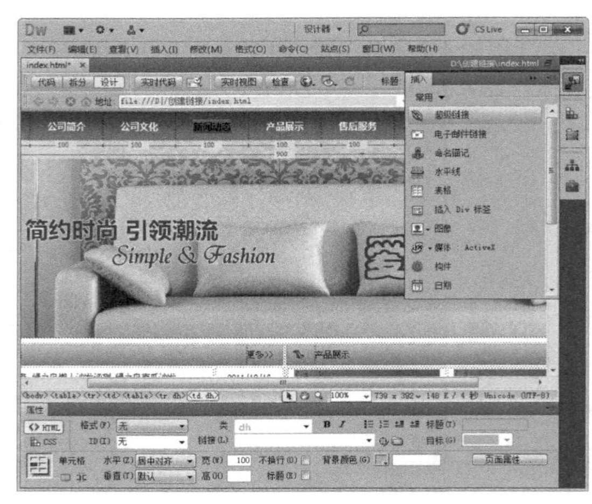

图4-6

4.2.2 图像链接

图像也可以添加超链接，常用【属性】面板创建，使用【属性】面板创建图像链接的步骤如下。

(1) 选择要链接的图像，在【属性】面板中的【链接】文本框中输入要链接的地址，如图 4-7 所示。

（2）当超链接建立完成后，按【F12】快捷键预览网页。当鼠标指针指向此图像时，鼠标指针就会变成小手状，如图 4-8 所示，单击小手图像，则跳转到相应的链接页面。

图4-7

图4-8

4.2.3 图像热点链接

在网页中，不仅可以单击整幅图像跳转到链接文档，也可以单击图像中的不同区域而跳转到不同的链接文档。通常将处于一幅图像上的多个链接区域称为热点。将一个图像划分为多个热点，并将每个区域链接到不同的网页、URL 或其他资源中。图像热点链接的具体操作步骤如下。

（1）选中网页中的图像，在【属性】面板中单击【矩形热点工具】按钮，然后在图像上拖动鼠标创建热点区域，如图 4-9 所示。

（2）选择图像中的热区，在【属性】面板中的【链接】文本框中输入要链接的文件，在【目标】文本框中选择【_blank】选项，如图 4-10 所示。

图4-9

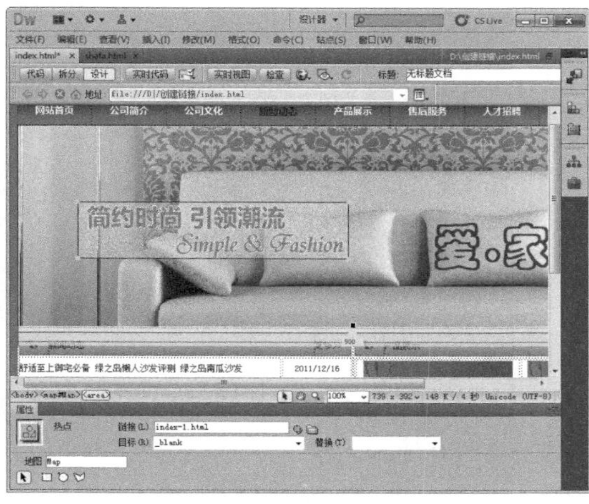

图4-10

（3）使用同样的方法，创建图像的另一个热区链接，如图 4-11 所示。

技巧

图像热点也称为图像映射，是在一幅图像中创建的多个链接区域，主要指客户端图像映射。这种技术在客户端实现图像映射，不通过服务器计算，因而减轻了服务器的负担，已经成为实现图像映射的主流方式。

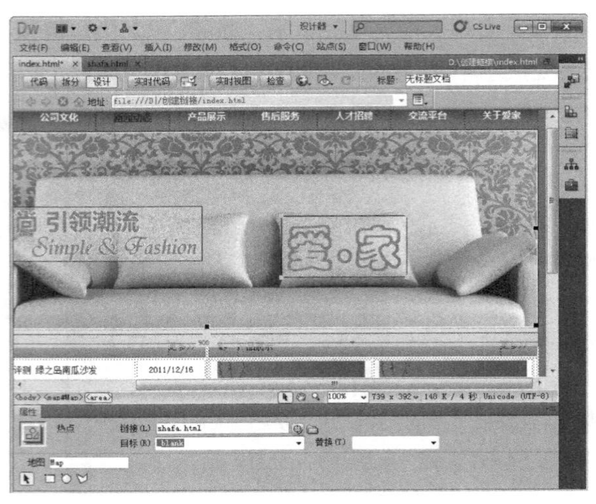

图4-11

4.2.4 E-mail 超链接

电子邮件（E-mail）超链接是 Dreamweaver 中的一类特殊的超链接，在网页上加入电子邮件超链接，可以方便浏览者与网站管理者之间的联系。当浏览者单击电子邮件超链接的载体时，通常会启动机器上安装的电子邮件客户端程序，收件人的邮件地址为电子邮件超链接中指定的地址并进行自动更新，无须浏览者手动输入。创建 E-mail 超链接的步骤如下。

（1）打开一个有邮箱地址的页面，选择要创建电子邮件链接的对象。在【插入】面板中选择【常用】分类，并单击【电子邮件链接】命令，如图 4-12 所示。

图4-12

（2）弹出如图 4-13 所示的【电子邮件链接】对话框，在【文本】文本框中选择文本（如果第一步没有选择文本，而只将光标定位，则可以在文本框处输入文本），然后在【电子邮件】文本框中输入邮箱地址，然后单击【确定】按钮。

（3）此时，电子邮件链接已经创建好了。在其【属性】面板的【链接】下拉列表框中自动添加了电子邮件地址，如图 4-14 所示。若预览网页，单击该电子邮件链接，就会打开收件人为 zyjz@163.com 的【新邮件】窗口。

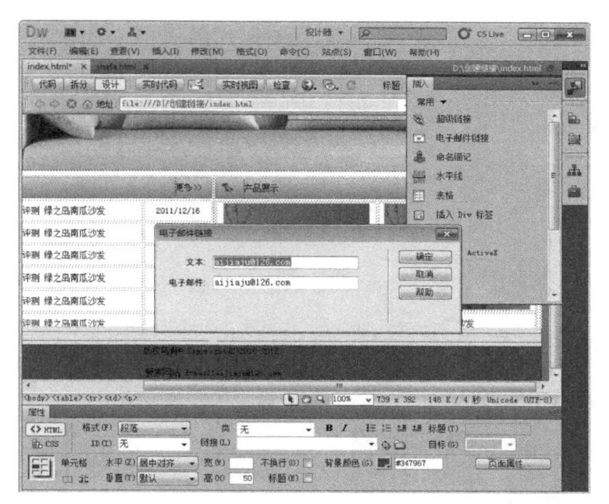

图4-13

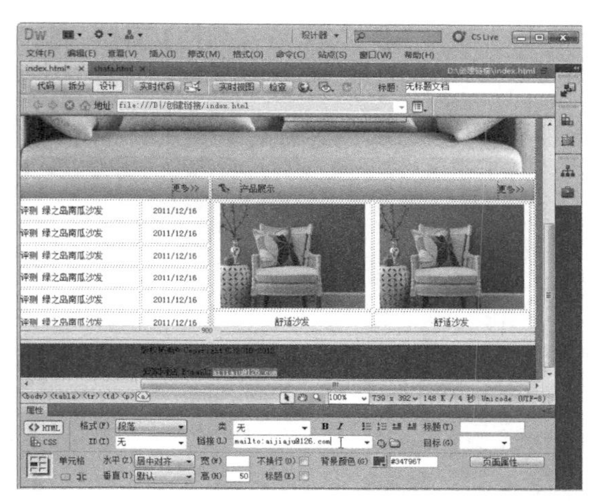

图4-14

电子邮件地址的格式为：username@host.domain，其中username为用户名，host为机器名，domain为域名。每个E-mail地址在Internet上都是唯一的。在电子邮件【链接】文本框中，mailto：与电子邮件之间不能有空格。

4.2.5 空链接

所谓空链接，就是没有目标端点的链接。利用空链接可以激活文档中链接对应的对象和文本。一旦对象或文本被激活，就可以为之添加一个行为。对一般站点首页中导航栏里的【网站首页】文本就没必要设置带有目标的链接，因为当前位置就是【网站首页】页面的位置，但是为了能够看到链接效果，需要设置一个空链接。

打开网页文档，选中要设置空链接的文本，在【属性】面板的【链接】文本框中输入“#”，即可创建空链接，如图 4-15 所示。

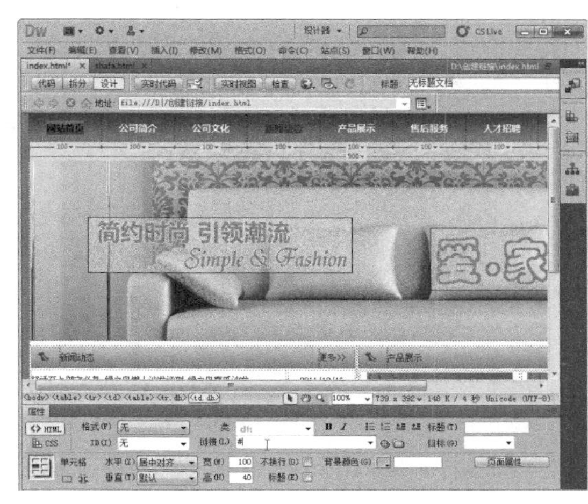

图4-15

4.2.6 脚本链接

脚本链接是指执行 JavaScript 代码和调用 JavaScript 函数。脚本链接可以让浏览者不离开当前页面就可以得到关于某个项目的一些附加信息。此外，脚本链接还可用于执行计算、表单确认和其他处理任务。创建脚本链接的方法如下。

（1）选择图像对象，在【属性】面板中的【链接】下拉列表框中输入“javascript:alert(" 将色彩注入家居空间！");”，如图 4-16 所示。

（2）保存文件，按【F12】键预览网页，单击设置的图像，则出现如图 4-17 所示的提示窗口。

图4-16

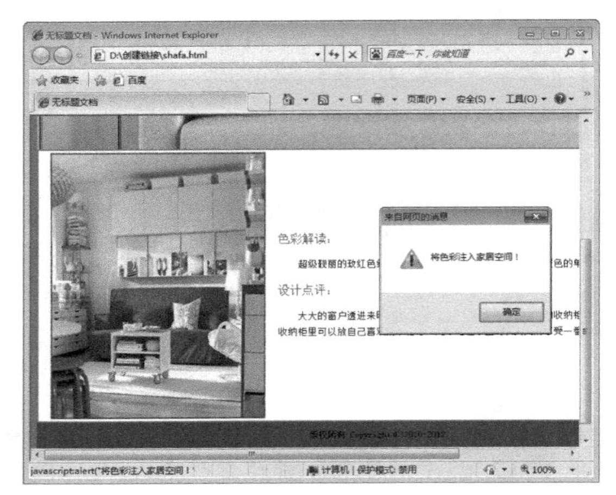

图4-17

4.2.7 下载链接

下载链接在软件下载网站和源代码下载网站应用得比较多。下载链接的创建方法和一般链接的创建方法相同，只是链接的内容是一个软件文件。当单击下载链接时，就会弹出【文件下载】对话框，单击【保存】按钮，即可将链接的软件下载到本地计算机中。创建下载超链接的具体操作步骤如下。

（1）打开一个需要创建文件下载链接的页面，单击网页中“中国电信下载地址”图像，单击【属性】面板中的链接列表框后的【浏览文件】按钮，打开【选择文件】对话框，选择下载的文件，然后单击【确定】按钮，如图 4-18 所示。

（2）保存文件，按【F12】快捷键预览文件，当单击“中国电信下载地址”链接时，就会打开【文件下载】对话框，如图 4-19 所示。

图4-18

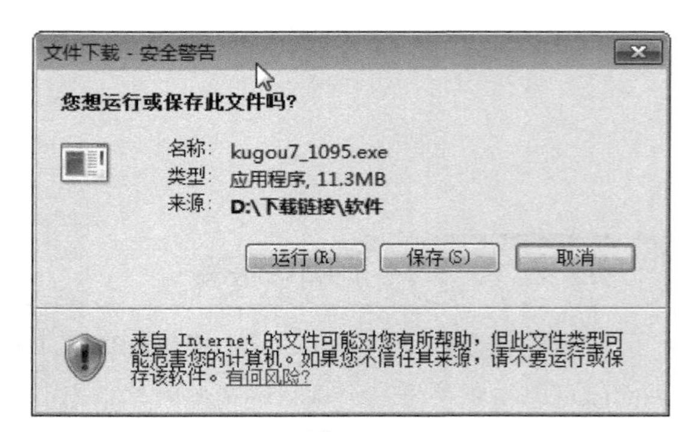

图4-19

（3）单击【保存】按钮，弹出【另存为】对话框，选择保存位置，单击【保存】按钮。下载完毕后，会显示【下载完毕】对话框，这时已经将该软件保存到本地计算机中，如图4-20所示。

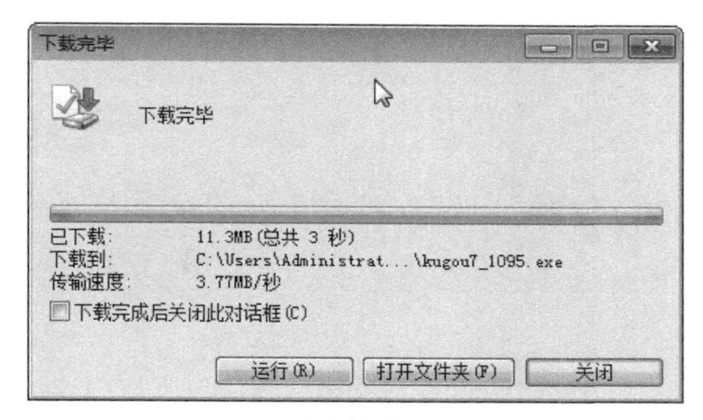

图4-20

技巧　不是所有的文件类型都能提供下载链接服务，可提供下载的常见类型有EXE、RAR、ZIP、ISO 以及一些媒体类型的文件等。

4.2.8 锚链接

锚点链接也称书签链接，常用于那些内容庞大烦琐的网页，通过单击命名锚点，不仅能指向文档，还能指向页面中的特定段落，更能当做“精准链接”的便利工具，让链接对象接近焦点，便于浏览者查看网页内容。类似于阅读书籍时的目录页码或章回提示。在需要指定到页面的特定部分时，标记锚点是最佳的方法。设置锚链接的具体步骤如下。

（1）打开一个需要创建锚链接的网页，将光标定位到要插入锚记的位置，选择【插入】面板中的【常用】分类，并单击【命名锚记】按钮，如图4-21所示。

（2）弹出【命名锚记】对话框，在【锚记名称】文本框中为该锚记命名（锚记名称区分大小写，且不能含有空格），然后单击【确定】按钮，如图4-22所示。

图4-21

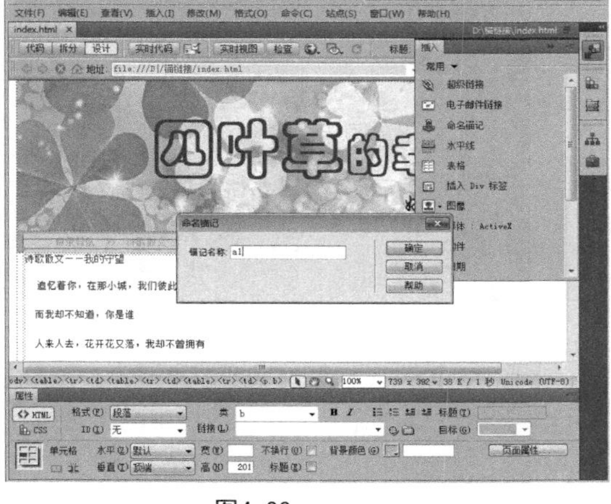

图4-22

（3）在文章的标记部位就可以看到一个锚记标记，如图4-23所示。

（4）选择网页导航中的“诗歌散文”，在【属性】面板的【链接】下拉列表框中输入“#a1”，如图4-24所示。

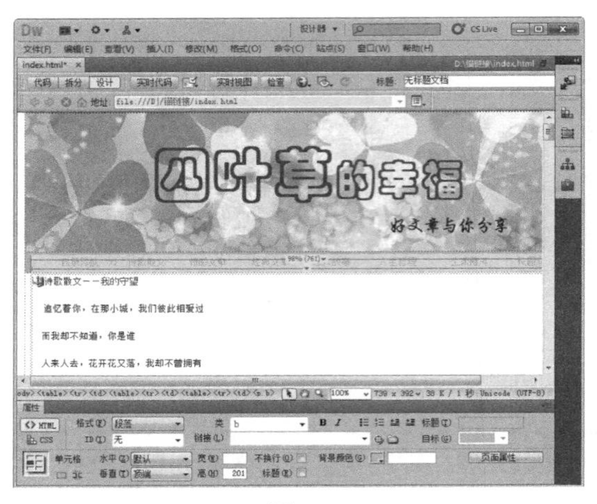
图4-23

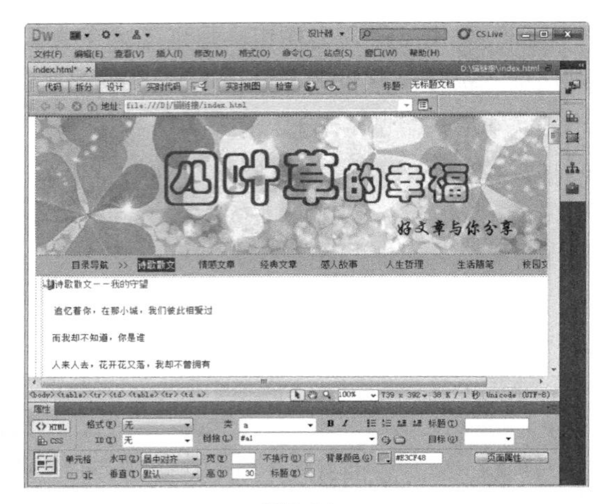
图4-24

（5）依照同样的方法，在其他需要设置锚链接的位置插入锚记，并分别命名为“#a2”等，为其创建锚链接，如图 4-25 所示。

（6）保存文件，按【F12】快捷键预览网页，当单击“人生哲理”链接时，则转到对应的文章，如图 4-26 所示。

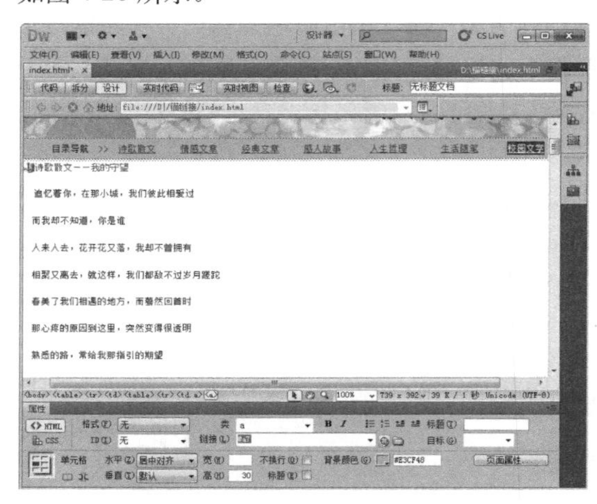
图4-25

图4-26

4.3 管理链接

无论任何时间，只要在本地站点对文档进行移动或重新命名，Dreamweaver CS5 都会更新其链接。在上传整个网站之前，应该对网站中的所有链接进行测试，确保链接的有效性。管理链接包括更改链接和测试链接。下面将进行具体的介绍。

4.3.1 更改链接

要修改页面中的超链接，除了可以直接在【属性】面板中进行修改之外，还可以通过以下两种方法进行操作。

方法一：执行【修改】>【更改链接】命令，如图 4-27 所示。

方法二：在超链接上单击鼠标右键，在弹出的快捷菜单中选择【更改链接】选项，如图 4-28 所示。

采用以上任意一种方法调用修改链接命令的选项后，系统将弹出【选择文件】对话框，在该对话框中找到链接要指向的文件或键入 URL，单击【确定】按钮后即可完成超链接的修改。

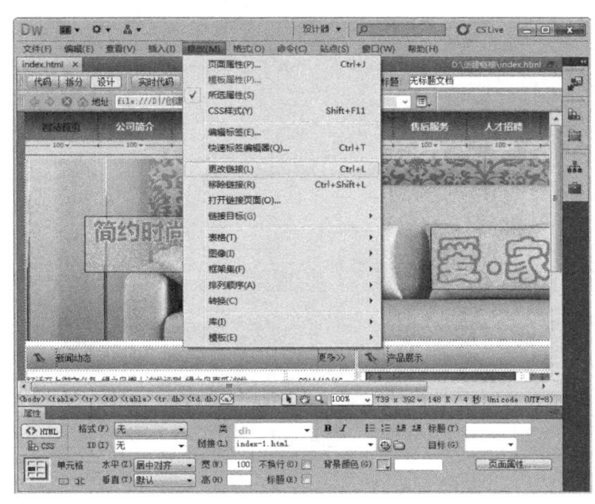

图4-27

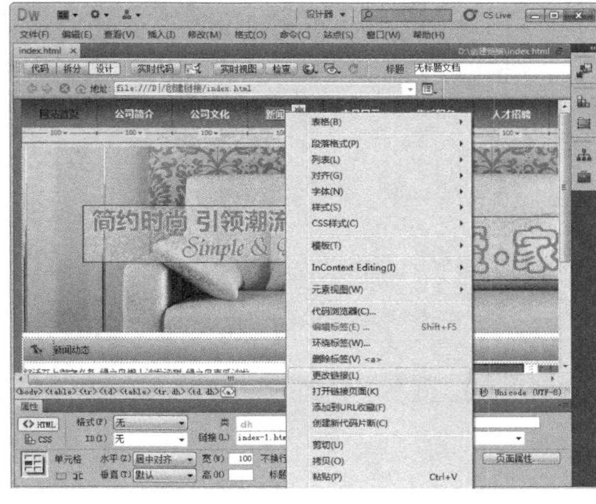

图4-28

4.3.2 自动更新链接

对于存储在本地的整个站点或站点中的一个完整的部分，当用户在【文件】面板中移动或给文件改名后，Dreamweaver CS5 将自动更新该文档的相关链接。

设置自动更新链接的方法如下。

（1）执行【编辑】>【首选参数】命令，如图 4-29 所示。

（2）打开【首选参数】对话框，在【常规】选项区中的【移动文件时更新链接】下拉列表框中选择【总是】或者【提示】选项，单击【确定】按钮，如图 4-30 所示。

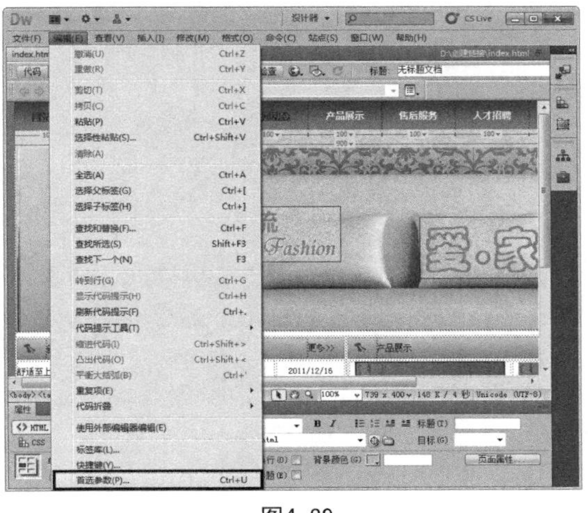

图4-29

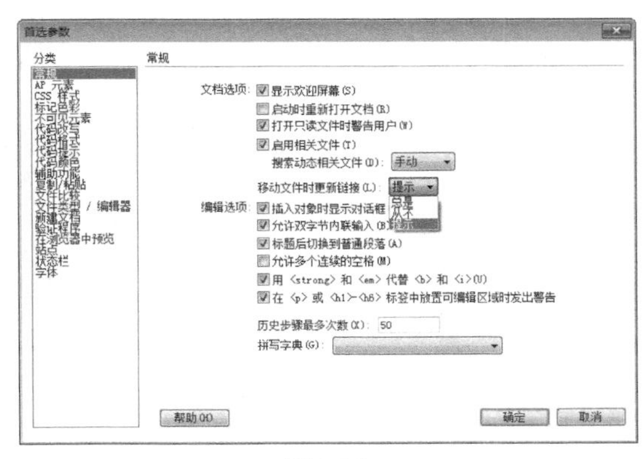

图4-30

（3）执行【窗口】>【文件】命令，打开【文件】面板，将 top.jpg 文件拖至 images 文件夹上，如图 4-31 所示。

（4）这时将弹出【更新文件】对话框，单击【更新】按钮，就完成了自动更新链接，如图 4-32 所示。

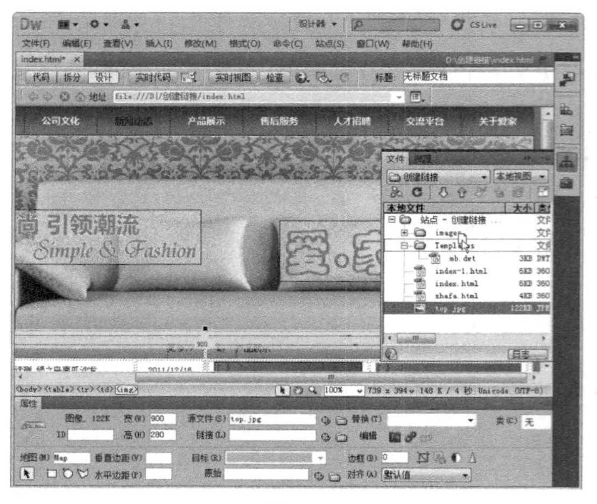

图4-31

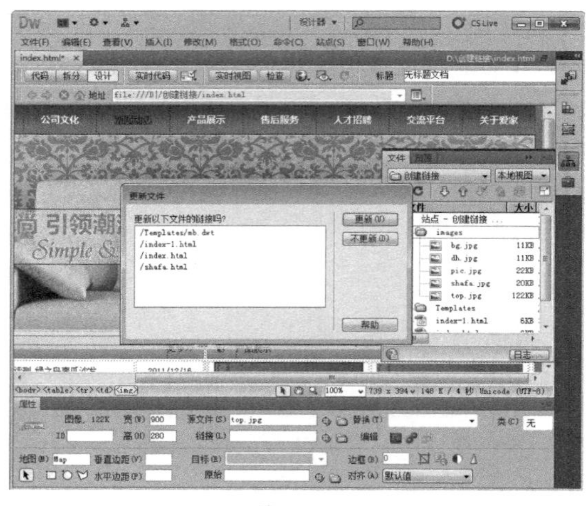

图4-32

4.3.3 更新站点中某个文件的链接

除了每当移动或重命名文件时让 Dreamweaver 自动更新链接外，有时可能需要在整个站点范围内手动批量更新某个链接，此链接可以是指向某个文档、电子邮件的链接，也可以是空链接或者脚本链接。

（1）打开网页文档，执行【站点】>【改变站点范围的链接】命令，如图 4-33 所示。

（2）弹出如图 4-34 所示的对话框，单击【更改所有的链接】文本框后的按钮，选择要更换链接的文件，然后选择新链接，单击【确定】按钮。

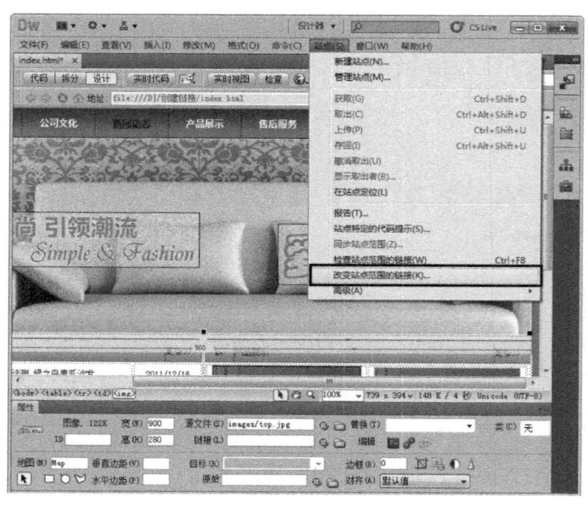

图4-33

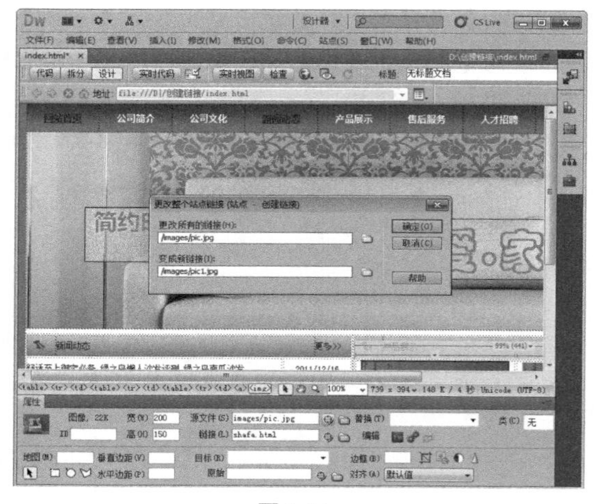

图4-34

（3）弹出【更新文件】提示信息，如图 4-35 所示，单击【更新】按钮，即可更新该图像文件的链接，如图 4-36 所示。

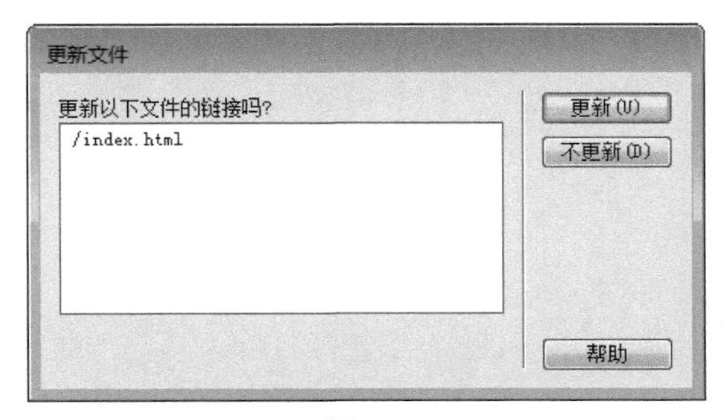

图4-35

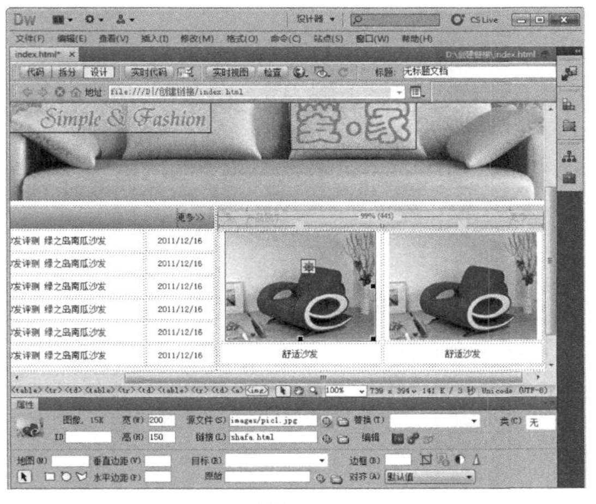

图4-36

4.3.4 测试链接

超链接在文档窗口中不是活性的，即在文档窗口中通过单击超链接并不能打开目标网页，用户必须借助浏览器才能实现网页之间的跳转。由于一个网站中的链接数量很多，因此在上传网站之前，必须检查站点中所有的链接。如果发现站点中存在中断的链接，需要修复后才能上传到服务器。测试链接的操作步骤如下。

（1）执行【文件】>【检查页】>【链接】命令，如图 4-37 所示。

（2）如果有断开的链接，则会以列表的形式在窗口的底部列出，如图 4-38 所示。

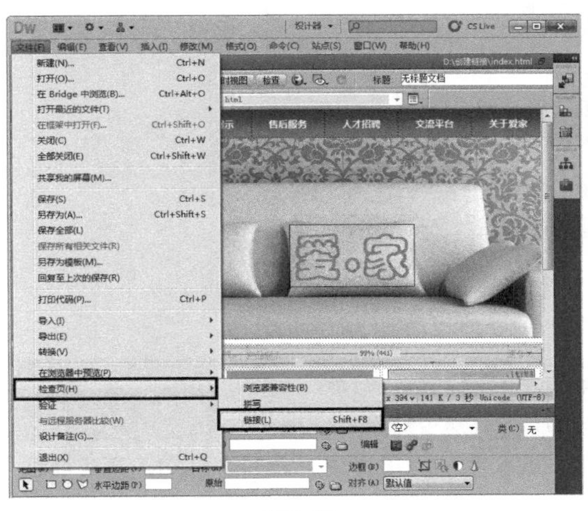

图4-37

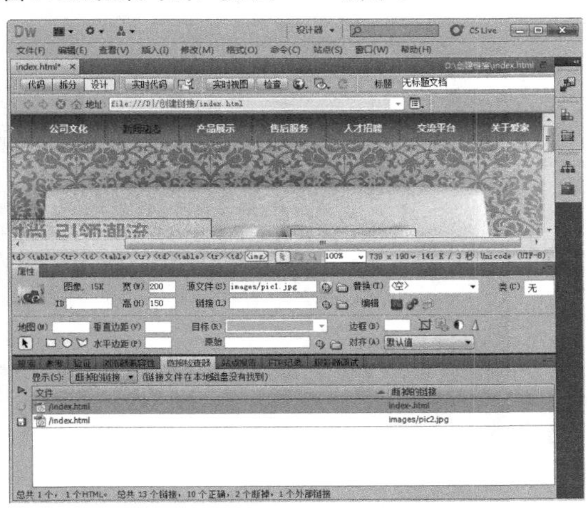

图4-38

对于有问题的文件，直接双击鼠标左键，即可将其打开并进行修改。

4.4 综合案例——为网页创建超链接

学习目的

本案例重点学习网页中各种超链接的创建方法，使得整个网页成为有机的整体。

重点难点

- 文本链接的创建
- 图像链接的创建
- 脚本链接的创建
- 电子邮件链接的创建
- 空链接的创建

效果如图 4-39 所示。

图4-39

操作步骤详解

Step 01 打开一个网页文档，选择需要添加超链接的文本（这里选中“网站首页”），在【属性】面板中的【链接】文本框中输入“#”，如图 4-40 所示。

Step 02 选择“农庄简介”文字，单击【属性】面板中【链接】文本框后的【浏览】按钮，如图 4-41 所示。

图4-40

图4-41

Step 03 弹出【选择文件】对话框，在该对话框中选择要链接的文件，单击【确定】按钮，如图 4-42 所示。使用同样的方法为其他导航文本建立超链接，这里不再赘述。

Step 04 在网页中选择一幅图像，然后在【属性】面板中的【链接】下拉列表框中输入“javascript:alert("欢迎您到海南休闲农庄度假!");”，如图 4-43 所示。

图4-42

图4-43

Step 05 保存文件，按【F12】快捷键预览网页，单击设置的图像，则出现如图 4-44 所示的提示窗口。

Step 06 在网页中选择要创建电子邮件的对象，单击【插入】面板的【常用】类别中的【电子邮件链接】按钮，如图 4-45 所示。

图4-44

图4-45

Step 07 弹出【电子邮件链接】对话框，如图 4-46 所示，单击【确定】按钮。如果第一步没有选择文本，而只将光标定位，则可以在文本框处输入文本。

Step 08 在【属性】面板中的【链接】下拉列表框中自动添加了电子邮件地址，如图 4-47 所示。

图4-46

图4-47

4.5 经典商业案例赏析

一个完整的网站是由众多网页组成的，这些网页之间是通过超链接的形式关联在一起的。对于链接的管理，要做到整洁、有序、合理，这样，在日后修改时就会非常方便。特别是一些大型网站，链接的管理显得更加重要。如图 4-48 为新华网的首页，当单击网页中“高油价威胁全球经济复苏”图片链接时，就会打开相应的链接页面。如图 4-49 所示。

中国古典工艺家具之都
福建仙游
新华网期货频道隆重上线
3.15保护消费者权益
新华网在行动
www.news.cn
新华网
NEWS
www.xinhuanet.com
新华通讯社主办
2012年2月27日 星期一
壬辰年 二月初六
ENGLISH Français Español Русский язык عربي
日本語 | 繁体 | 中国政府网 中国文明网 中国平安网 中华新闻传媒网 振兴东北网
新闻 时政 国际 日本 地方 法治
图片 高层 军事 评论 台湾 社会
社区 人事 华人 理论 港澳 纪检
论坛 播客
微博 拍客
博客 收客
财经 金融 科技
汽车 食品 家电
房产 家居 能源
视频 音乐 摄影
电视 健康 访谈
传媒 民航 公益
体育 副刊 时尚 收藏
娱乐 读书 旅游 城市
教育 出国 书画 资料
地方频道 北京 天津 河北 山西 辽宁 吉林 上海 江苏 浙江 安徽 福建 江西 山东 河南 湖北 湖南 广东 广西 海南
重庆 四川 贵州 云南 西藏 陕西 甘肃 青海 宁夏 新疆 内蒙古 黑龙江 兵团 无锡 长三角 海西网 环首都
新华报刊 每日电讯 经参 瞭望 环球
半月谈 中证报 更多 >>
设为首页 | 邮箱
Panguso
新闻 网页 图片 时评
搜索
进入微博
新华社新闻信息服务/数据库 | 纠错热线 | 中部崛起网
新华头条
高油价威胁全球经济复苏
高油价再次来袭 | 国际油价创9个月新高 | 国内成品油零售价格行情看涨 | 全球经济旧伤未愈又添新愁 | 地缘政治紧张仍是油价上升动能
新华热词： 公车 自主品牌 楼市 一成首付 "东方佛都" 奥斯卡颁奖 "死人"复活 北漂 合作建房
两会调查
乔丹体育
乔丹回应"飞人"起诉 未收到任何法院应诉通知
1 2 3 4 5 6
华夏银行
龙泽华夏 盈享财富
美国无权以阿拉伯人民的名义喊话
六部门印发意见 鼓励规范宗教界公益慈善
干部不称职就要"召退回" 公务自行车怎走远
陆海空三军仪仗大队苦练精兵写真
韩美举行"关键决心"联合军演 朝谴责
金正恩视察前线地区部队：做好战斗准备图
奥斯卡颁奖 最佳影片 导演 获奖名单
卫生部：专家组正调查广东紫金丙肝疫情
文物拍卖乱象折射啥危机 "假古董"背后
NBA全明星赛西部胜 科比超乔丹 林书豪无缘

图4-48

新华网首页 新闻 | 时政 | 法治 | 地方 | 社会 | 评论 | 国际 | 港澳 | 台湾 | 华人 | 军事 | 财经 | 汽车 | 房产 | 视频 | 图片 | 直播 | 访谈 | 文娱 | 家居 | 互联网 | 体育 | 时尚
新华网
WWW.NEWS.CN
新手写电脑
T4荣耀上市
新华食品常年诚招
土特产区域代理商
电话：010-58815707, 58819622转602
新华新闻 新华财经 > 正文
高油价威胁全球经济复苏 短期无法阻止涨势
2012年02月27日 09:55:24
来源：新华网
新华微博
【字号：大 中 小】【打印】 【纠错】
纽约油价创9个月来新高
美元/桶
原因：受美国就业数据利好、美元走弱以
及伊朗紧张局势等多重因素推动
当地时间2月23日
107.83
1.46%
Oil
Oil
纽约商品交易所4月交货的轻质原油期货价格
搜索热词 此刻最热新闻搜索
北漂合作建房 一成首付 最潮
乞丐 女优进课堂 俄罗斯地震
刀片男 少女拒爱遭毁容
ascend d quad 印小天打人 全
球裁员潮
CHINESE CHANNEL
華人频道
http://www.hrtvnet.com
皮草 毛衣 纯色裙 风衣 套裙
文靴 半身裙 单鞋 牛仔 潮鞋
热点新闻

图4-49

4.6 习题

一、填空题

1．从超链接的地址来分，可以将超链接分为绝对地址超链接和 ______ 超链接。

2．在创建超级链接分类中，______ 链接适合一个文档多页面分类使用。

3．设置链接目标的打开方式时，_parent 表示 ______。

4．______ 也被称为图像映射，是在一幅图像中创建的多个链接区域，主要指客户端图像映射。

二、选择题

1．在默认情况下，下面关于给文字插入超链接说法正确的是 ______。

A．插入超链接后会发现文字已经变为蓝色，并在下面出现下划线

B．只能对文字进行超链接

C．插入超链接后会发现文字已经变为蓝色，但是不会出现下划线

D．以上说法都是错误的

2．下列路径中属于绝对路径的是 ______。

A．news.htm　　B．http://www.sina.com.cn/index.htm

C．company/index.htm　　D．/job/result/mingci.htm

3．超链接标签有四种不同的状态，下面 ______ 不是其中的一个。

A．a:active　　B．a:hover

C．a:link　　D．a:unvisited

4．在 Dreamweaver 中，可以为链接设立目标，表示在新窗口打开网页的目标是 ______。

A．_blank　　B．_top　　C．_parent　　D．_self

三、上机练习

1．结合本章的综合案例，逐步学习操作。

2．制作几个简单的页面，并在彼此间建立链接。

第5章 表格的应用

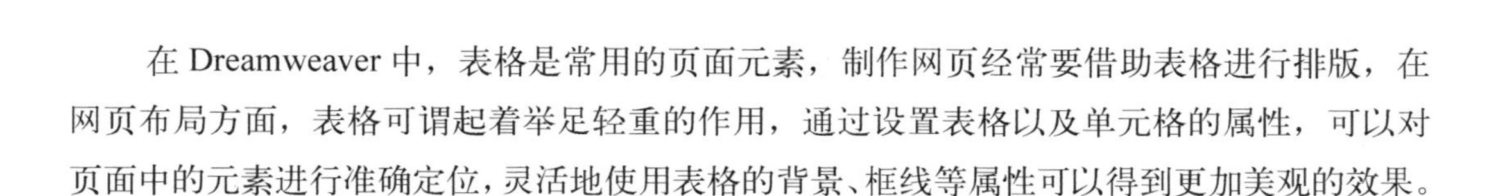

在 Dreamweaver 中，表格是常用的页面元素，制作网页经常要借助表格进行排版，在网页布局方面，表格可谓起着举足轻重的作用，通过设置表格以及单元格的属性，可以对页面中的元素进行准确定位，灵活地使用表格的背景、框线等属性可以得到更加美观的效果。

本章知识要点

- 表格的基本操作
- 单元格的操作
- 表格的高级应用

5.1 表格的基本操作

表格是网页排版设计的常用工具，表格在网页中可以对页面中的图像、文本等元素进行精确的定位，合理使用表格，有助于协调页面结构的均衡。

5.1.1 插入表格

使用【插入】菜单或【插入】面板都可以创建表格，具体方法如下。

(1) 打开一个网页，将光标定位在要插入表格的位置，执行【插入】>【表格】命令，如图 5-1 所示。

(2) 打开【表格】对话框，在该对话框中设置表格大小为 10 行 1 列，【表格宽度】为 90%，【边框粗细】为 0 像素，【单元格边距】为 0，【单元格间距】为 0，然后单击【确定】按钮，如图 5-2 所示。

图5-1

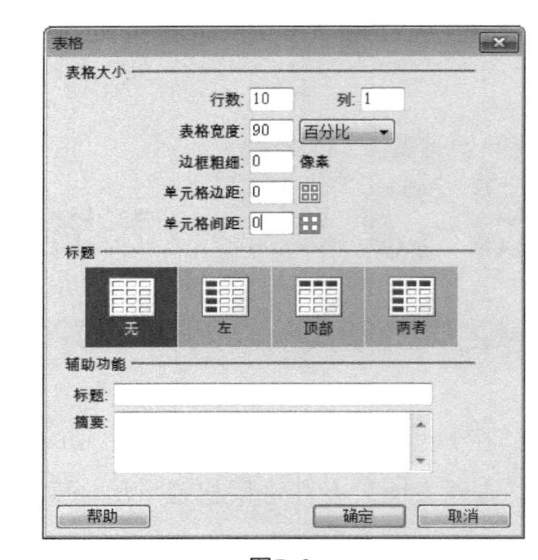

图5-2

（3）此时，在 Dreamweaver 中显示出 10 行 1 列的表格，如图 5-3 所示。

除了使用【插入】菜单之外，单击【插入】面板的【布局】分类中的【表格】命令，也可以打开【表格】对话框，如图 5-4 所示。

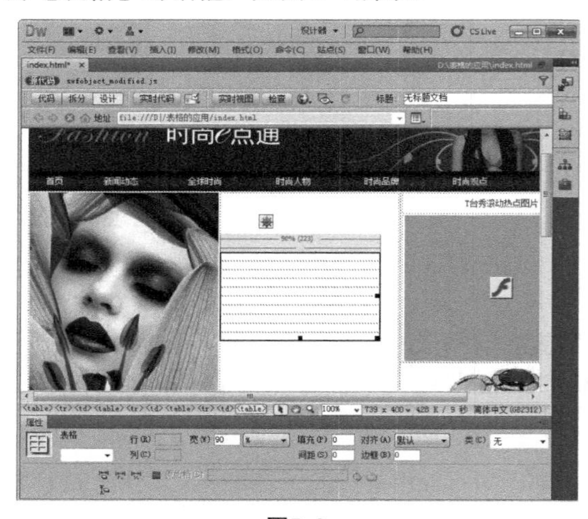

图5-3

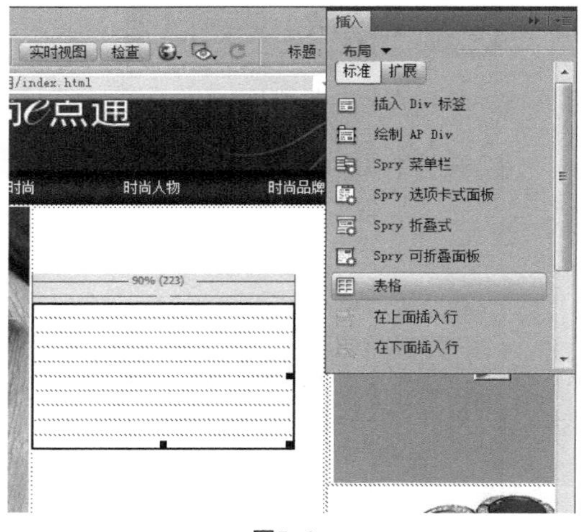

图5-4

在【表格】对话框中，可以设置以下参数：

◆【行数】：在该文本框中输入新建表格的行数。

◆【列】：在该文本框中输入新建表格的列数。

◆【表格宽度】：用于设置表格的宽度，单位可以是像素或百分比。

◆【边框粗细】：用于设置表格边框的宽度（以像素为单位）。若设置为 0，在浏览时则不显示表格边框。

◆【单元格边距】：用于设置单元格边框和单元格内容之间的像素数。

◆【单元格间距】：用于设置相邻单元格之间的像素数。

◆【标题】：用于设置表头样式，有 4 种样式可供选择，无、左、顶部和两者。

◆【无】：不将表格的首行或首列设置为标题。

◆【左】：将表格的第一列作为标题列，表格中的每一行可以输入一个标题。

◆【顶部】：将表格的第一行作为标题行，表格中的每一列可以输入一个标题。

◆【两者】：可以在表格中同时输入列标题和行标题。

◆【标题】：在该文本框中输入表格的标题，标题将显示在表格的外部。

◆【摘要】：对表格进行说明或注释，内容不会在浏览器中显示，仅在源代码中显示，可以提高源代码的可读性。

5.1.2 设置表格属性

设置表格的属性，可以使表格更加美观。表格的【属性】面板如图 5-5 所示。

图5-5

其中各选项的含义如下：

◆【行】和【列】：表格中行和列的数量。

◆【宽】：以像素为单位或表示为占浏览器窗口宽度的百分比。

◆【填充】：单元格内容和单元格边界之间的像素数。

◆【间距】：相邻的表格单元格间的像素数。

◆【对齐】：设置表格的对齐方式。在该下拉列表框中有 4 个选项，分别是默认、左对齐、居中对齐和右对齐。

◆【边框】：用来设置表格边框的宽度。

◆【类】：对该表格设置一个 CSS 类。

◆【清除列宽】按钮：清除表格的宽度。

◆【将表格宽度转换成像素】按钮：可将表格的宽度单位改为像素。

◆【将表格宽度转换成百分比】按钮：可将表格的宽度单位改为百分比。

◆【清除行高】按钮：清除表格的高度。

5.1.3 选取表格

要想在网页文档中对一个元素进行编辑，首先就要选中该元素。同样，如果要对表格或单元格进行编辑，也要先将其选中。

1. 选择整个表格

选择表格有以下 6 种方法。

方法一：将鼠标移至表格的左上角、顶端或底端的任意位置，当鼠标变成如图 5-6 所示的网格图标时，单击鼠标即可选中。

方法二：单击表格的任意一条边框线即可选中表格，如图 5-7 所示。

图5-6

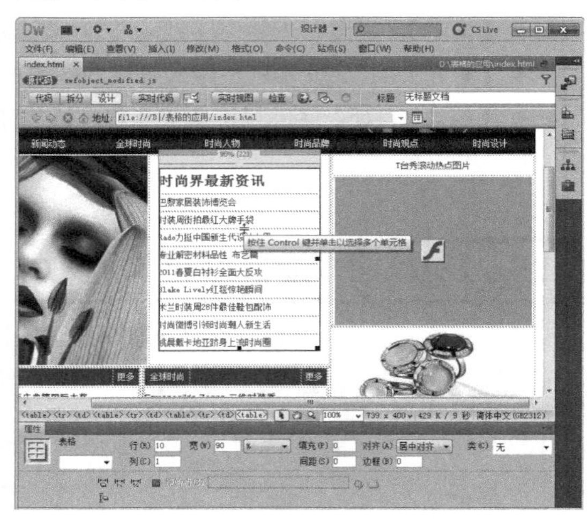

图5-7

方法三：单击表格中的任意一个单元格，再在选择状态栏的标签选择器中单击 <table> 标签即可，如图 5-8 所示。

方法四：单击表格中的任意一个单元格，执行【修改】>【表格】>【选择表格】命令选中表格，如图 5-9 所示。

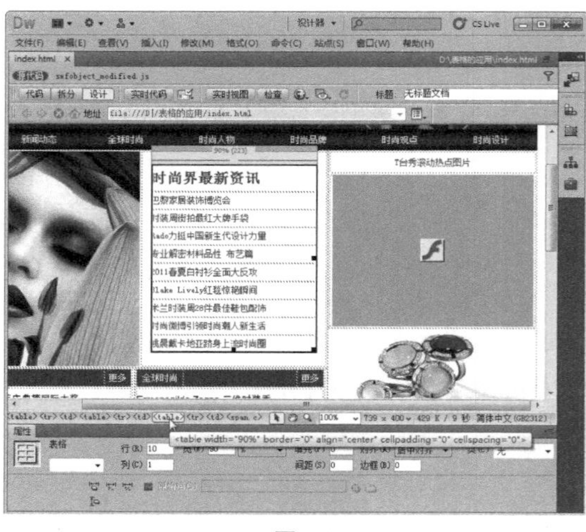

图5-8

图5-9

方法五：使用标题菜单选择整个表格，单击要选择表格的任意单元格，再将光标移至要选择表格的标题菜单处，单击鼠标左键，在弹出的快捷菜单中选择【选择表格】命令，如图 5-10 所示。

方法六：将光标置于表格内任意位置，单击鼠标右键，在弹出的快捷菜单中选择【表格】>【选择表格】命令，如图 5-11 所示。

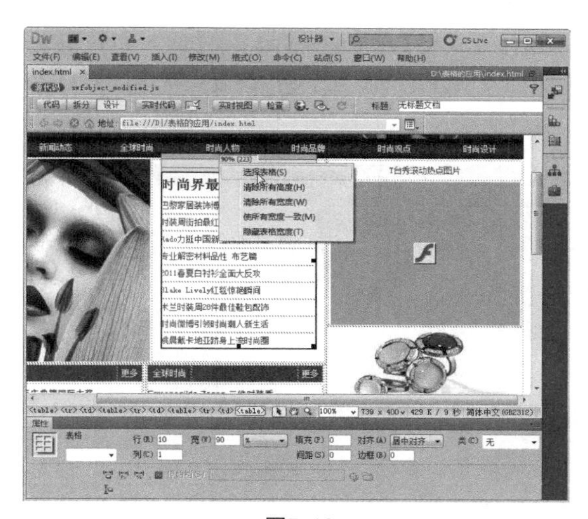

图5-10

图5-11

2．选择表格的行或列

要选择表格的行或列，可以通过下列操作实现。

方法一：将鼠标定位在行首或列首，当鼠标指针变成箭头形➡或⬇时单击，即可选定表格的行或列，如图 5-12 和图 5-13 所示。

方法二：按住鼠标左键不放从左至右或从上至下拖动，即可选择表格的行或列。

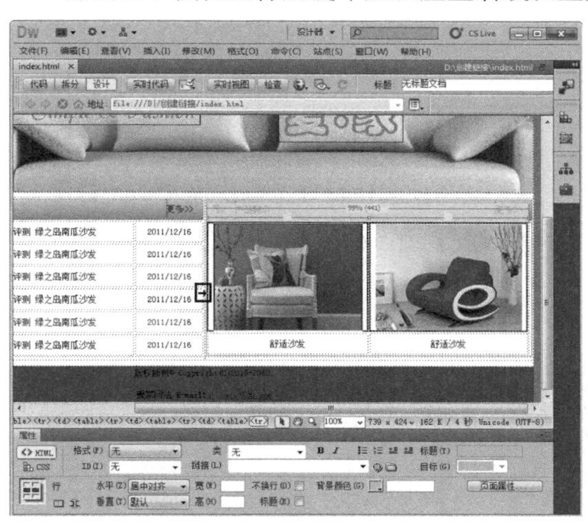

图5-12

图5-13

5.1.4　行与列的插入与删除

如果插入的表格不能满足设计的需求，这时就需要插入或删除行或列。

1．插入行或列

（1）添加单行或单列

在表格内单击鼠标右键，在弹出的快捷菜单中，选择【表格】>【插入行】或【插入列】选项，如图 5-14 所示，即可在当前行上方新增加一行或在当前列左侧新增加一列，如图 5-15 所示的插入行。

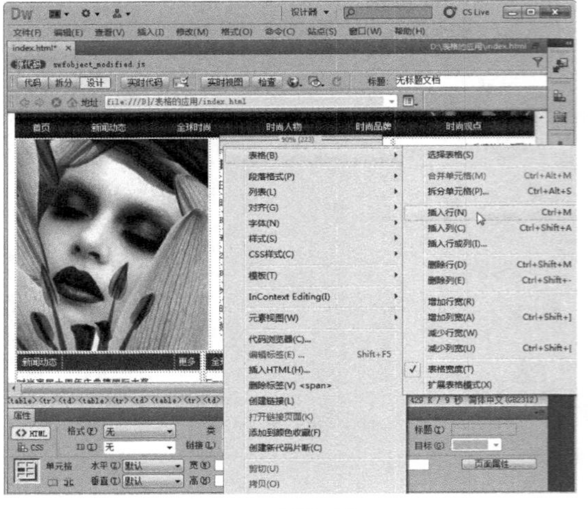

图5-14

图5-15

技巧

通过菜单命令也可以插入行或列，具体操作方法为：执行【修改】>【表格】>【插入行】或【插入列】命令，则在当前光标位置的上方新增加一行或在左侧新增加一列。

（2）添加多行或多列

将鼠标光标移至要增加行或列的位置，单击鼠标右键，从弹出的快捷菜单中选择【插入行或列】命令，然后打开【插入行或列】对话框来设置要插入的多行或多列，如图 5-16 和图 5-17 所示。

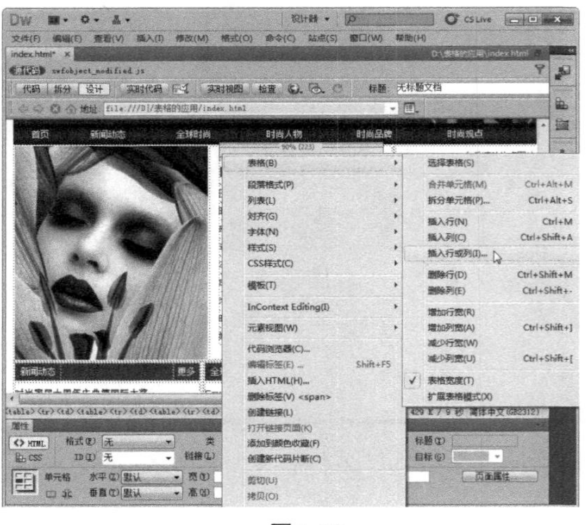

图5-16

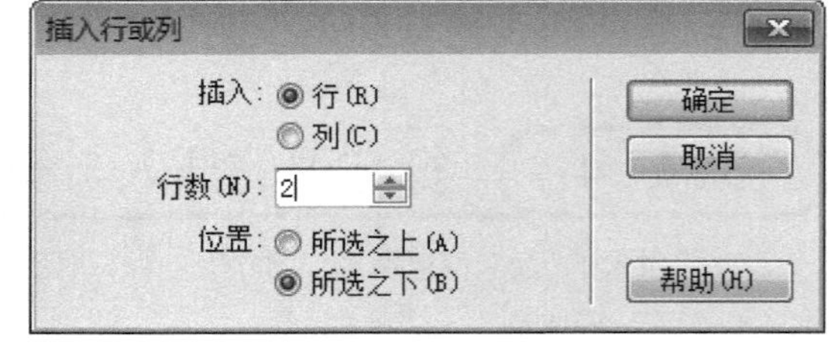

图5-17

在表格【属性】面板中，增加【行】或【列】文本框中的数值也可以增加多行或多列，只是新增加的行或列显示在表格的最下方或最右侧，如图 5-18 和图 5-19 所示。

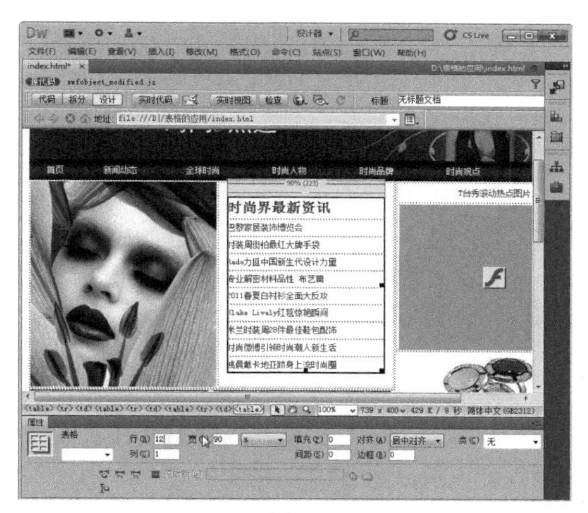

图5-18

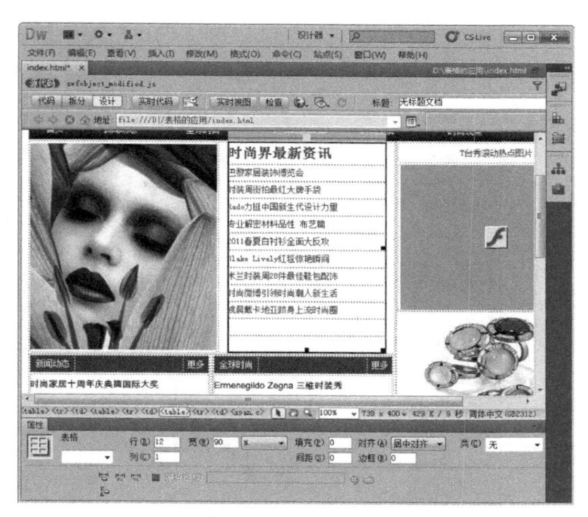

图5-19

2. 删除行或列

删除表格的行或列主要有以下两种方法。

方法一：选中要删除的行或列，按【Delete】键即可将其删除。

方法二：选中要删除的行或列后，单击鼠标右键，从弹出的快捷菜单中选择【删除行】或【删除列】命令也可以将其删除，如图 5-20 和图 5-21 所示。

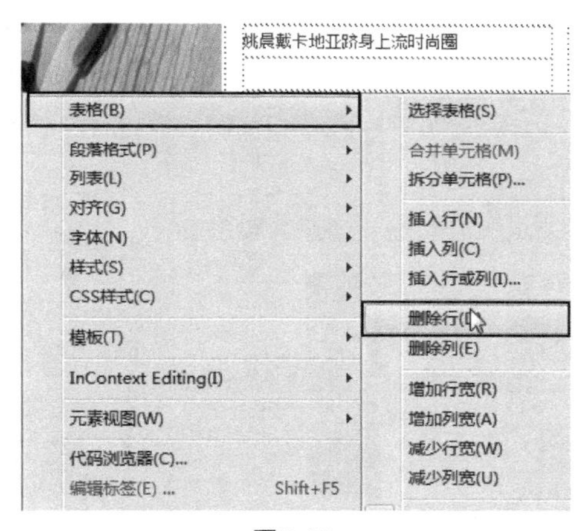

图5-20

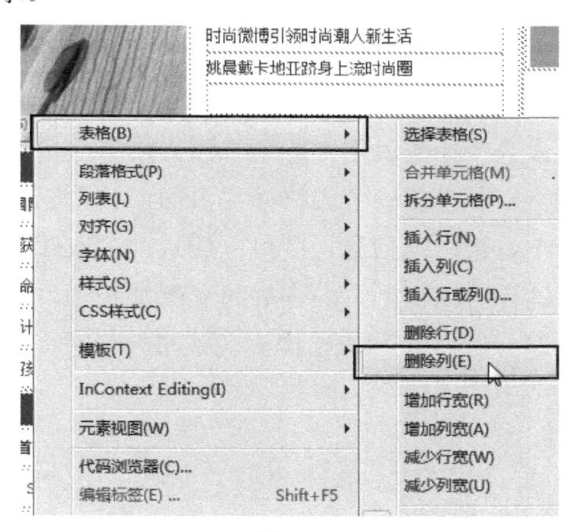

图5-21

如果用户在选择行或列之后，执行【剪切】命令，也可以将选中的行或列删除。按【Delete】键删除时，可以删除多行或多列，但不能删除所有的行或列。如果要删除整个表格，选择整个表格后，按【Delete】键即可删除。

5.1.5 调整表格大小

在网页文档中插入表格后，用户可以对其进行结构调整，调整表格宽度或高度。

若想改变表格的高度和宽度，可以先选中该表格，在出现 3 个控制点后，将鼠标移动到控制点上，当鼠标指针变成如图 5-22 和图 5-23 所示的形状时，按住鼠标左键并拖动即可改变表格的高度和宽度。

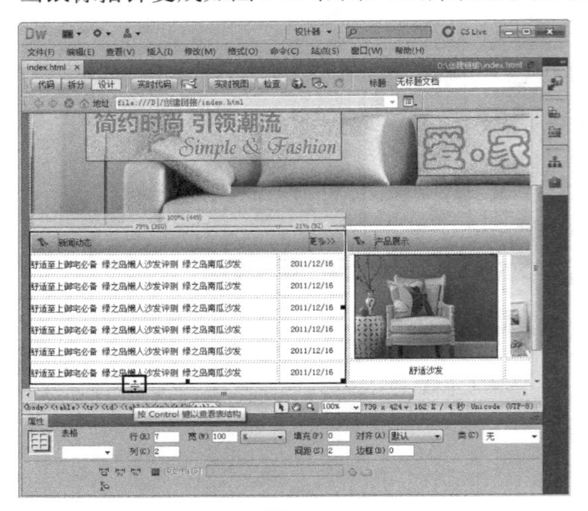

图5-22

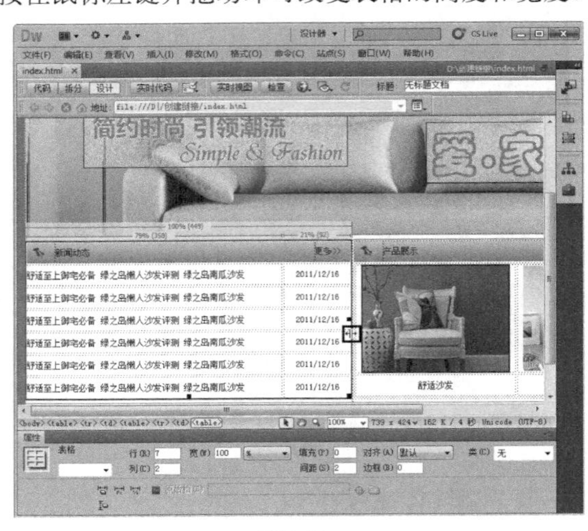

图5-23

此外，还可以在【属性】面板中改变表格的宽和高。

5.1.6 表格的嵌套

嵌套表格就是在一个大的表格中嵌进去一个或几个小的表格，即插入到表格单元格中的表格。如果用一个表格布局页面，并希望用另一个表格组织信息，则可以插入一个嵌套表格。这样可以使网页内容的布局更加合理。如图 5-24 所示为使用表格嵌套表格布局的网页。

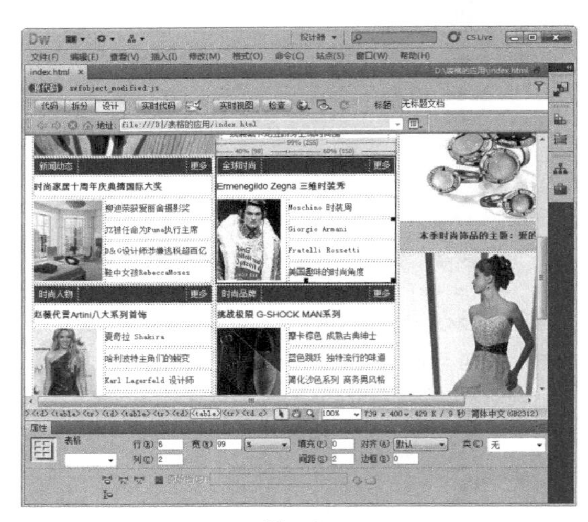

图5-24

5.1.7 表格排序

表格排序功能主要针对具有格式数据的表格，是根据表格列表中的数据来排序的。具体操作步骤如下。

（1）打开一个带有表格数据的网页，选中表格，执行【命令】>【排序表格】命令，如图 5-25 所示。

（2）打开【排序表格】对话框，设置排序依据的列数以及排序方式等，如图 5-26 所示。

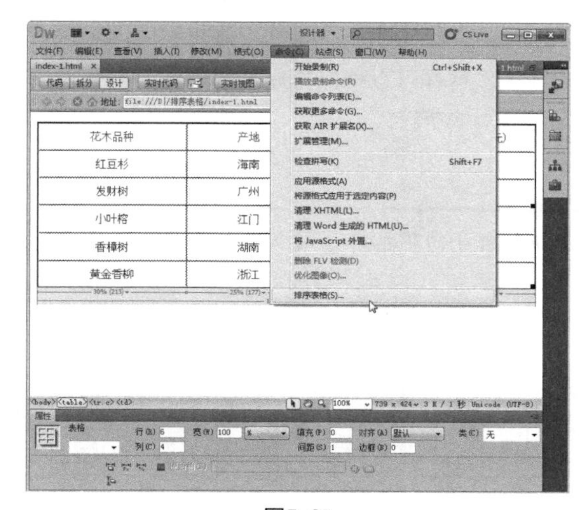

图5-25

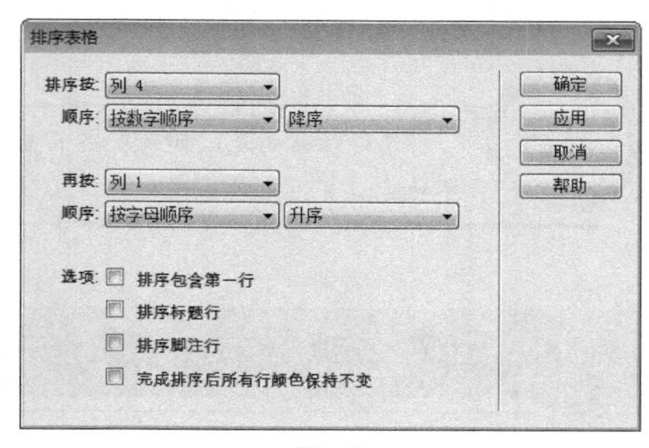

图5-26

（3）单击【确定】按钮。此时，显示效果按第 4 列数字降序排序的结果，实现了花木的价格从高到低排序，如图 5-27 所示。

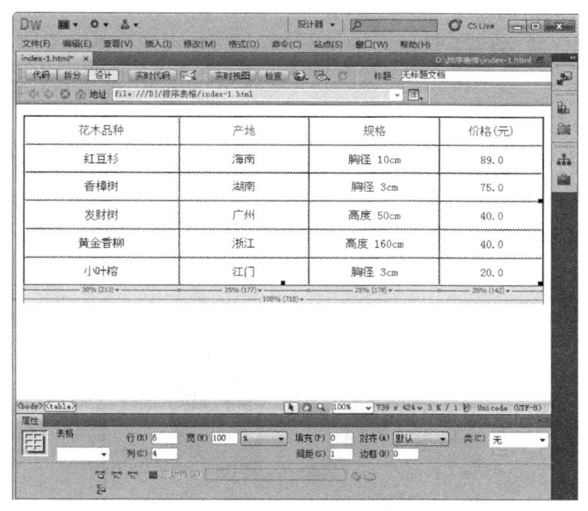

图5-27

在【排序表格】对话框中，各选项含义如下。

◆【顺序按】：确定哪个列的值将用于对表格的各行进行排序。

◆【顺序】：确定是按字母还是按数字顺序，以及按升序还是降序对列进行排序。

◆【再按】：确定在不同列上第二种排列方法的排列顺序。在其后的下拉列表中指定应用第二种排列方法的列，在后面的下拉列表中指定第二种排序方法的排序顺序。

◆【排序包含第一行】：排序时包括表格的第一行。若第一行是不应移动的标题，不要选择此复选框。

◆【排序标题行】：对表格的标题部分中的所有行按照与主体行相同的条件进行排序。（注意：在排序后，标题行将保留在标题部分并仍显示在表格的顶部。）

◆【排序脚注行】：对表格的脚注部分中的所有行按照与主体行相同的条件进行排序。在排序后，脚注行将保留在脚注部分并仍显示在表格的底部。

◆ 【完成排序后所有行颜色保持不变】：排序之后表格行属性——颜色应该与同一内容保持一致。若表格行使用两种交替的颜色，则不要选择此选项，这样可以确保排序后的表格仍有颜色交替的行。

技巧 值得注意的是，如果表格中含有合并或拆分的单元格，则表格无法使用表格排序功能。

5.2 单元格的操作

单元格是表格的基本元素，单元格的基本操作包括单元格的选取、拆分、合并操作等。下面介绍单元格的基本操作方法。

5.2.1 选定单元格

选择单元格有以下 4 种方法。

方法一：按住【Ctrl】键单击某个单元格可以选中该单元格，如图 5-28 所示。

方法二：将光标定位在要选定的单元格中，选择【标签选择器】中的 <td> 标签也可以选中该单元格，如图 5-29 所示。

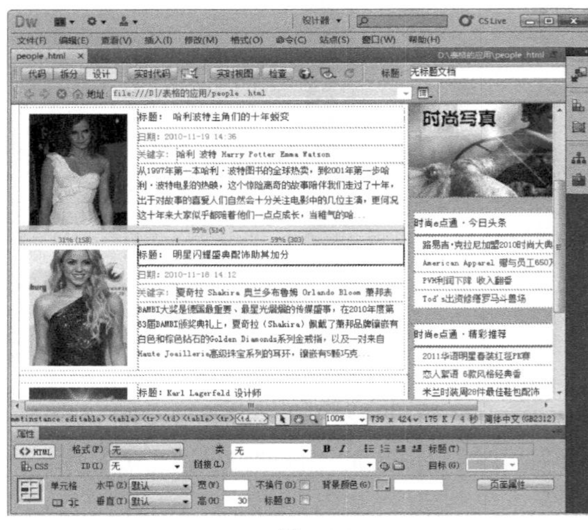

图5-28

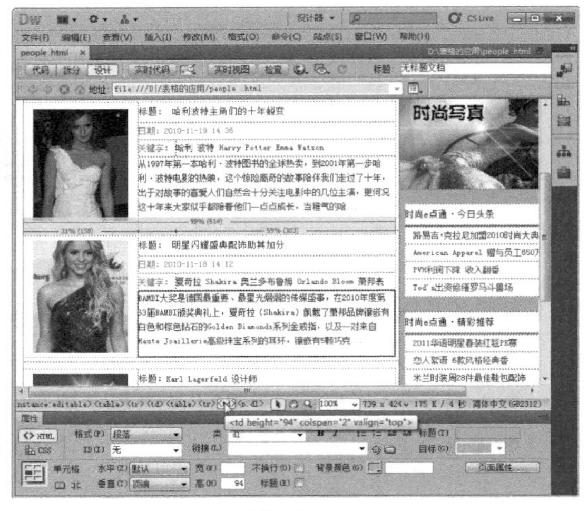

图5-29

方法三：若要选择相邻的单元格，只需在要选择的第一个单元格处按下鼠标后继续拖动即可实现，或者在单击第一个单元格时按住【Shift】键，再单击要选择的最后一个单元格即可，如图 5-30 所示。如果按住【Ctrl】键，单击某个已选中的单元格可以取消该单元格的选中状态。

方法四：若要选取不连续的单元格时，只需按住【Ctrl】键，单击需要选择的单元格即可，如图 5-31 所示。

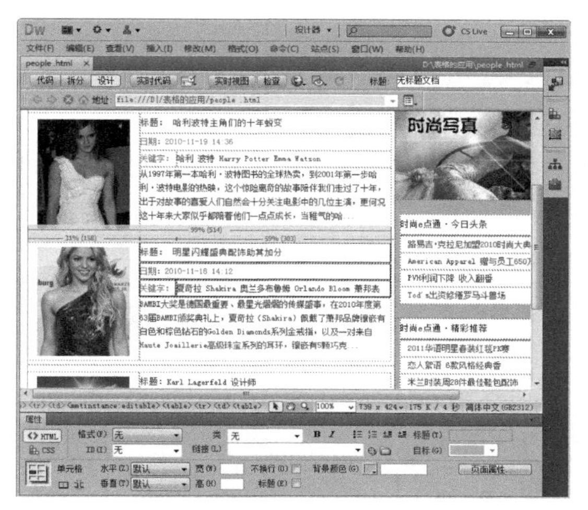

图5-30

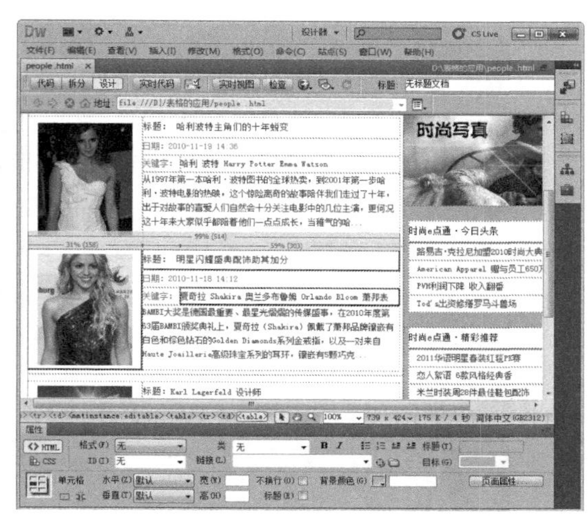

图5-31

在选择单元格、行或列时，两次单击即可取消选择。

5.2.2 拆分和合并单元格

在使用表格的过程中，直接插入的表格往往不能满足设计者的需求，而通过拆分和合并单元格操作可以设计出各种表格样式。

1. 拆分单元格

拆分单元格是将选定的单元格拆分成行或列。拆分单元格的步骤如下。

（1）将光标定位在要拆分的单元格中，单击单元格【属性】面板中的【拆分单元格】按钮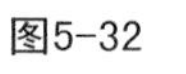，弹出【拆分单元格】对话框，设置需要拆分的行数或列数。在这里设置【行数】为2，如图5-32所示。

（2）单击【确定】按钮。这时，该单元格已经被拆分为2行了，如图5-33所示。

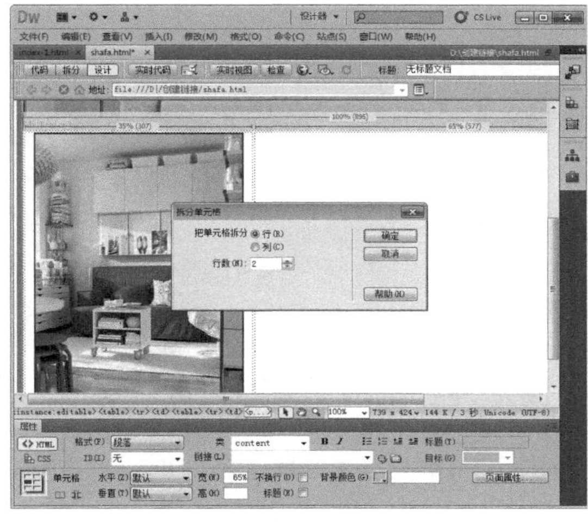

图5-32

图5-33

除以上方法之外还有以下两种方法可拆分单元格。

方法一：将光标置于要拆分的单元格中，执行【修改】>【表格】>【拆分单元格】命令，如图5-34 所示，弹出【拆分单元格】对话框，然后可进行相应的设置。

方法二：将光标置于要拆分的单元格中，单击鼠标右键，在弹出的菜单中选择【表格】>【拆分单元格】选项，如图 5-35 所示，弹出【拆分单元格】对话框，然后可进行相应的设置。

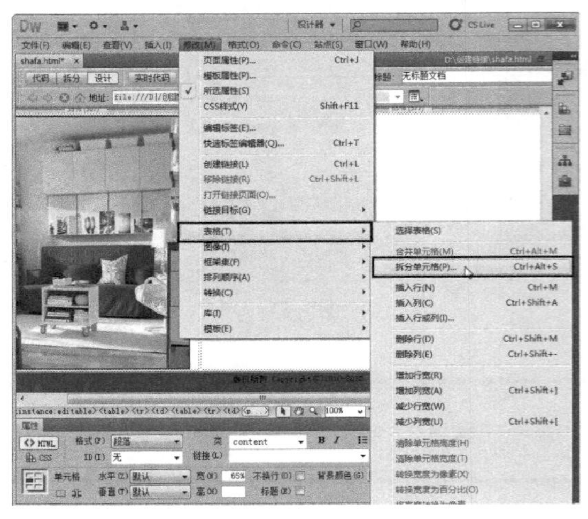

图5-34

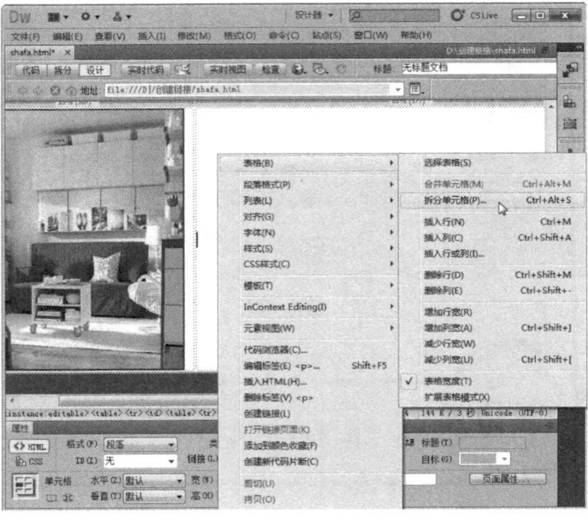

图5-35

2. 合并单元格

合并单元格就是将选中的单元格的内容合并到一个单元格。只要选择的单元格区域是连续的矩形，就可以进行合并单元格操作。合并单元格的步骤如下。

（1）选中需要合并的相邻单元格，如图 5-36 所示。

（2）单击单元格【属性】面板中的【合并单元格】按钮即可，如图 5-37 所示。

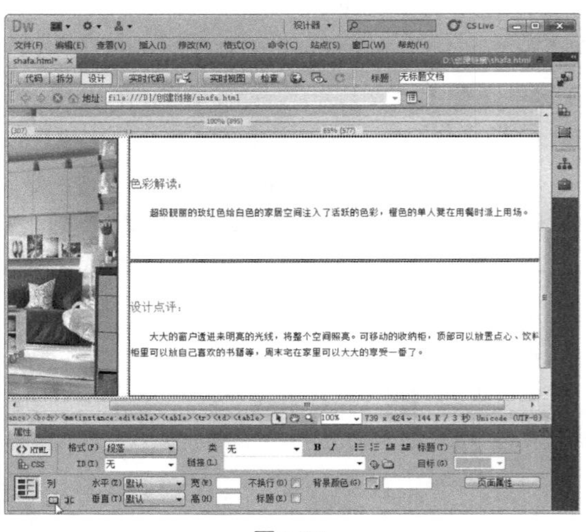

图5-36

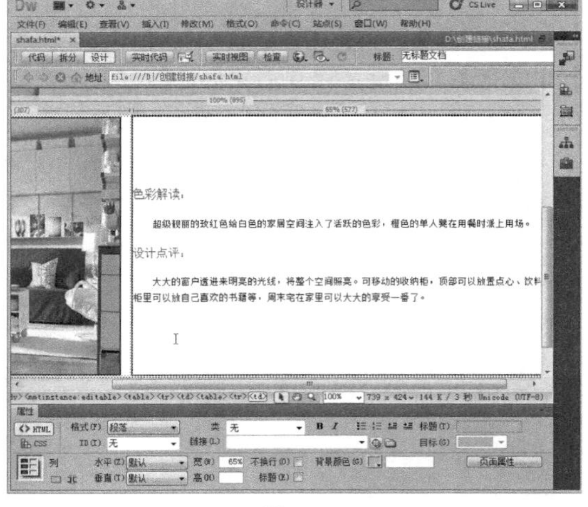

图5-37

除以上方法之外还有以下两种方法可合并单元格。

方法一：选中要合并的单元格，执行【修改】>【表格】>【合并单元格】命令，如图 5-38 所示，将多个单元格合并成一个单元格。

方法二：选中要合并的单元格，单击鼠标右键，在弹出的快捷菜单中选择【表格】>【合并单元格】命令，如图 5-39 所示，即可合并单元格。

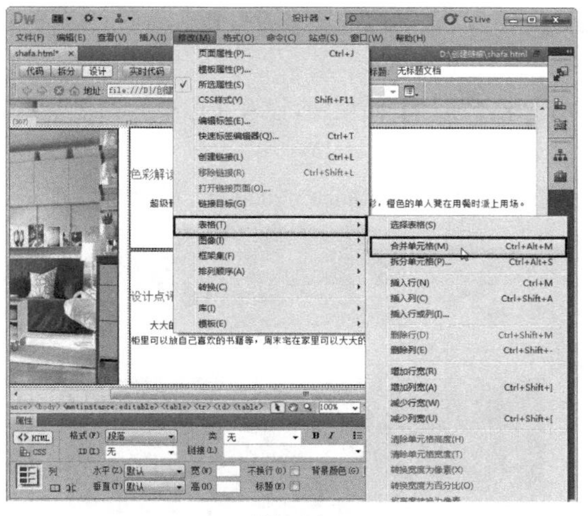

图5-38

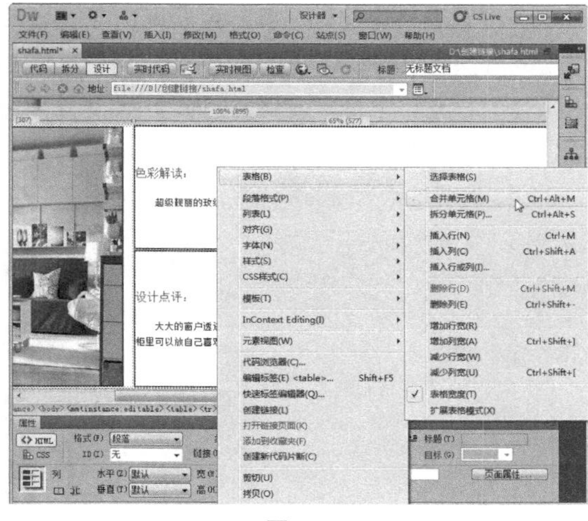

图5-39

5.2.3　单元格属性面板

将光标置于单元格中，该单元格就处于选中状态，此时【属性】面板中显示单元格的属性，如图 5-40 所示。

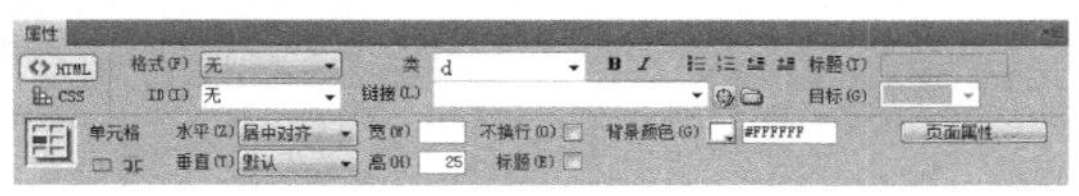

图5-40

在单元格【属性】面板中，各选项的含义如下。

- 【合并单元格】按钮和【拆分单元格】按钮：用于合并和拆分单元格。
- 【水平】：设置表格的单元格、行或列中内容的水平对齐方式，包括默认、左对齐、居中对齐和右对齐 4 种。
- 【垂直】：设置表格的单元格、行或列中内容的垂直对齐方式，包括默认、顶端、居中、底部和基线 5 种。
- 【不换行】：选中该选项后，浏览器将把选中单元格的内容显示在同一行中。
- 【宽】和【高】：用于设置单元格的宽和高。
- 【标题】：将当前单元格设置为标题行。
- 【背景颜色】：用于设置单元格的颜色。
- 【页面属性】：设置单元格的页面属性。

5.3　表格的高级应用

在浏览网页时，我们经常会看到诸如圆角表格、细线表格之类的特殊表格，要制作这些表格，单纯利用表格【属性】面板是不能完成的。下面将具体介绍几种特殊表格的制作。

5.3.1 细边框表格

在设置表格边框时，我们会发现，即使将表格边框设为 1，其边框还是有些粗。这时可以通过下面的方法将表格设置为细边框，具体操作步骤如下。

（1）打开一个包含表格的网页文档，选中表格，在表格【属性】面板中，设置【边框】和【填充】分别为 0，【间距】为 1，如图 5-41 所示。

（2）然后选中 <table> 标签，打开【快速标签编辑器】，添加代码：bgcolor="#000000"，如图 5-42 所示。

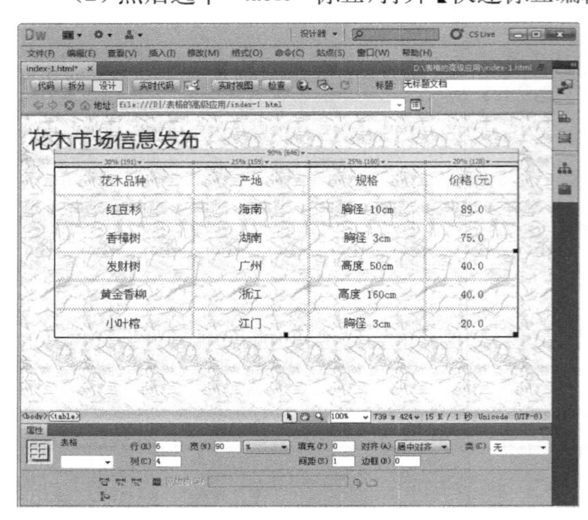

图5-41

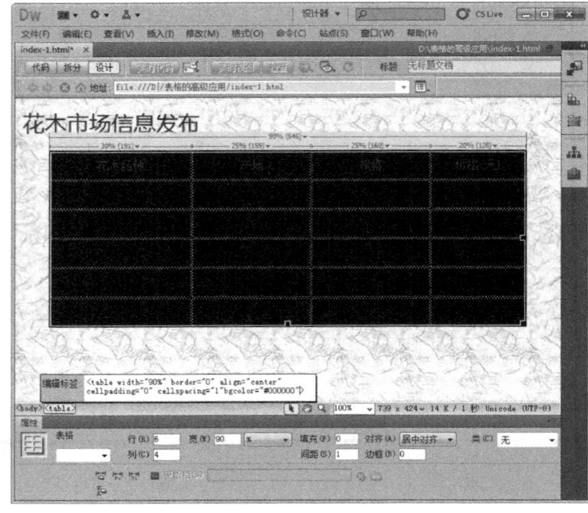

图5-42

（3）选中所有的单元格，在单元格【属性】面板的【背景颜色】文本框中输入“#FFFFFF”，如图 5-43 所示。

（4）保存文件，按【F12】快捷键可以预览效果，如图 5-44 所示。

图5-43

图5-44

5.3.2 立体效果表格

很多网页设计者喜欢在网页中使用一些立体按钮来制作导航栏，以使页面更加美观，其实使用表格同样可以制作出非常漂亮的立体导航栏，添加立体效果表格的步骤如下。

（1）打开网页文档，选中表格，在【属性】面板中设置表格边框粗细为 1 像素，单元格间距及边距均为 0，如图 5-45 所示。

（2）选中表格，在其【属性】面板中单击【快速标签编辑器】按钮，添加如下代码：bgcolor="#62988A" bordercolor="#ffffff" bordercolorlight="#000000"，如图 5-46 所示。

其中，bgcolor="#62988A" 表示设置背景颜色为 #62988A ；bordercolor="#ffffff" 表示设置边框颜色为白色；bordercolorlight="#000000" 表示边框颜色亮色为黑色。

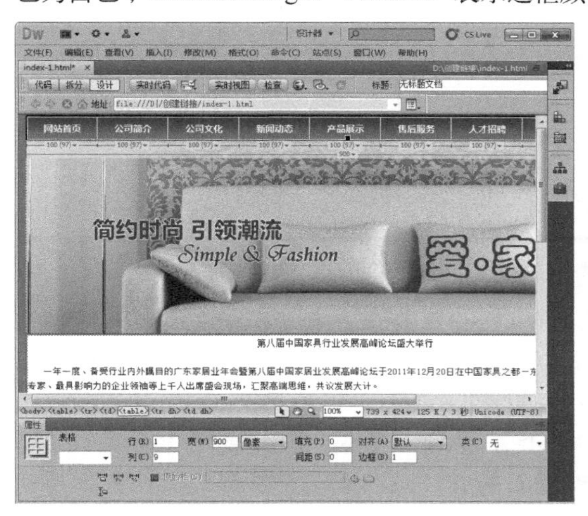

图5-45

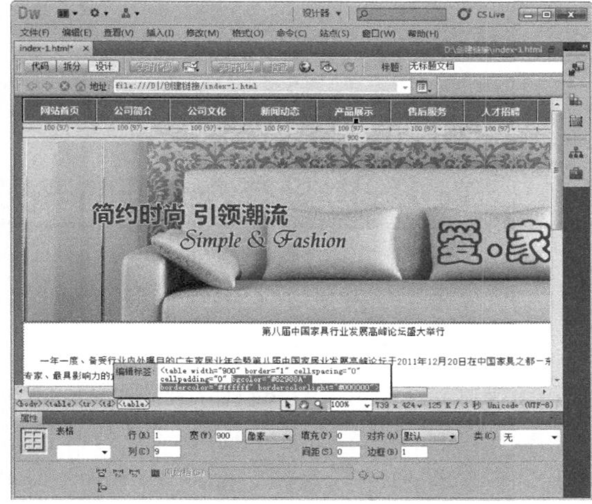

图5-46

5.3.3 变色单元格

变色单元格，可以使单元格有悬停按钮的效果，常用来制作导航栏。制作变色单元格的具体操作步骤如下。

（1）将光标定位在单元格内，切换到【代码】视图模式，在 <td> 标签内添加代码：onMouse Move= "this.style.backgroundColor= '#ffcc99'"onMouseOut="this.style.backgroundColor= '#cccc66'"，如图 5-47 所示。

其中，onMouseMove="this.style.backgroundColor='#ffcc99'" 表示鼠标移至该单元格上时，其背景颜色为 #ffcc99 ；onMouseOut="this.style.backgroundColor='#cccc66'" 表示鼠标离开该单元格时，其背景颜色为 #cccc66。

（2）使用同样的方法，依次设置导航栏中的其他按钮。保存文件，按【F12】快捷键即预览效果，如图 5-48 所示。

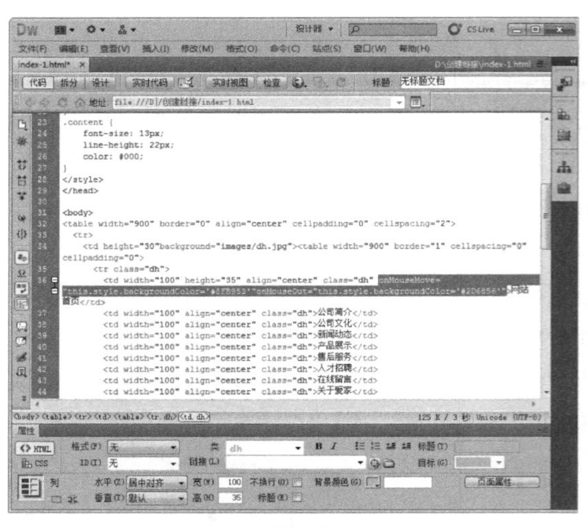

图5-47

图5-48

5.3.4 只有外边框的表格

有时为了页面的简洁，不需要在页面中显示表格里面的框线，这时就可以制作只有外框线的表格。具体操作步骤如下。

（1）选择表格，在【属性】面板中设置【边框】为 1，并删除【间距】和【填充】文本框中的值。打开【快速标签编辑器】并添加代码：bordercolor="#000000"，如图 5-49 所示。

（2）选中单元格，右键单击【标签选择器】中的 <td> 标签，选择【快速标签编辑器】命令，在【编辑标签】中添加代码：bordercolor= " #ffffff "，如图 5-50 所示。

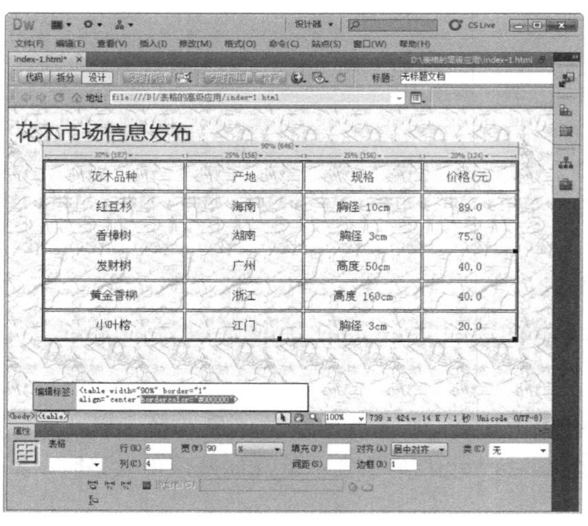

图5-49

图5-50

（3）使用同样的方法，依次设置其他的单元格，如图 5-51 所示。

（4）保存文件，按【F12】快捷键预览网页，如图 5-52 所示。

图5-51

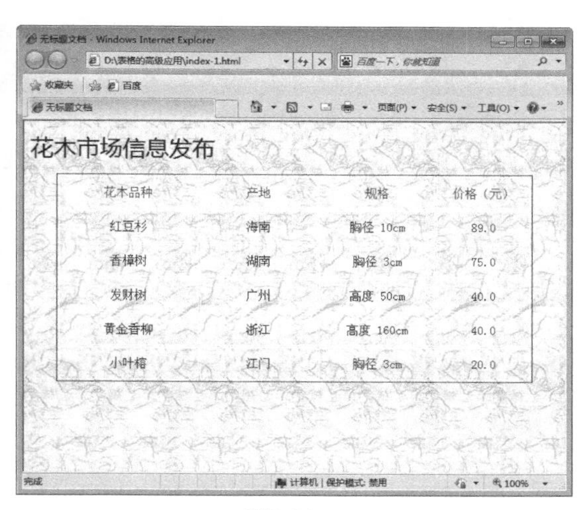

图5-52

5.4　综合案例——使用表格布局网页

学习目的

本实例将学习使用表格将页面布局得更加合理，轻松定位网页元素，如文本、图像等。

重点难点

设置表格属性。

设置单元格属性。

拆分和合并单元格。

本实例效果如图 5-53 所示。

图5-53

操作步骤

Step 01 启动 Dreamweaver CS5 应用程序，新建一个网页文档，并保存为 index.html，单击【属性】面板中的【页面属性】按钮，打开【页面属性】对话框，在左侧【分类】中选择【外观（CSS）】选项，在右侧设置各参数，然后单击【确定】按钮，如图 5-54 所示。

Step 02 打开【插入】面板，单击【常用】选项中的【表格】按钮，在打开的【表格】对话框中，设置【行数】为 1,【列数】为 1,【表格宽度】为 900 像素,【边框粗细】、【单元格边距】、【单元格间距】均为 0，然后单击【确定】按钮，如图 5-55 所示。

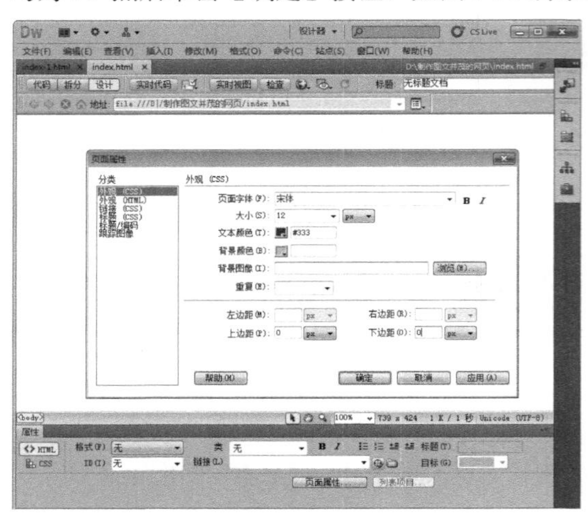
图5-54

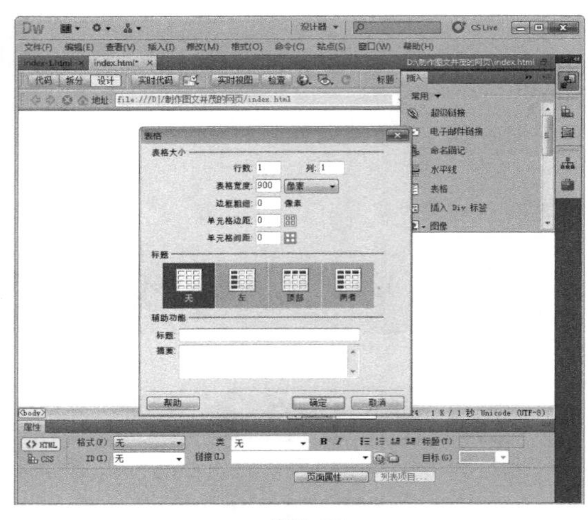
图5-55

Step 03 设置该表格居中对齐，并调整其大小。将光标定位在该表格中，再嵌套一个 2 行 1 列的表格，设置表格宽度为 100%，然后设置第一个单元格的行高为 30，背景颜色为 #295307，如图 5-56 所示。

Step 04 在第一个单元格中插入一个 1 行 8 列的表格，设置表格宽度为 100%，单元格间距为 2 像素，并设置单元格背景颜色为 #A1C798，然后输入相应的文本内容，如图 5-57 所示。

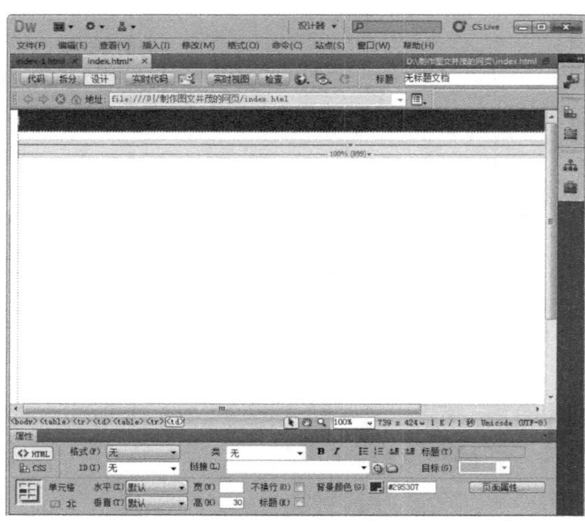
图5-56

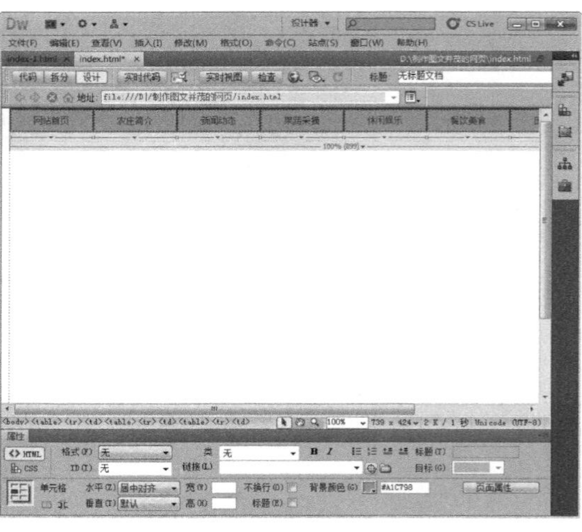
图5-57

Step 05 将光标定位在第二个单元格中，执行【插入】>【图像】命令，插入一幅图像，如图 5-58 所示。

Step 06 在图像所在表格的下方插入一个 2 行 2 列的表格，设置表格宽度为 100%，单元格间距为 2 像素，然后选中左侧两个单元格，单击【属性】面板中的【合并单元格】按钮将其合并，设置其宽度为 40%，背景颜色为 #93B65C，如图 5-59 所示。

图5-58

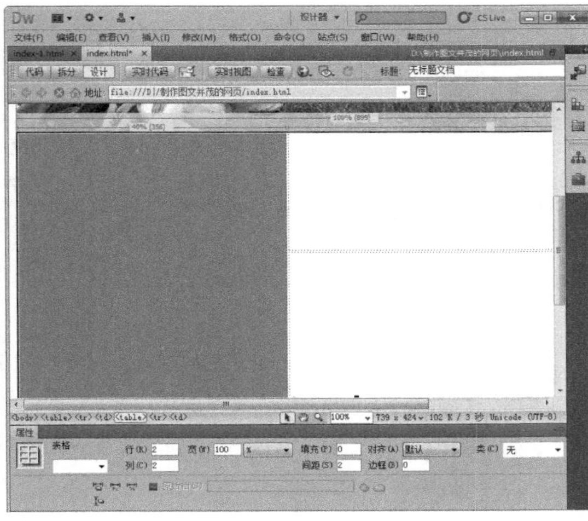

图5-59

Step 07 在左侧单元格中插入一个 12 行 2 列的表格，设置表格宽度为 100%，单元格间距为 2 像素，然后合并第 1 行的两个单元格，并设置所有单元格背景颜色为白色，如图 5-60 所示。

Step 08 将光标定位在第 1 行的单元格中，插入一个 1 行 3 列的表格，调整表格结构，然后在相应位置输入文本，插入图像，如图 5-61 所示。

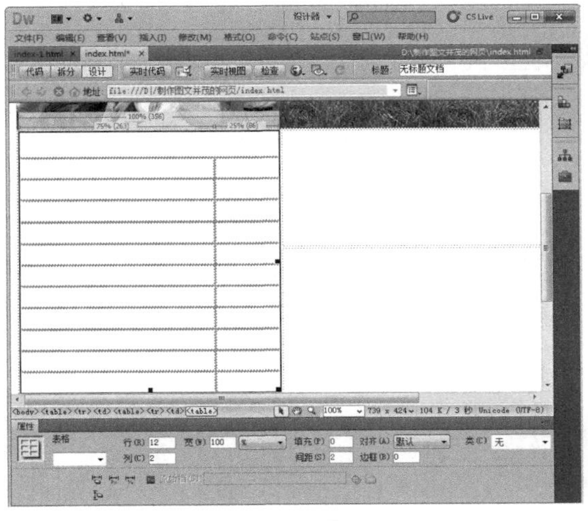

图5-60

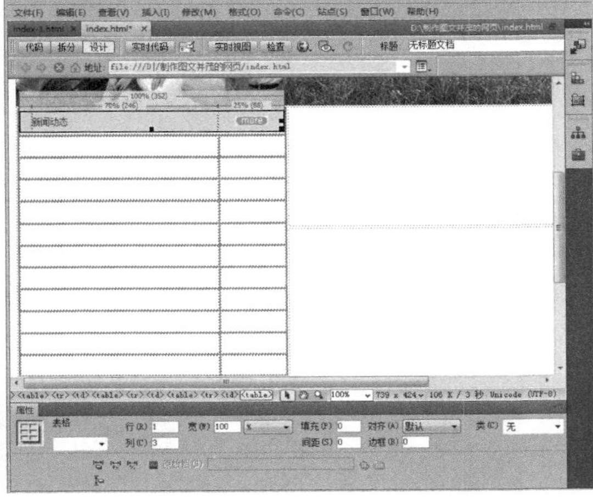

图5-61

Step 09 在其他单元格中输入文本内容，如图 5-62 所示。

Step 10 使用同样的方法布局另外两个模块，如图 5-63 所示。

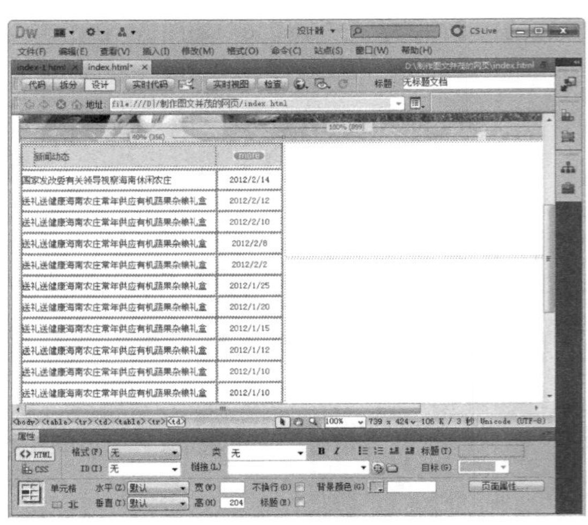

图5-62

图5-63

Step 11 在网页文档底部插入一个 1 行 1 列的表格，设置其行高为 60，背景颜色为 #93B65C，然后输入文本内容，如图 5-64 所示。

Step 12 至此，使用表格布局网页就完成了。保存文件，按【F12】快捷键预览网页，如图 5-65 所示。

图5-64

图5-65

5.5 经典商业案例赏析

表格是网页制作不可缺少的网页元素之一，也是网页布局排版的工具之一。使用表格可以对网页中的文本、图像等元素进行准确的定位。如图 5-66 所示的青青花木网，使用表格制作花木产品价格表，使得价格信息一目了然。

青青花木网 312green.com 绿化苗木市场
花卉盆景市场
园艺资材市场
价格
全站查询
苗木首页
价格比较
供应
求购
产品
企业
资讯
社区
会员办公室
登录
免费注册
林木种子 | 苗床小苗 | 乔灌木 | 藤本植物 | 竹类植物 | 草花地被 | 水生植物 | 草坪 | 热门查询 | 切换类目
绿化苗木市场 > 价格首页 > 绿化苗木 > 乔灌木 (共有价格信息 201802 条)
发布价格
产品名称:
价格:
元
地区:
所有省市
选取
所有地区
米径:
cm
高度:
cm
时间:
冠幅:
cm
地径:
cm
模糊查询
认证会员
查询
热门查询
第 1 页 共 13454 页 201802 条
首页 上一页 1 2 3 4 5 6 7 8 9 10 下一页 转到:
产品名称 米径(cm) 高度(cm) 冠幅(cm) 地径(cm) 价格(元) 单位 供应商 备注 发布时间
垂柳 4 10 棵 江苏沭阳县富丽园林绿化苗木场 垂柳3-5- 2012-02-27
香樟 25 700 250 28 1200 棵 湖南长沙金蚂蚁园林绿化苗木场 骨架移栽 2012-02-27
大叶黄杨 60 20 0.45 棵 沭阳县新河镇周圈村绿航花木场 2012-02-27
红帽月季 40 0.6 棵 江苏沭阳花木协会富海苗圃 二年生苗 2012-02-27
八角金盘 100 80 10 棵 萧山新街连城园艺场 2012-02-27
金边亮绿忍冬 30 20 15 棵 浙江柔栋农业开发有限公司 2012-02-27
栾树 5 30 棵 江苏省沭阳县苏阳苗木基地 2012-02-27
茶梅球 100 100 150 棵 杭州萧山彦明园艺 2012-02-27
栾树 13 950 棵 浙江新苗天园林苗木科技有限公司 2012-02-27
白蜡 12 15 450 棵 沭阳县好仁缘绿化苗木园艺场 2012-02-27
垂柳 8 180 棵 杭州萧山绿化苗木配送中心 2012-02-27
大叶黄杨 50 25 1.05 棵 沭阳县好景园林绿化苗木场 2012-02-27
桂花 7 320 棵 湖南长沙绿大地苗圃 2012-02-26
红叶小檗球 80 80 15 棵 沭阳华峰商贸有限公司 诚信可靠 2012-02-26
水杉 5 28 棵 沭阳县锦锦苗木园艺场 2012-02-26
第 1 页 共 13454 页 201802 条
首页 上一页 1 2 3 4 5 6 7 8 9 10 下一页 转到:
| 加入收藏 | 关于本站 | 代码共享 | 手机上网 | 诚聘英才 | 在线帮助 | 会员服务 | 联系我们 |
电话:0579-82050361 传真:0579-82050360 客服QQ:42513563 961329318
©2000-2012 青青花木网版权所有 ICP:浙B2-20110328

图5-66

5.6 习题

一、填空题

1．在表格中，tr 表示 ____，td 表示 ____。

2．在表格【属性】面板中，间距指的是 ____。

3．要使表格的边框不显示，应设置 border 的值是 ____。

4．单元格合并必须是 ____ 的单元格。

二、选择题

1．下面 ____ 不是组成表格的最基本元素。

A．行　　B．列　　C．边框　　D．单元格

2．要选中某个单元格，可以将光标先定位在该单元格中，然后鼠标移到状态栏的 ____，单击该标签即可。

A．<tr>　　B．<table>　　C．<td>　　D．<tm>

3．下面说法错误的是 ____。

A．单元格可以相互合并　　B．在表格中可以插入行

C．可以拆分单元格　　D．在单元格中不可以设置背景图片

4. 将鼠标移到行的最左边，鼠标呈现 ____ 时，单击鼠标可以选中该行。

A. 黑色箭头　　B. 白色箭头　　C. 黑色按钮　　D. 白色按钮

三、上机练习

1. 结合本章的综合案例，逐步学习操作。
2. 掌握本章综合案例，使用表格布局网页后，结合所学内容，做出如图 5-67 所示的网页效果。

图5-67

第6章 使用CSS样式表

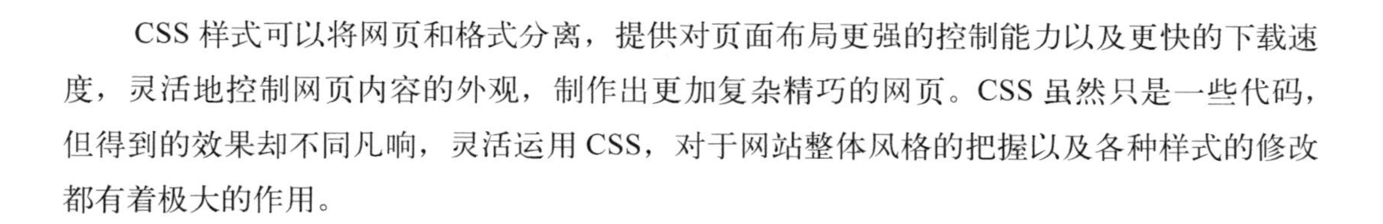

CSS 样式可以将网页和格式分离，提供对页面布局更强的控制能力以及更快的下载速度，灵活地控制网页内容的外观，制作出更加复杂精巧的网页。CSS 虽然只是一些代码，但得到的效果却不同凡响，灵活运用 CSS，对于网站整体风格的把握以及各种样式的修改都有着极大的作用。

本章知识要点

- CSS 的语法
- CSS 样式表的创建
- CSS 样式定义
- CSS 样式表的管理

6.1 CSS样式表

使用 CSS 构建页面，其本质在于将页面的结构和表现相分离。这样，同样的内容与结构就可以使用不同的 CSS 样式实现不同的表现形式。使用 CSS 样式可以制作出更加复杂和精巧的网页，使得网页的维护、更新也更加容易和方便。

6.1.1 CSS 概述

CSS 是 Cascading Style Sheets 英文的缩写，即层叠样式表。它是 1996 年由 W3C 审核通过并且推荐使用的。它用来控制一个文档中的某一文本区域外观的一组格式属性。使用 CSS 样式能够简化网页代码，加快下载显示速度，也减少了需要上传的代码数量，大大减少了重复劳动的工作量。现在的网页中几乎没有不用样式表的，使用样式表不但可以定义文字，还可以定义表格、层以及其他元素。通过直观的界面，设计者可以定义超过 70 种不同的 CSS 设置，这些设置可以影响到网页中的任何元素，从文本的间距到类似于多媒体的转换。用户可以随时创建自己的样式表并可以随时调用。

CSS 样式表的作用包括以下几点。

①可以更加灵活地控制网页中文字的字体、颜色、大小、间距、风格及位置等。

②可以灵活地设置一段文本的行高、缩进，并可以为其加入三维效果的边框。

③可以方便地为网页中的任何元素设置不同的背景颜色和背景图像。

④可以精确地控制网页中各元素的位置。

⑤可以为网页中的元素设置各种过滤器，从而产生阴影、模糊、透明等效果。

⑥可以与脚本语言相结合，从而产生各种动态效果。

⑦ HTML 格式的代码，可以提高页面打开的速度。

6.1.2 CSS 的基本语法

在正式建立样式表之前，先要了解 CSS 的基本语法。CSS 语法由 3 部分构成：选择器、属性和值。

一个样式表一般由若干样式规则组成，每条样式规则都可以看做是一条 CSS 的基本语句，每条规则都包含一个选择器（如 BODY，P 等）和写在花括号里的声明，这些声明通常是由几组用分号分隔的属性和值组成。每个属性带一个值，共同描述整个选择器应该如何在浏览器中显示。一条 CSS 语句的结构如下：

选择器 { 属性 1: 值 1; 属性 2: 值 2;……}

1. 选择器

选择器（selector）是 CSS 中很重要的概念，所有 HTML 语言中的标记都是通过不同的 CSS 选择器进行控制的。用户只需要通过选择器对不同的 HTML 标签进行控制，并赋予各种样式声明，即可实现各种效果。

（1）标签选择器

一个 HTML 页面由很多不同的标记组成，而 CSS 标记选择器就是声明哪些标记采用哪种 CSS 样式。例如，P 选择器就是用于声明页面中所有 <p> 标记的样式风格。同样可以通过 h1 选择器来声明页面中所有的 <h1> 标记的 CSS 风格，如下所示。

```
<style >
h1 {
font-size: 20px;
color: #FF0000;
}
</style>
```

以上这段代码声明了 HTML 页面中所有的 <h1> 标记，文字的颜色都采用了红色，大小都是 20px。

（2）类选择器

类选择器的名称可以由用户自己定义，属性和值跟标记选择器一样，也必须符合 CSS 规范。类名称必须以句点开头，并且可以包含任何字母和数字组合（如 .myhead1）。如果没有输入开头的句点，Dreamweaver 将自动输入它。

用类选择器能够把相同的元素分类定义不同的样式，定义类选择符时，在自定义类的名称前面加一个点号。假如想要两个不同的段落，一个段落向右对齐，一个段落居中，就可以先定义两个类：

p.right {text-align: right}

p.center {text-align: center}

然后用在不同的段落里，只要在 HTML 标记里加入定义的 class 参数：

这个段落向右对齐的

这个段落是居中排列的

类选择器还有一种用法，在选择符中省略 HTML 标记名，这样可以把几个不同的元素定义成相同的样式：

.center {text-align: center}（定义 .center 的类选择符为文字居中排列）

这样的类可以被应用到任何元素上。

下面使 h1 元素（标题 1）和 p 元素（段落）都归为"center"类，这使两个元素的样式都跟随".center"这个类选择符：

<h1 class= "center" > 这个标题是居中排列的 </h1>

<p class= "center" > 这个段落也是居中排列的 </p>

这种省略HTML标记的类选择器是最常用的CSS方法，使用这种方法，可以很方便地在任意元素上套用预先定义好的类样式。

（3）ID 选择器

在 HTML 页面中，ID 参数指定了某个单一元素，ID 选择器是用来对这个单一元素定义单独的样式。

ID 选择器的应用和类选择器类似，只要把 CLASS 换成 ID 即可。将上例中的类用 ID 替代：

这个段落向右对齐

定义 ID 选择器要在 ID 名称前加一个"#"号。和类选择器相同，定义 ID 选择符的属性也有两种方法。下面的例子中，ID 属性将匹配所有 id="intro" 的元素：

#intro

{

font-size:110%;

font-weight:bold;

color:#0000ff;

background-color:transparent

}（字体尺寸为默认尺寸的 110%; 粗体；蓝色；背景颜色透明）

下面的例子，ID 属性只匹配 id="intro" 的段落元素：

p#intro

```
{
font-size:110%;
font-weight:bold;
color:#0000ff;
background-color:transparent
}
```

ID选择符局限性很大，只能单独定义某个元素的样式，一般只在特殊情况下使用。

（4）复合内容选择器

复合内容选择器可以单独对某种元素包含关系定义的样式表，元素 1 里包含元素 2，这种方式只对在元素 1 里的元素 2 定义，对单独的元素 1 或元素 2 无定义，例如：

```
table a
{
font-size: 12px
}
```

本例说明在表格内的链接改变了样式，文字大小为 12 像素，而表格外链接的文字仍为默认大小。

2．属性

CSS 属性指的是在选择器中要改变的内容，常见的有字体属性、颜色属性、文本属性等。下面就是我们定义的一个样式表。

```
body {
font-family: " 宋体 ";
font-size: 20px;
color: #FF0000;
}
p {
font-family: " 宋体 ";
font-size: 30px;
color: #FF00ff;
}
```

其中，body 和 p 是 html 中的两个标签，对这两个标签设置了下面 3 种样式。

font-family: 指定字体的字形。

font-size: 指定字体的大小。

color: 指定字体的颜色。

用户可以将相同属性和值的选择器组合起来书写，用逗号将选择器分开，这样可以减少样式重复定义：

h1, h2, h3, h4, h5, h6 { color: green }

以上语句说明这个组里包括所有的标题元素，每个标题元素的文字都为绿色。

p, table{ font-size: 10pt }

以上语句说明段落和表格里的文字尺寸为 10 号字以上语句的。以上语句的效果完全等效于：

p { font-size: 10pt }

table { font-size: 10pt }

6.1.3 认识 CSS 样式面板

在Dreamweaver CS5中CSS样式的操作及其属性都集中在【CSS样式】面板中。执行【窗口】>【CSS样式】命令，打开【CSS样式】面板。在该面板中集中了CSS样式的基本操作，分别为【全部】模式和【当前】模式。下面将分别介绍这两种模式。

1. 全部模式

单击【CSS 样式】面板中的【全部】按钮，将显示【全部】模式下的【CSS 样式】面板，如图 6-1 所示。该面板分为上、下两部分，即【所有规则】部分和【属性】面板。【所有规则】部分显示当前文档中定义的所有 CSS 样式，以及附加到当前文档样式表中所定义的所有规则。使用【属性】面板可以编辑【所有规则】部分中所选的 CSS 属性。拖动两部分之间的边框可以调整各部分的大小。

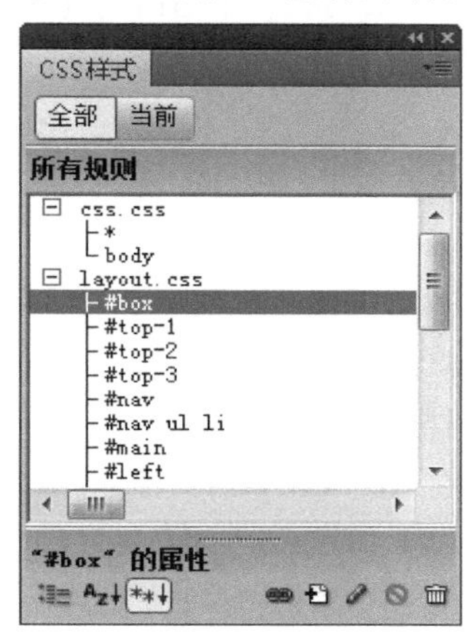

图6-1

当用户在【所有规则】部分中选择某个规则时，该规则中定义的所有属性都出现在【属性】面板中，用户可以使用【属性】面板快速修改 CSS，无论它是嵌入在当前文档中，还是通过附加的样式表链接的。默认情况下，【属性】面板仅显示先前已设置的属性，并按字母顺序进行排列。

用户可以选择在两种视图下显示属性。即类别视图和列表视图。类别视图显示按类别分组的属性（如字体、背景、区块等），已设置的属性位于每个类别的顶部。列表视图显示所有可用属性的按字母顺序排列的列表，同样，已设置的属性排在顶部。若要在视图之间切换，可以单击位于【CSS 样式】面板底部的【显示类别视图】按钮、【显示列表视图】按钮或【只显示设置属性】按钮。此外，【属性】面板中还包括【附加样式表】按钮、【新建 CSS 规则】按钮、【编辑样式表】按钮和【删除 CSS 规则】按钮。

2．当前模式

单击【当前】选项卡，将切换到【当前】模式下，如图 6-2 所示。

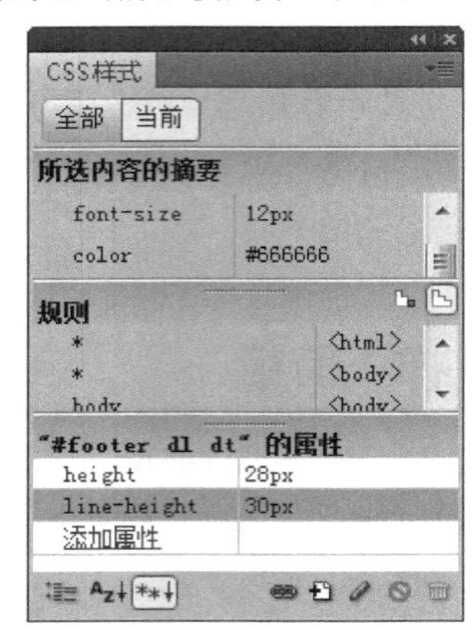

图6-2

在【当前】模式下，【CSS 样式】面板可以分为 3 部分：第一部分显示了文档中当前所选对象的 CSS 属性，即【所选内容的摘要】部分；第二部分显示了所选 CSS 属性的应用位置，即【规则】部分；第三部分显示了用户编辑当前 CSS 属性的工作窗口，即【属性】面板。各部分的功能如下。

◆【所选内容的摘要】部分：显示活动文档中当前所选对象的 CSS 属性的设置，这些设置直接应用于所选内容，它是按逐级细化的顺序排列属性的。

◆【规则】部分：分为关于视图（默认视图）和规则视图两个不同的视图。其中，关于视图中显示了所选 CSS 属性的规则名称，以及使用了该规则的文件名称。单击关于视图右上角的【显示层叠】按钮，切换到规则视图下，此时显示直接或间接应用于当前所选内容的所有规则的层次结构。当用户将鼠标指针悬浮于规则视图上方时，将显示出使用了当前 CSS 样式的文件的名称。

◆【属性】面板：与【全部】模式下【属性】面板部分的显示内容相同，当在【所选内容的摘要】部分中选择了某个属性后，定义 CSS 样式的所有属性都将出现在【属性】面板中，用户可以使用【属性】面板快速修改所选的 CSS 样式，无论它是嵌入在当前文档中，还是通过附加的样式表链接的。一般【属性】面板仅显示那些已设置的属性，并按字母顺序将其进行排列，且可以通过按钮切换为不同的显示视图。

6.2 创建CSS样式表

CSS 样式是格式设置规则，可以控制 Web 页面内容的外观。下面介绍 CSS 样式表的创建方法。

6.2.1 样式表的创建方法

在 Dreamweaver 中，CSS 样式的操作及其属性都集中在【CSS 样式】面板中。创建新的 CSS 规则具体操作步骤如下。

（1）执行【窗口】>【CSS 样式】命令，将打开【CSS 样式】面板。单击该面板底部的【新建 CSS 规则】按钮，如图 6-3 所示。

（2）打开【新建 CSS 规则】对话框，在该对话框中可以定义创建的 CSS 样式的类型，如图 6-4 所示。

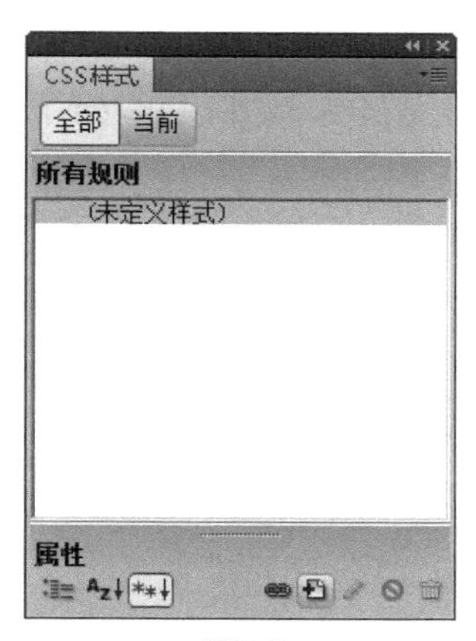

图6-3

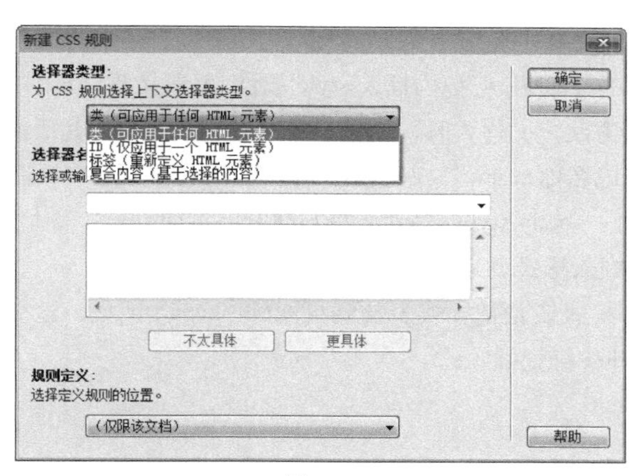

图6-4

设置选择器类型（类），输入选择器名称（.font），选择【（仅限该文档）】选项，单击【确定】按钮。选择【仅限该文档】并单击【确定】按钮后，弹出【.font 的 CSS 规则定义】对话框，从中设置样式，参数如图 6-5 所示。

（3）设置完成后，单击【确定】按钮，这时在【CSS 样式】面板中可以看到刚刚创建的 CSS 样式，如图 6-6 所示。

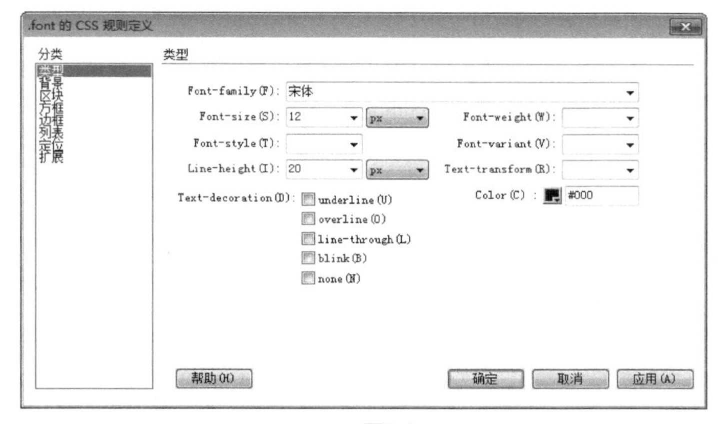

图6-5

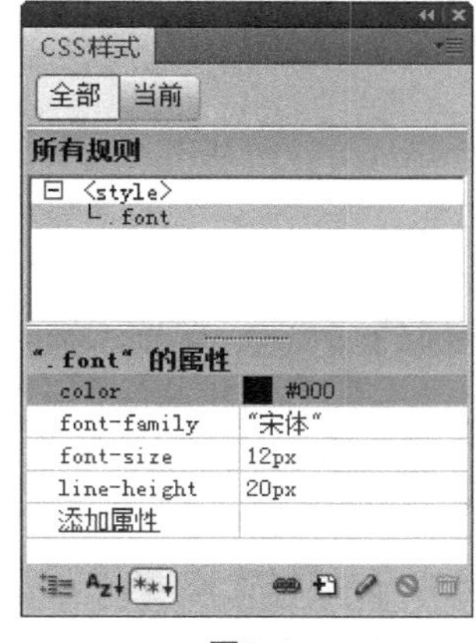

图6-6

技巧

在【规则定义】下拉列表中，选中【（仅限该文档）】选项，则表示定义CSS规则只对当前文档起作用，不保存编辑的样式；选中【（新建样式表文件）】选项，则表示定义一个外部链接的CSS样式。

如果在【规则定义】下拉列表中选择【（新建样式表文件）】选项，将弹出【将样式表另存为】对话框，输入文件名，单击【保存】按钮，即可将样式表保存为外部文件。

6.2.2 样式表的类型

在 Dreamweaver 中，创建的 CSS 样式表分为内联样式表、嵌入样式表、外部样式表和输入样式表 4 种。下面将分别进行介绍。

1．内联样式表

直接在 HTML 标记内插入 style 属性，再定义要显示的样式，这是最简单的样式定义方法。不过，利用这种方法定义样式时，效果只可以控制该标记，其语法如下：

< 标记名称 style= " 样式属性 : 属性值 ; 样式属性 : 属性值 " >

例如：<body style= " color:#FF0000;font-family: " 宋体 " ; " >

2．嵌入样式表

内部样式表是把样式表放到页面的 <head> 区里，这些定义的样式就应用到页面中了，样式表是用 <style> 标记插入的。

```
<head>
……
<style type="text/css">
<!--
p {margin-left: 30px}
body {background-image: url("images/1.jpg")}
-->
</style>
……
</head>
```

<style> 元素是用来说明要定义的样式，type 属性是指定 style 元素以 CSS 的语法定义。

有些低版本的浏览器不能识别style标记，这意味着低版本的浏览器会忽略style标记中的内容，并把style标记中的内容以文本直接显示到页面上。为了避免这样的情况发生，可以用加HTML注释的方式<!-- 注释 -->隐藏内容而不让它显示。

3．外部样式表

外部样式表是一个完全独立的文本文件，其扩展名为 .css，文件内容为输入的样式表信息，不带任何相关的 HTML 语言。

```
<head>
    <link href="mycss.css" type="text/css" rel="stylesheet">
</head>
```

4．输入样式表

可以使用 CSS 的 @import 声明将一个外部样式表文件输入到另外一个 CSS 文件中，被输入的 CSS 文件中的样式规则定义语句就成为了输入到的 CSS 文件的一部分，也可以使用 @import 声明将一个 CSS 文件输入到网页文件的 <style></style> 标签对中，被输入的 CSS 文件中的样式规则定义语句就成了 <style></style> 标签对中的语句。

```
<style>
@import url(http://……)
</style>
<head>
    <style type="text/css" >
        @import url("mycss.css");
    </style>
</head>
```

6.2.3 样式表的链接

CSS 外部样式表是一个包含样式和格式规范的外部文本文件，编辑外部 CSS 样式表时，链接到该 CSS 样式表的所有文档全部更新以反映所做的更改。在 Dreamweaver 中可以导出文档中包含的 CSS 样式以创建新的 CSS 样式表，然后附加或链接到外部样式表以应用那里所包含的样式。

链接外部样式表的具体步骤如下。

（1）打开一个网页，执行【窗口】>【CSS 样式】命令，打开【CSS 样式】面板，如图 6-7 所示。

（2）单击【CSS 面板】中的【附加样式表】按钮，打开【链接外部样式表】对话框，单击【浏览】按钮浏览...，如图 6-8 所示。

图6-7

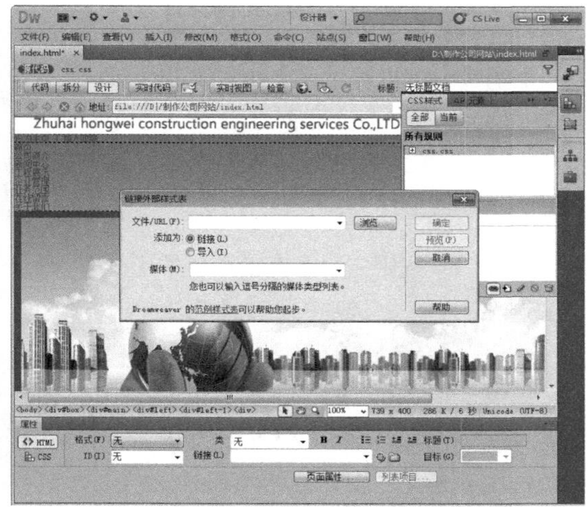

图6-8

（3）打开【选择样式表文件】对话框，选定一个 CSS 样式表文件，如 layout.css，然后单击【确定】按钮，如图 6-9 所示。

（4）返回【链接外部样式表】对话框，单击【确定】按钮，样式文件即被链接到当前文档中。在【CSS 样式】面板中，可以看到刚才链接的 layout.css 样式，如图 6-10 所示。

图6-9

图6-10

6.3 CSS样式定义

CSS 样式可以通过多种方式来定义，但是最常用的还是通过【属性】面板来定义的。CSS 样式定义包括 CSS 样式的类型、背景、区块、方框等的定义。下面进行详细的介绍。

6.3.1 设置类型

打开【CSS 规则定义】对话框，在【分类】列表中选择【类型】选项，从中可以定义 CSS 样式的基本字体和类型，如图 6-11 所示。

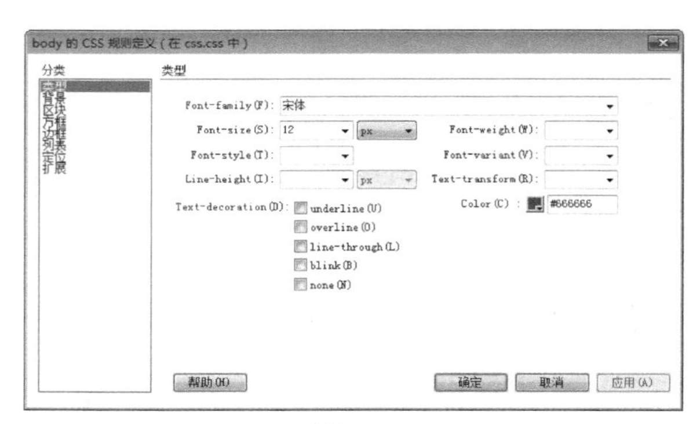

图6-11

在【CSS 规则定义】对话框中的【类型】选项区中，各选项的含义如下。

◆ 字体（Font-family）：用于定义样式的字体，在默认情况下，浏览器选用用户系统上安装的字体列表中的第一种字体显示文本。

◆ 大小（Font-size）：定义样式文本的大小，可通过输入一个数值并选择一种度量单位来控制样式文字的大小或选择相对大小。若选择以像素为单位，可以有效地防止浏览器破坏页面中的文本。

◆ 样式（Font-style）：包括【正常】（normal）、【斜体】（italic）和【偏斜体】（oblique）3 种字体样式，默认设置为【正常】。

◆ 行高（Line-height）：用于定义应用了样式的文本所在行的行高，可选择【正常】选项，以自动计算行高，或输入一个值并选择一种度量单位。

◆ 修饰（Text-decoration）：可用于向文本中添加下划线、上划线、删除线或闪烁效果。常规文本的默认设置是无。链接的默认设置是下划线。若要将链接设置设为无，可以通过定义一个特殊的“类”删除链接中的下划线。

◆ 粗细（Font-weight）：设置文本是否应用加粗，其中有【正常】和【粗体】两种选项。

◆ 变体（Font-variant）：设置文本变量。

◆ 大小写（Text-transform）：将所选内容中的每个单词的首字母大写或将文本设置为全部大写或小写。

◆ 颜色（Color）：用于设置样式所定义文本的颜色。

6.3.2 设置背景

打开【CSS 规则定义】对话框，在【分类】列表中选择【背景】选项，然后在右侧的【背景】选项区中设置所需要的样式属性，即可完成背景的设置，如图 6-12 所示。

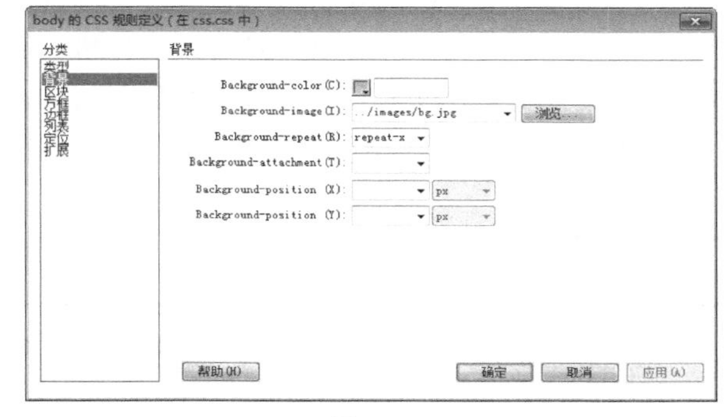

图6-12

在【CSS 规则定义】对话框的【背景】选项区中，各选项的含义如下。

◆ 背景颜色（Background-color）：用于设置元素的背景颜色。

◆ 背景图像（Background-image）：可以设置一张图像作为网页的背景。

◆ 重复（Background-repeat）：用于控制背景图像的平铺方式，包括 4 个选项，若选择【不重复】选项，则只在文档中显示一次图像；若选择【重复】选项，则在元素的后面水平和垂直方向平铺图像；选择【横向重复】或【纵向重复】选项，将分别在水平方向和垂直方向进行图像的重复显示。

◆ 附件（Background-attachment）：用于控制背景图像是否随页面的滚动而滚动。有【固定】和【滚动】两个选项。【固定】选项表示文字滚动时，背景图像保持固定；【滚动】选项表示背景图像随文字内容一起滚动。

◆ 水平位置和垂直位置（Background-position）：指定背景图像的初始位置，可用于将背景图像与页面中心垂直或水平对齐。如果附件设置为固定，则其位置相对于文档窗口。

6.3.3 设置区块

在【CSS 规则定义】对话框中的【分类】列表中选择【区块】选项，然后在该对话框右侧的【区块】选项区中设置各个选项，即可完成区块的设置，如图 6-13 所示。

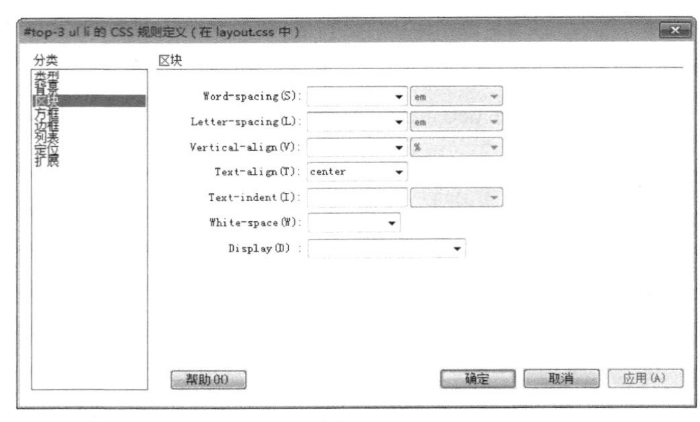

图6-13

在【区块】选项区中共有 7 个选项，各选项的含义如下。

◆ 单词间距（Word-spacing）：主要用于控制单词间的距离。其选项有【正常】和【值】两个。若选择【值】选项，其计量单位有 px、pt、in、cm、mm、pc、em、ex 和 %。

◆ 字母间距（Letter-spacing）：其作用与字符间距相似，其选项有【正常】和【值】两个。

◆ 垂直对齐（Vertical-align）：控制文字或图像相对于其主体元素的垂直位置。例如，将一个 2 像素 ×3 像素的 GIF 图像同文字的顶部垂直对齐，则该 GIF 图像将在该行文字的顶部显示。

◆ 文本对齐（Text-align）：设置块的水平对齐方式。

◆ 文字缩进（Text-indent）：用于控制块的缩进程度。

◆ 空格（White-space）：在 HTML 中，空格通常是不被显示的，但在 CSS 中使用属性 white-space 便可以控制空格的输入，其选项包括【正常】（normal）、【保留】（pre）和【不换行】（nowrap）。

◆ 显示（Display）：指定是否以及如何显示元素。

6.3.4 设置方框

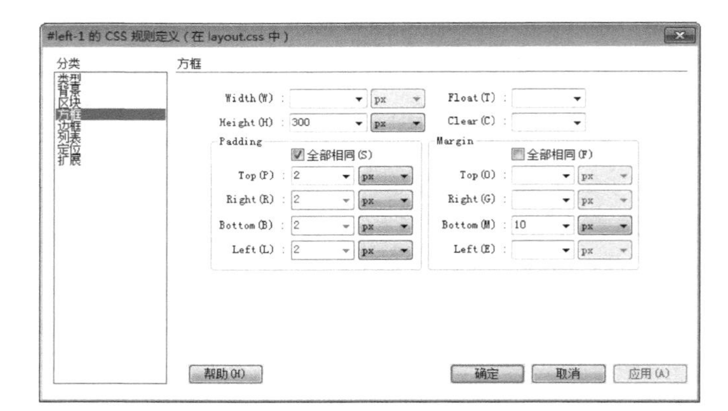

图6-14

通过设置【CSS 规则定义】对话框中的【方框】属性，可以控制元素在页面上的放置方式及各元素的标签和属性定义设置。在【分类】列表中选择【方框】选项，即可在右侧的【方框】选项区中显示其所有属性，如图 6-14 所示。

在【方框】选项区中共有 6 个选项，各选项的含义如下。

◆ 宽（Width）：确定方框本身的宽度，可以使方框的宽度不依靠它所包含的内容。

◆ 高（Height）：确定方框本身的高度。

◆ 浮动（Float）：设置块元素的浮动效果，也可以确定其他元素（如文本、层、表格）围绕主体元素的哪一个边浮动。

◆ 清除（Clear）：用于清除设置的浮动效果。

◆ 填充(Padding)：指定元素内容与元素边框之间的间距(如果没有边框，则为边距)。若选中【全部相同】复选框，则为应用此属性的元素的上、右、下和左侧设置相同的边距属性；如果取消选择【全部相同】复选框，可为应用此属性的元素的四周分别设置不同的填充属性。

◆ 边界（Margin）：指定一个元素的边框与另一个元素之间的间距（如果没有边框，则为填充）。仅当应用于块级元素（段落、标题、列表等）时，Dreamweaver 才在文档窗口中显示该属性。取消选择【全部相同】复选框，可设置元素各个边的边距。

6.3.5 设置边框

使用【CSS 规则定义】对话框中的【边框】属性，可以定义元素周围的边框，如宽度、颜色和样式。在【分类】列表中选择【边框】选项，则可以在其右侧的【边框】选项区中设置各个选项，如图 6-15 所示。

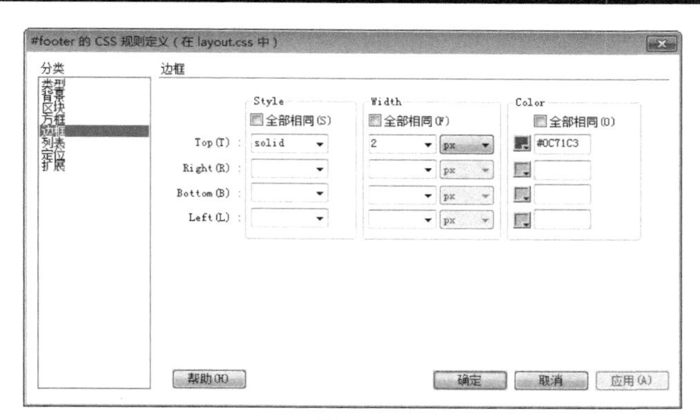

图6-15

在【边框】选项区中，各选项的含义如下。

◆ 样式（Style）：设置边框的样式外观，其显示方式取决于浏览器。Dreamweaver 在文档窗口中将所有样式呈现为实线。取消选择【全部相同】复选框，可设置元素各个边的边框样式，其边框样式包括无、虚线、点划线、实线、双线、槽状、脊状、凹陷和凸出 9 种。

◆ 宽度（Width）：用于设置元素边框的粗细，其中有 4 个属性，即顶边框的宽度、右边框的宽度、底边框的宽度和左边框的宽度。若取消选择【全部相同】复选框，可设置元素各个边的边框宽度，其边框宽度包括细、中、粗或值 4 种。

◆ 颜色（Color）：用于设置边框的颜色。若取消选择【全部相同】复选框，可设置元素各个边的边框颜色，但显示方式取决于浏览器；若选中【全部相同】复选框，可为应用此属性元素的上、右、下和左侧设置相同的边框颜色。

6.3.6 设置列表

通过【CSS 规则定义】对话框中的【列表】属性，可以对列表标签进行设置，如项目符号的大小和类型等。在【CSS 规则定义】对话框中的【分类】列表中选择【列表】选项，可在其右侧的【列表】选项区中显示相应的选项，如图 6-16所示。

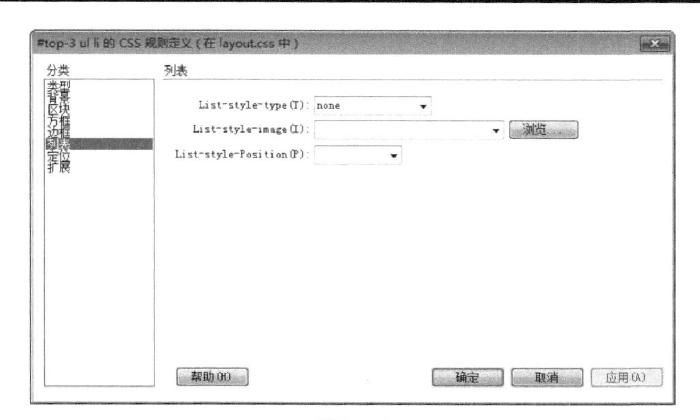

图6-16

在【列表】选项区中包含 3 个选项，其各自的含义如下。

◆ 类型（List-style-type）：设置项目符号或编号的外观，有【圆点】、【圆圈】、【方形】、【数字】、【小写罗马数字】、【大写罗马数字】、【小写字母】和【大写字母】等选项。

◆ 项目符号图像（List-style-image）：用户可以将列表前面的符号换为图形。单击【浏览】按钮，可在打开的【选择图像源文件】对话框中选择所需要的图像，或在其文本框中输入图像的路径。

◆ 位置（List-style-Position）：用于描述列表的位置，包括【内】和【外】两个选项。例如，可以设置文本是否换行和缩进（外部）以及文本是否换行靠近左边距（内部）。

6.3.7 设置定位

在【CSS 规则定义】对话框的【分类】列表中选择【定位】选项，即可在该对话框右侧的【定位】选项区中显示其所有属性项，如图 6-17 所示。

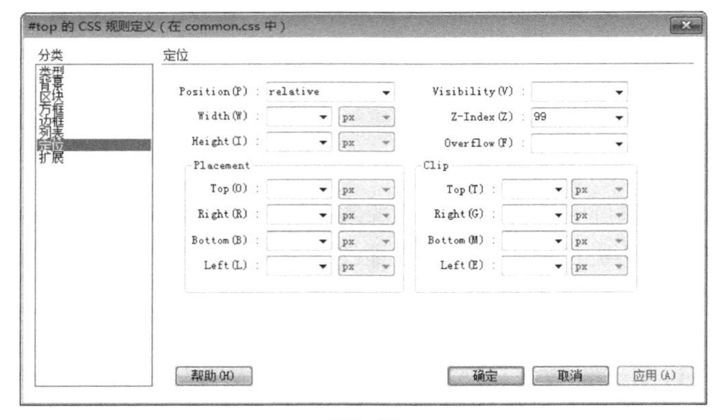

图6-17

在【定位】选项区中，各选项的含义如下。

◆ 类型（Position）：用于确定浏览器定位层的类型，其中包括3个选项，【绝对】、【相对】和【静态】。

◆ 显示（Visibility）：用于确定层的初始显示条件，其中包括3个选项，【继承】、【可见】和【隐藏】，默认情况下大多数浏览器都选择【继承】选项。

◆ 宽和高（Width 和 Height）：用于指定应用该样式的层的长度与高度。

◆ Z 轴（Z-Index）：用于控制网页中层元素的叠放顺序，该属性的参数值使用纯整数，值可以为正，也可以为负，适用于绝对定位或相对定位的元素。

◆ 溢位（Overflow）：确定该层的内容超出层的大小时所采用的处理方式，共有4个选项，【可见】、【隐藏】、【滚动】和【自动】。

◆ 置入（Placement）：用于指定层的位置和大小，浏览器如何解释位置取决于【类型】选项中的设置。该选项区中的每个下拉列表框中都有两个选项，即【自动】和【值】。若选择【值】选项，其默认单位是【像素】。除【像素】之外还可指定如下单位，点数、英寸、厘米、毫米、12pt 字、字体高及百分比。

◆ 裁切（Clip）：用于定义层的可见部分。如果指定了剪辑区域，可以通过脚本语言访问它，并可以通过设置其属性以创建一些特效，如“擦除”等。

6.3.8 设置扩展

在【CSS 规则定义】对话框的【分类】列表中选择【扩展】选项，即可在右侧的【扩展】选项区中显示其所有属性，如图 6-18 所示。

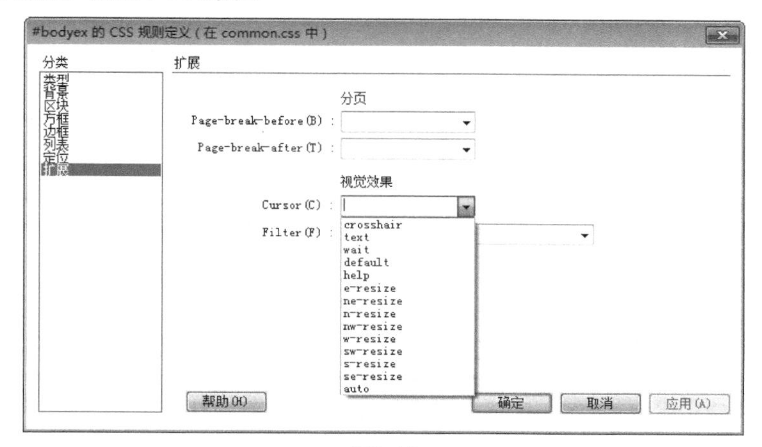

图6-18

在【扩展】选项区中，各选项的含义如下。

◆【分页】：其中包含【之前】（Page-break-before）和【之后】（Page-break-after）两个选项。其作用是为打印的页面设置分页符，如对齐方式。

◆【视觉效果】：包含【光标】（Cursor）和【滤镜】（Filter）两个选项。【光标】选项用于指定在某个元素上要使用的光标形状，有 15 种选择方式，分别代表鼠标在 Windows 操作系统中的各种形状。【滤镜】选项用于为网页中的元素应用各种滤镜效果，共有 16 种滤镜，如【模糊】、【反转】等。

6.4 管理CSS样式表

定义好 CSS 样式之后，用户可以对样式表进行管理，如查看、编辑、删除和复制。下面将分别进行介绍。

6.4.1 查看 CSS 样式

对已经设置好的样式，如果要显示具体的设置样式，可以通过以下两种方法进行。

(1)【CSS 样式】面板

执行【窗口】>【CSS 样式】命令，打开【CSS 样式】面板，单击【全部】按钮，切换到显示 CSS 样式面板，在面板底部的【属性】部分查看，如图 6-19 所示。

(2)【规则定义】对话框

在【CSS 样式】面板中，双击要查看的 CSS 规则，打开其对应的规则定义对话框，可以查看 CSS 样式，如图 6-20 所示。

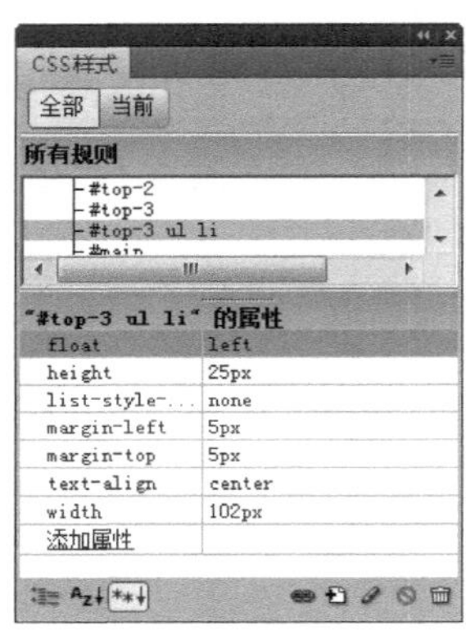

图6-19

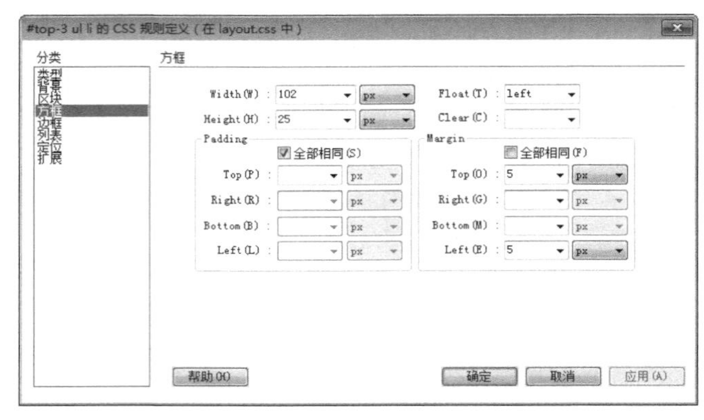

图6-20

6.4.2 编辑 CSS 样式

如果要修改编辑定义好的 CSS 样式，可以通过以下 3 种方法设置。

方法一：打开【CSS 样式】面板，选中要编辑的 CSS 样式，单击面板底部的【编辑样式】按钮，打开【CSS 规则定义】对话框，可对在 CSS 面板中选中的 CSS 样式进行编辑，设置完成后单击【确定】按钮即可，如图 6-21 和图 6-22 所示。

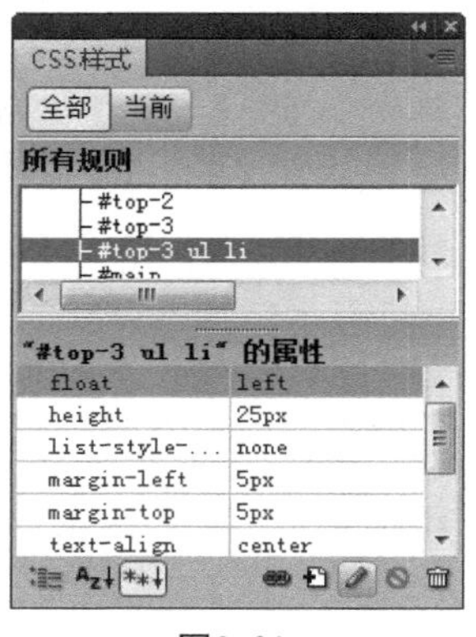

图6-21

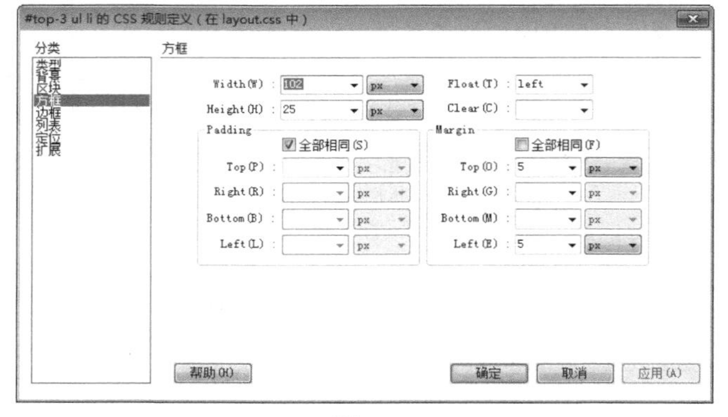

图6-22

方法二：双击需要修改的样式，打开【CSS 规则定义】对话框进行修改，完成后单击【确定】按钮。

方法三：打开【CSS样式】面板，选择要修改的样式后，在面板下方的属性列表中直接修改属性值，还可以单击【添加属性】字样，添加新的属性。

6.4.3 删除 CSS 样式

对于不需要的 CSS 样式，用户可以通过以下 3 种方法将其删除。

方法一：打开【CSS样式】面板，选中要删除的样式文件，单击【删除CSS 规则】按钮，如图6-23所示。

方法二：选中要删除的样式，按键盘上的【Delete】键。

方法三：在【CSS 样式】面板中，选中要删除的样式文件，单击右键，在弹出的快捷菜单中选择【删除】命令，如图6-24所示。

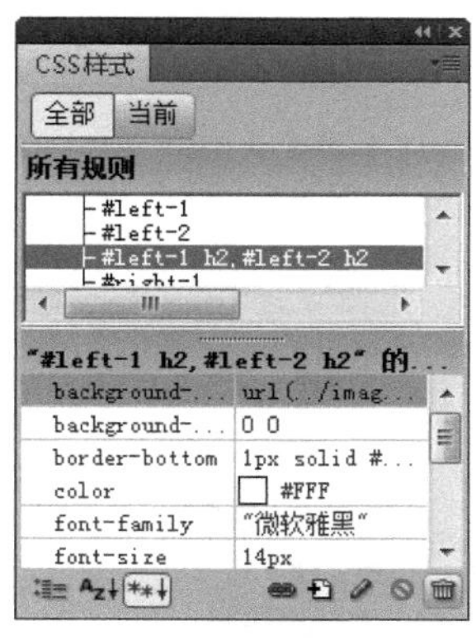

图6-23

图6-24

6.4.4 复制 CSS 样式

如果需要定义几个类似的 CSS 样式，则可以复制 CSS 样式，然后进行修改，这样就能节省新建样式的时间。复制 CSS 样式的步骤如下。

（1）打开【CSS 样式】面板，选中要复制的样式，单击鼠标右键，从弹出的快捷菜单中选择【复制】命令，如图 6-25 所示。

（2）弹出【复制 CSS 规则】对话框，用户可以在此选择【选择器类型】，输入【选择器名称】，设置如图 6-26 所示。设置完成后单击【确定】按钮，即可完成 CSS 样式的复制，如图 6-26 所示。

图6-25

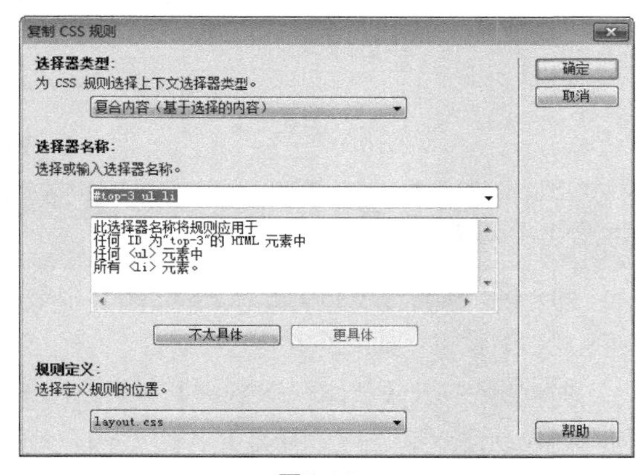

图6-26

6.5 综合案例——使用CSS样式美化网页

学习目的

通过使用 CSS 样式表美化网页，了解 CSS 样式表的基本语法，学会创建并应用 CSS 样式表的方法，掌握如何定义 CSS 样式表。

重点难点

- CSS 样式表的创建。
- CSS 样式表的定义。
- CSS 样式表的应用。

本实例效果如图 6-27 所示。

图6-27

操作步骤

Step 01 执行【窗口】>【CSS 样式】命令，打开【CSS 样式】面板，单击面板底部的【新建 CSS 规则】按钮，如图 6-28 所示。

Step 02 打开【新建 CSS 规则】对话框，在【选择器类型】下拉列表中选择【类（可应用于任何 HTML 元素）】，在【选择器】名称文本框中输入名称，在【规则定义】下拉列表中选择 css1.css，设置如图 6-29 所示，然后单击【确定】按钮。

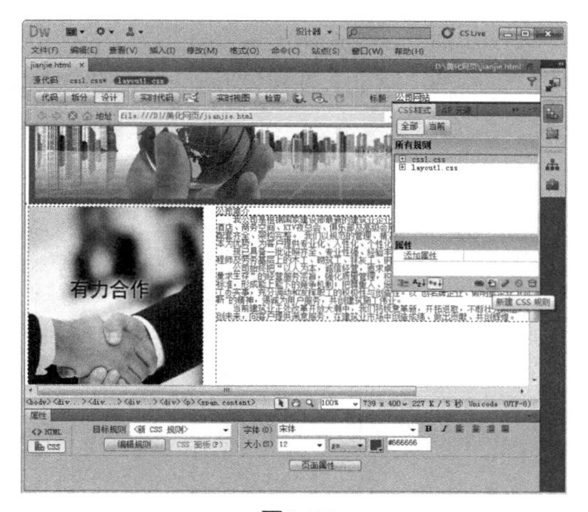

图6-28

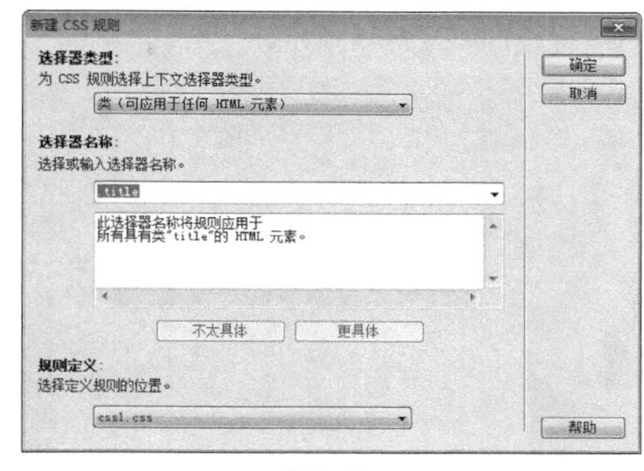

图6-29

Step 03 弹出【.title 的 CSS 规则定义】对话框，在左侧【分类】中选择【类型】，在右侧设置字体为“微软雅黑”，字号为 16px，字体颜色为白色，如图 6-30 所示。

Step 04 单击【分类】中的【背景】选项，在右侧设置背景颜色为 #0D70C3，如图 6-31 所示。

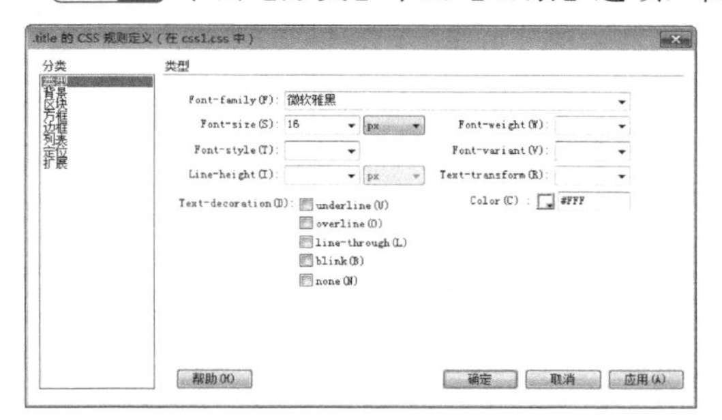

图6-30

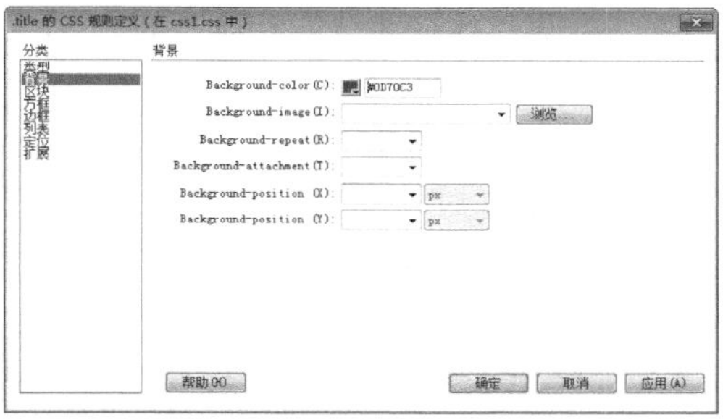

图6-31

Step 05 单击【分类】中的【方框】选项，在【Padding】中设置上、底、左侧均为 5 像素，设置完成后单击【确定】按钮，如图 6-32 所示。

Step 06 在网页文档中选中“公司简介”文本，在【属性】面板的【目标规则】下拉列表中选择刚刚创建的 .title，如图 6-33 所示。

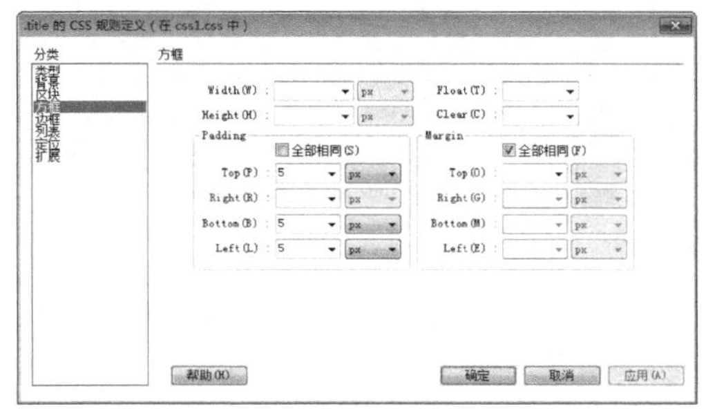

图6-32

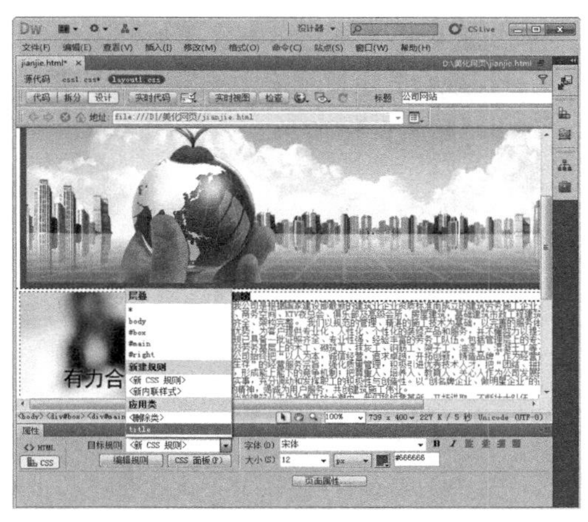

图6-33

Step 07 这时，“公司简介”文本就应用了 CSS 样式，如图 6-34 所示。

Step 08 打开【CSS 样式】面板，单击面板底部的【新建 CSS 规则】按钮，新建一个名为 .content 的 CSS 样式，如图 6-35 所示。

图6-34

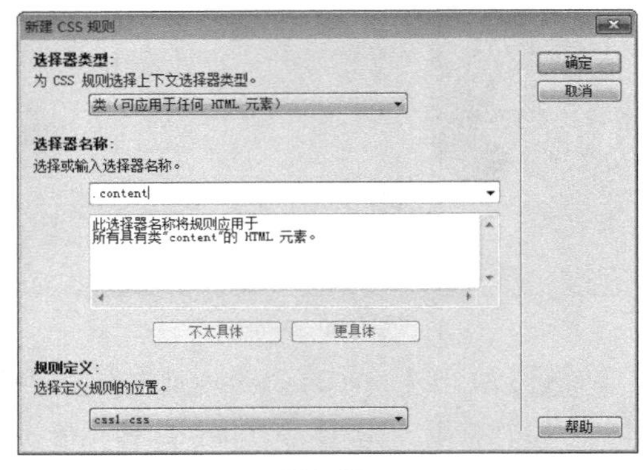

图6-35

Step 09 弹出【.content 的 CSS 规则定义】对话框，在左侧【分类】中选择【类型】，在右侧设置字体为“宋体”，字号为 12px，字体颜色为 #006，行间距为 25px，单击【确定】按钮，如图 6-36 所示。

Step 10 单击左侧【分类】中的【方框】选项，设置【Padding】的右和左均为 15px，设置完成后单击【确定】按钮，如图 6-37 所示。

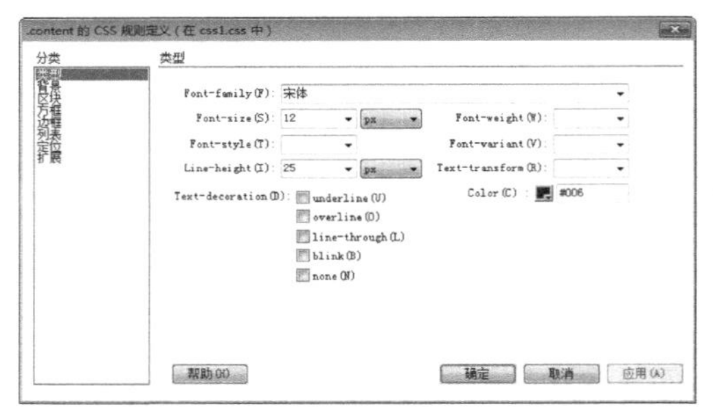

图6-36

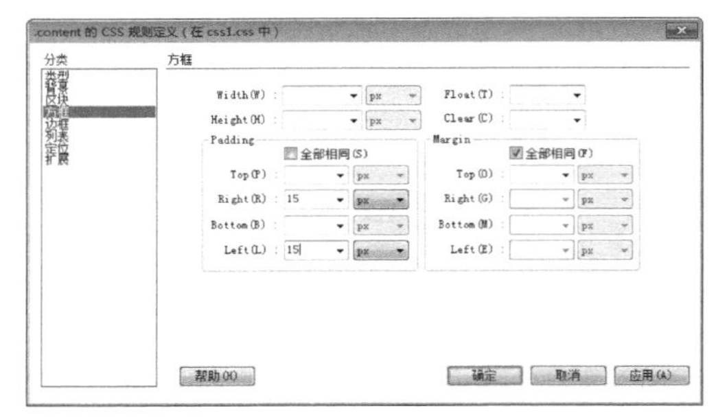

图6-37

Step 11 选中文本内容，在【属性】面板的【目标规则】下拉列表中选择刚刚创建的 .content，如图 6-38 所示。

图6-38

Step 12 保存文件，按【F12】快捷键预览网页，如图 6-39 所示。

图6-39

6.6 经典商业案例赏析

精美的网页离不开 CSS 技术，使用 CSS 样式可以实现网页格式化，制作出的网页给人一种条理清晰、格式漂亮、布局合理的感觉，如图 6-40 所示的湘财证券网同样是利用 CSS 技术完成的布局。

图6-40

6.7 习题

一、填空题

1．文字居中的 CSS 代码是 ____。

2．设置 CSS 属性 float 的值为 ____ 时可取消元素的浮动。

3．对 ul li 的样式设成无，应该是属性 ____，其属性值是 ____。

4．要去掉文本超级链接的下划线，代码为 ____。

二、选择题

1．Dreamweaver 中 CSS 滤镜特效属于 CSS 样式定义分类中的 ____。

A．定位　　B．类型　　C．盒子　　D．扩展

2．创建自定义 CSS 样式时，样式名称的前面必须加一个 ____。

A．$　　B．#　　C．?　　D．.

3．下面说法错误的是 ____。

A．CSS 样式表可以将格式和结构分离

B．CSS 样式表可以使许多网页同时更新

C．CSS 样式表可以控制页面的布局

D．CSS 样式表不能制作体积更小下载更快的网页

三、上机练习

1．根据素材，练习本章综合实例。

2．制作一个网页，并使用 CSS 进行美化。

第7章 使用Div+CSS布局网页

在设计网页时，能否控制好各个模块在页面中的位置是非常关键的。Div + CSS 是WEB 标准中常用的术语之一，是一种网页的布局方法，这种网页布局方法有别于传统的HTML 网页设计语言中的表格（table）定位方式，可实现网页页面内容与表现相分离，灵活地布局网页，制作出漂亮又充满个性的页面。

本章知识要点

- Div 与 CSS 布局优势
- 盒模型
- CSS 布局方式

7.1 Div概述

在 CSS 出现前的 Div 标记并不常用，随着 CSS 的加入，Div 标记才渐渐发挥出其优势。

7.1.1 什么是 Div

Div 是用来为 HTML 文档内大块（block-level）的内容提供结构和背景的元素。DIV 的起始标签和结束标签之间的所有内容都用来构成这个块，其中所包含元素的特性由 DIV 标签的属性来控制，或者是通过使用样式表格式化这个块来进行控制。

简单地说，Div 用于搭建网站结构（框架）、CSS 用于创建网站表现（样式 / 美化），实质即使用 XHTML 对网站进行标准化重构，使用 CSS 将表现与内容分离，便于网站维护，简化 html 页面代码，可以获得一个较优秀的网站结构便于日后维护、协同工作和搜索引擎蜘蛛抓取。

<div> 就是一个区块容器标记，即 <div> 与 </div> 之间相当于一个容器，可以容纳段落、标题、表格、图片，甚至章节、摘要和备注等 HTML 元素。下面通过一个实例来了解 <div> 对各种标记元素的控制。

```
<html xmlns="http://www.w3.org/1999/xhtml">
<head>
<meta http-equiv="Content-Type" content="text/html; charset=utf-8" />
<title> 实例 </title>
<style type="text/css">
#div {
    font-family: " 宋体 ";
    font-size: 16px;
    color: #006;
    background-color: #F99;
    text-align: center;
    height:280px;
    width: 600px;
    margin: auto;
    padding-top: 20px;
}
</style>
</head>

<body>
<div id="div"> 春天是柳梢上说不完的故事 </div>
</body>
</html>
```

在上面的例子中，通过 CSS 对 <div> 块的控制，制作了一个宽为 600 像素和高为 280 像素的橘红色区块，同时对文字效果进行了设置，如图 7-1 所示。

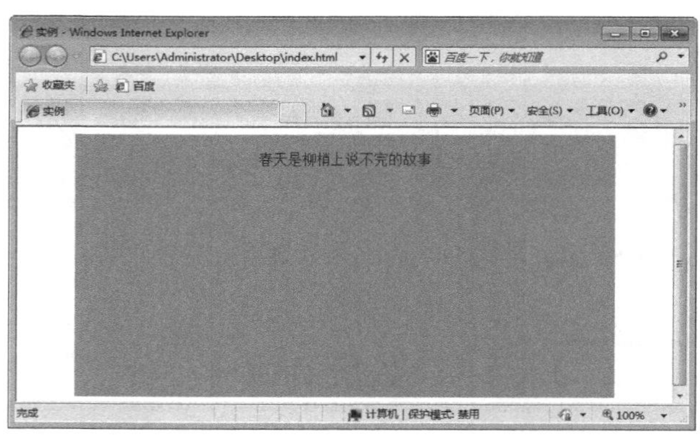

图7-1

7.1.2 Div 嵌套

<div> 标记可以嵌套，也就是可以一个容器包含着一个子容器。下面通过一个具体的实例进行介绍。

```
<html xmlns="http://www.w3.org/1999/xhtml">
<head>
```

```
<meta http-equiv="Content-Type" content="text/html; charset=utf-8" />
<title> 实例 </title>
<style type="text/css">
#div {
    font-family: " 宋体 " ;
    font-size: 16px;
    color: #006;
    background-color: #F99;
    text-align: center;
    height:280px;
    width: 600px;
    margin: auto;
    padding-top: 20px;
}
#content,#content-1 {
    font-family: " 宋体 " ;
    font-size: 14px;
    line-height: 30px;
    color: #000;
    margin: 30px;
    text-align: left;
    background-color: #FFF;
}
</style>
</head>

<body>
<div id="div"> 春天是柳梢上说不完的故事
  <div id="content"> 寒雪老去，春风渐近。冬天真的走了，就乘着那消融的雪水走了；春天真的来了，就骑着山脊渐肥的身躯来了。春天驱赶了寒冷，春风回荡在渐暖的旷野里。得意的春天深深地知道，沉睡了整整一个寒冬只是为了伸个懒腰，在人们的期盼中醒来。 </div>
  <div id="content-1"> 春天来了，让温热的爱情开始缠绵；让疲尽的山崖吐出新绿；让沉睡的黑泥涌动不安；让丑陋的毛毛虫蜕变成美丽的蝴蝶……春天，一声呐喊，一声激情的呐喊，攥紧了拳头，喊醒一个崭新的轮回！ </div>
</div>
</body>
</html>
```

嵌套显示的效果如图 7-2 所示。

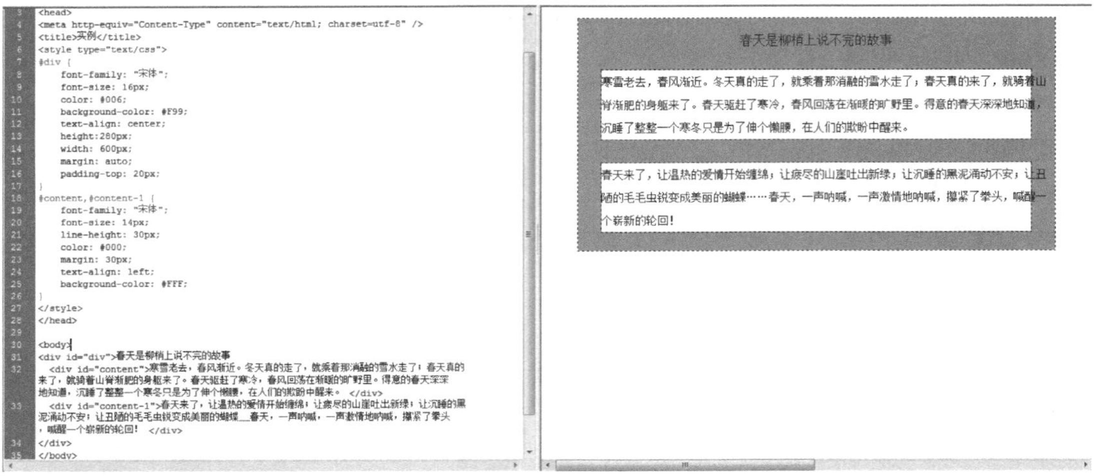

```
<head>
<meta http-equiv="Content-Type" content="text/html; charset=utf-8" />
<title>实例</title>
<style type="text/css">
#div {
    font-family: "宋体";
    font-size: 16px;
    color: #006;
    background-color: #F99;
    text-align: center;
    height:280px;
    width: 600px;
    margin: auto;
    padding-top: 20px;
}
#content,#content-1 {
    font-family: "宋体";
    font-size: 14px;
    line-height: 30px;
    color: #000;
    margin: 30px;
    text-align: left;
    background-color: #FFF;
}
</style>
</head>

<body>
<div id="div">春天是柳梢上说不完的故事
  <div id="content">寒雪老去，春风渐近。冬天真的走了，就乘着那消融的雪水走了；春天真的来了，就骑着山脊渐肥的身躯来了。春天驱赶了寒冷，春风回荡在渐暖的旷野里。得意的春天深深地知道，沉睡了整整一个寒冬只是为了伸个懒腰，在人们的期盼中醒来。 </div>
  <div id="content-1">春天来了，让温热的爱情开始缠绵；让疲尽的山崖吐出新绿；让沉睡的黑泥涌动不安；让丑陋的毛毛虫锐变成美丽的蝴蝶……春天，一声呐喊，一声激情地呐喊，攥紧了拳头，喊醒一个崭新的轮回！ </div>
</div>
</body>
```

春天是柳梢上说不完的故事

寒雪老去，春风渐近。冬天真的走了，就乘着那消融的雪水走了；春天真的来了，就骑着山脊渐肥的身躯来了。春天驱赶了寒冷，春风回荡在渐暖的旷野里。得意的春天深深地知道，沉睡了整整一个寒冬只是为了伸个懒腰，在人们的期盼中醒来。

春天来了，让温热的爱情开始缠绵；让疲尽的山崖吐出新绿；让沉睡的黑泥涌动不安；让丑陋的毛毛虫锐变成美丽的蝴蝶……春天，一声呐喊，一声激情地呐喊，攥紧了拳头，喊醒一个崭新的轮回！

图7-2

7.1.3 Div与CSS布局优势

使用 Div 和 CSS 布局网页比传统的表格布局更有优势，优势大致分为以下 4 个方面。

1. 表现和内容相分离

将设计部分剥离出来放在一个独立样式文件中，HTML 文件中只存放文本信息，符合 W3C 标准。这一点是非常重要的，因为这保证了网站不会因为将来网络应用的升级而被淘汰。

2. 提高搜索引擎对网页的索引效率

用只包含结构化内容的 HTML 代替嵌套的标签，搜索引擎将更有效地搜索到网页内容，并可能给用户一个较高的评价。

3. 代码简洁，提高页面浏览速度

对于同一个页面视觉效果，采用 CSS 和 Div 重构的页面容量要比表格编码的页面文件容量小得多，代码更加简洁，前者一般只有后者的 1/2 大小。对于一个大型网站来说，可以节省大量带宽，并且支持浏览器的向后兼容。

4. 易于维护和改版

使用 CSS 和 Div 布局网页，使得网页样式的调整更加方便。内容和样式的分离，使页面和样式的调整变得更加方便。只需简单修改几个 CSS 文件就可以重新设计整个网站的页面。现在很多的门户网站均采用 Div + CSS 的框架模式，更加印证了 Div + CSS 是大势所趋。

虽然Div＋CSS 在网页布局方面具有很大的优势，但在使用的时候，仍需注意以下3方面的问题。

①对于 CSS 的高度依赖会使网页设计变得比较复杂，相对于表格布局来说，Div ＋ CSS 要比表格定位复杂很多，即使对于网站设计高手也很容易出现问题，因此使用 Div ＋ CSS 的时候应着情而定。

② CSS 文件异常将会影响到整个网站的正常浏览。CSS 网站制作的设计元素通常放在外部文件中，这些文件可能比较庞大且复杂，如果 CSS 文件调用出现异常，那么整个网站将会变得惨不忍睹，因此要避免那些设计复杂的 CSS 页面或重复性定义样式的出现。

③对于 CSS 网站设计的浏览器兼容性问题比较突出。基于 HTML4.0 的网页设计在 IE4.0 之后的版本中几乎不存在浏览器兼容性问题，但 CSS+Div 设计的网站在 IE 浏览器里面正常显示的页面，到其他浏览器中却可能面目全非。因此，使用 CSS+Div 布局网站页面时也需要注意浏览器的支持问题。

7.2 盒模型

盒子模型是 CSS 控制页面时一个很重要的概念。只有很好地掌握了盒子模型以及其中每个元素的用法，才能真正地控制好页面中的各个元素。

7.2.1 盒模型的概念

一个盒子模型是由 content（内容）、border（边框）、padding（填充）和 margin（边界）4 个部分组成，如图 7-3 所示。

由图 7-3 可以看出整个盒模型在页面中所占的宽度是由左边界 + 左边框 + 左填充 + 内容 + 右填充 + 右边框 + 右边界组成的，而 CSS 样式中 width 所定义的宽度仅仅是内容部分的宽度。

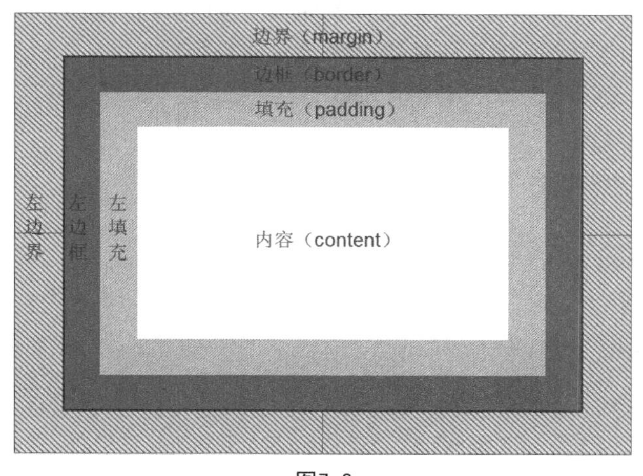

图7-3

7.2.2 margin

margin 边界环绕在该元素的 margin 区域的四周，如果 margin 的宽度为 0，则 margin 边界与 border 边界重合。这 4 个 margin 边界组成的矩形框就是该元素的 margin 盒子。

margin 简写属性在一个声明中设置所有外边距属性。这个简写属性设置一个元素所有外边距的宽度，或者设置各边上外边距的宽度。

例如：

margin:20px 15px 20px 15px;

该句代码指的是页面边界的上外边距是 20px；右外边距是 15px；下外边距是 20px；左外边距是 15px。

再如：margin:10px;

它所指的是页面边界的 4 个外边距都是 10px。

7.2.3 padding

padding 控制块级元素内部 content 与 border 之间的距离。内联对象要使用该属性，必须先设定对象的 height 或 width 属性，或者设定 position 属性为 absolute，但是不允许为负值。

例如：

padding:10px;

该语句含义是上下左右补丁距离为 10px，等同于 padding-top:10px; padding-bottom:10px; padding-left:10px;

7.2.4 border

border 边界环绕在该元素的 border 区域的四周，如果 border 的宽度为 0，则 border 边界与 padding 边界重合。这 4 个 border 边界组成的矩形框就是该元素的 border 盒子。

例如，在 Dreamweaver 中新建一个空白文档，在【代码】视图下的 <body> 与 </body> 标签中输入以下代码来显示边框的样式。

```
<div style="border-style:dotted"> 圆点边框 </div>
<br />
<div style="border-style:double"> 双线边框 </div>
<br />
<div style="border-style:groove"> 凹陷边框 </div>
```

保存页面，按 F12 快捷键，即可在浏览器窗口中预览定义的边框样式，如图 7-4 所示。

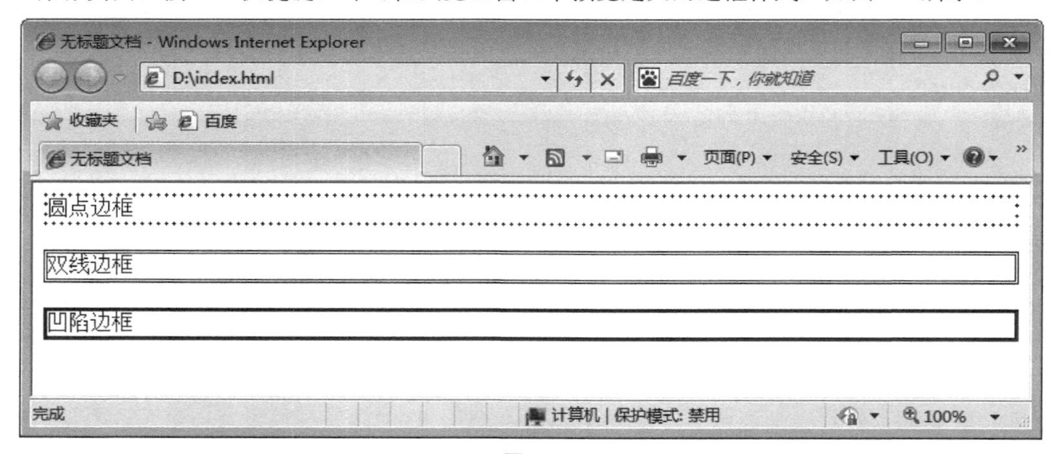

图7-4

7.3 CSS布局方式

使用 CSS 能控制页面结构与元素，能够控制网页布局样式。下面就对居中布局设计、浮动布局设计和高度自适应设计进行介绍。

7.3.1　居中布局设计

目前，居中布局设计在网页设计的应用中非常广泛。设计居中布局主要有以下两种方法。

1. 使用自动空白边

如果希望一个布局的容器 Div 在屏幕上水平居中，只需要定义 Div 的宽度，然后将水平空白边设置为 auto 即可，例如以下代码。

```
<html xmlns="http://www.w3.org/1999/xhtml">
<head>
<meta http-equiv="Content-Type" content="text/html; charset=utf-8" />
<title>无标题文档</title>
<style type="text/css">
#box {
    background-color: #CC6;
    width: 300px;
    margin: 0 auto;
    text-align: center;
}
</style>
</head>

<body>
<div id=” box” >居中布局设计</div>
</body>
</html>
```

显示效果如图 7-5 所示。

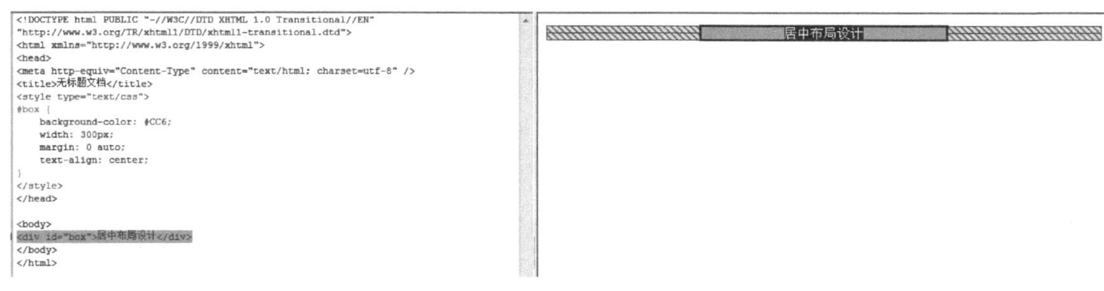

图7-5

2. 使用定位和负值空白边

首先定义容器的宽度，然后将容器的 position 属性设置为 relative，将 left 属性设置为 50%，就可以将容器的左边缘定位在页面的中间，例如以下代码。

```
box {
    background-color: #CC6;
    width:300px;
    position:relative;
    left:50%;
```

```
}
```

显示效果如图 7-6 所示。

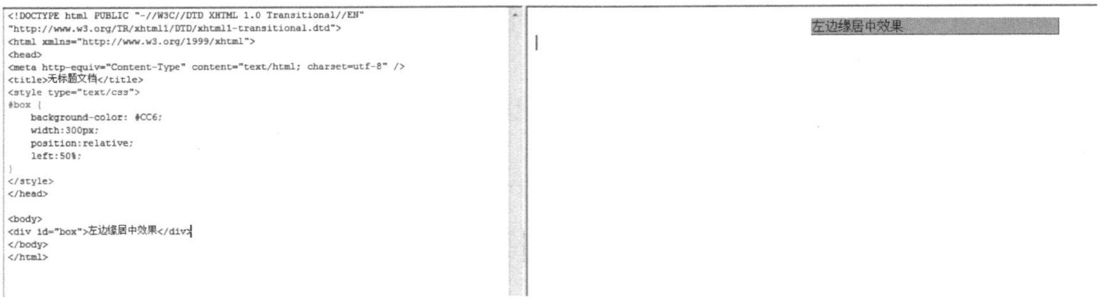

```
<!DOCTYPE html PUBLIC "-//W3C//DTD XHTML 1.0 Transitional//EN"
"http://www.w3.org/TR/xhtml1/DTD/xhtml1-transitional.dtd">
<html xmlns="http://www.w3.org/1999/xhtml">
<head>
<meta http-equiv="Content-Type" content="text/html; charset=utf-8" />
<title>无标题文档</title>
<style type="text/css">
#box {
    background-color: #CC6;
    width:300px;
    position:relative;
    left:50%;
}
</style>
</head>

<body>
<div id="box">左边缘居中效果</div>
</body>
</html>
```

左边缘居中效果

图7-6

如果用户不希望让容器的左边缘居中，而是让容器的中间居中，只要对容器的左边应用一个负值的空白边，宽度等于容器宽度的一半，即可把容器向左移动其宽度的一半，从而让它在屏幕上居中，例如以下代码。

```
box {
    background-color: #CC6;
    width:300px;
    position:relative;
    left:50%;
    margin-left:-150px;
}
```

显示效果如图 7-7 所示。

```
<!DOCTYPE html PUBLIC "-//W3C//DTD XHTML 1.0 Transitional//EN"
"http://www.w3.org/TR/xhtml1/DTD/xhtml1-transitional.dtd">
<html xmlns="http://www.w3.org/1999/xhtml">
<head>
<meta http-equiv="Content-Type" content="text/html; charset=utf-8" />
<title>无标题文档</title>
<style type="text/css">
#box {
    background-color: #CC6;
    width:300px;
    position:relative;
    left:50%;
    margin-left:-150px;
}
</style>
</head>

<body>
<div id="box">居中效果</div>
</body>
</html>
```

居中效果

图7-7

7.3.2 浮动布局设计

浮动布局设计主要是指运用 Float 元素进行定位，Float 定位是 CSS 排版中重要的布局方式之一。属性 Float 的值很简单，可以设置为 left、right 或者默认值 none 。当设置了元素向左或者向右浮动时，元素会向其父元素的左侧或右侧靠紧。

1. 两列固定宽度

设置两列固定宽度布局非常简单，其 HTML 代码如下。

```
<div id="left">左列</div>
```

```
<div id="right">右列</div>
```

两列布局的 CSS 代码如下。

```
#left {
   background-color: #F99;
   float: left;
   height: 300px;
   width: 200px;
}
#right {
   background-color: #9C3;
   float: left;
   height: 300px;
   width: 400px;
}
```

为了实现两列布局，使用了 Float 属性，这样两列固定宽度的布局就能完整地显示出来，显示结果如图 7-8 所示。

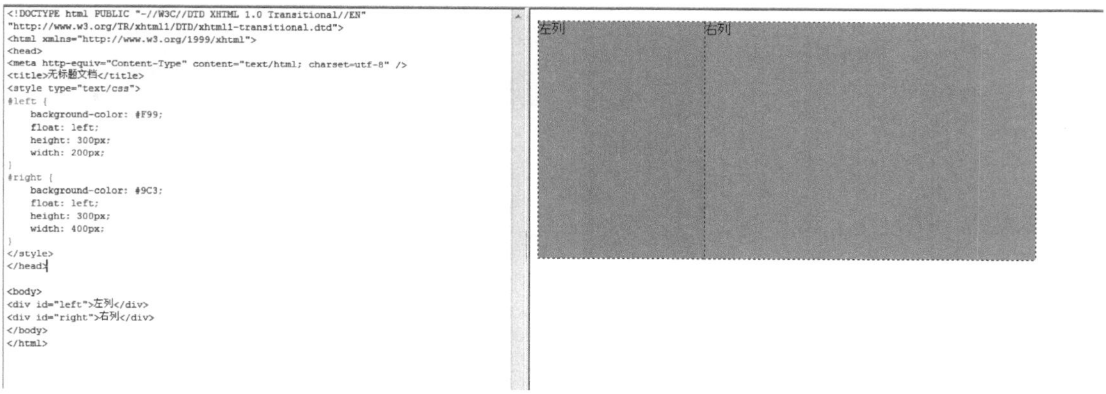

```
<!DOCTYPE html PUBLIC "-//W3C//DTD XHTML 1.0 Transitional//EN"
"http://www.w3.org/TR/xhtml1/DTD/xhtml1-transitional.dtd">
<html xmlns="http://www.w3.org/1999/xhtml">
<head>
<meta http-equiv="Content-Type" content="text/html; charset=utf-8" />
<title>无标题文档</title>
<style type="text/css">
#left {
    background-color: #F99;
    float: left;
    height: 300px;
    width: 200px;
}
#right {
    background-color: #9C3;
    float: left;
    height: 300px;
    width: 400px;
}
</style>
</head>

<body>
<div id="left">左列</div>
<div id="right">右列</div>
</body>
</html>
```

左列　右列

图7-8

2．两列固定宽度居中

两列固定宽度居中布局可以使用 Div 的嵌套方式实现，用一个居中的 Div 作为容器，将两列分栏的 Div 放置在容器中，以实现两列的居中显示。

HTML 代码如下。

```
<div id="box">
<div id="left">左列</div>
<div id="right">右列</div>
</div>
```

CSS 代码如下。

```
#box {
   width: 600px;
   margin: 0 auto;
}
#left {
```

```
    background-color: #F99;
    float: left;
    height: 300px;
    width: 200px;
}
#right {
    background-color: #9C3;
    float: left;
    height: 300px;
    width: 400px;
}
```

显示效果如图 7-9 所示。

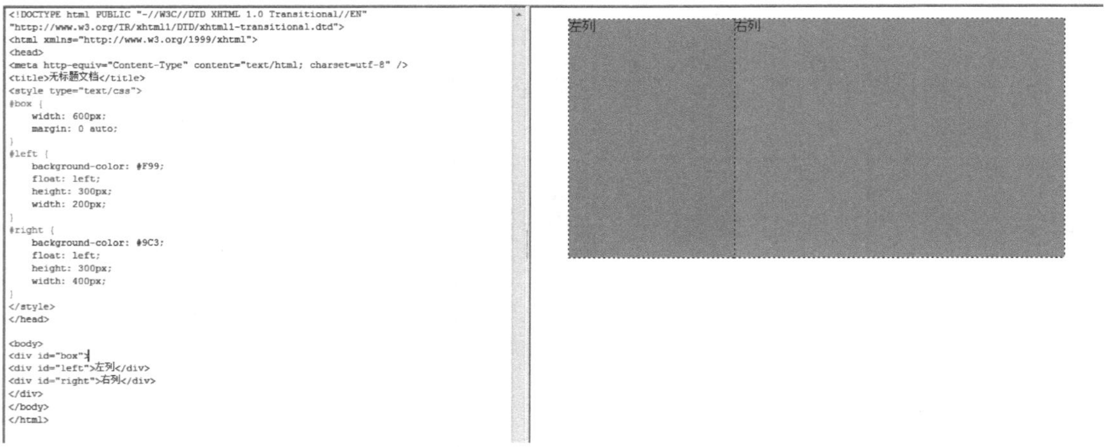

```
<!DOCTYPE html PUBLIC "-//W3C//DTD XHTML 1.0 Transitional//EN"
"http://www.w3.org/TR/xhtml1/DTD/xhtml1-transitional.dtd">
<html xmlns="http://www.w3.org/1999/xhtml">
<head>
<meta http-equiv="Content-Type" content="text/html; charset=utf-8" />
<title>无标题文档</title>
<style type="text/css">
#box {
    width: 600px;
    margin: 0 auto;
}
#left {
    background-color: #F99;
    float: left;
    height: 300px;
    width: 200px;
}
#right {
    background-color: #9C3;
    float: left;
    height: 300px;
    width: 400px;
}
</style>
</head>

<body>
<div id="box">
<div id="left">左列</div>
<div id="right">右列</div>
</div>
</body>
</html>
```


图7-9

3．两列宽度自适应布局

通过设置宽度的百分比值，可以实现宽度自适应布局，CSS 代码如下。

```
#left {
    background-color: #F99;
    float: left;
    height: 300px;
    width: 20%;
}
#right {
    background-color: #9C3;
    float: left;
    height: 300px;
    width: 70%;
}
```

显示效果如图 7-10 所示。

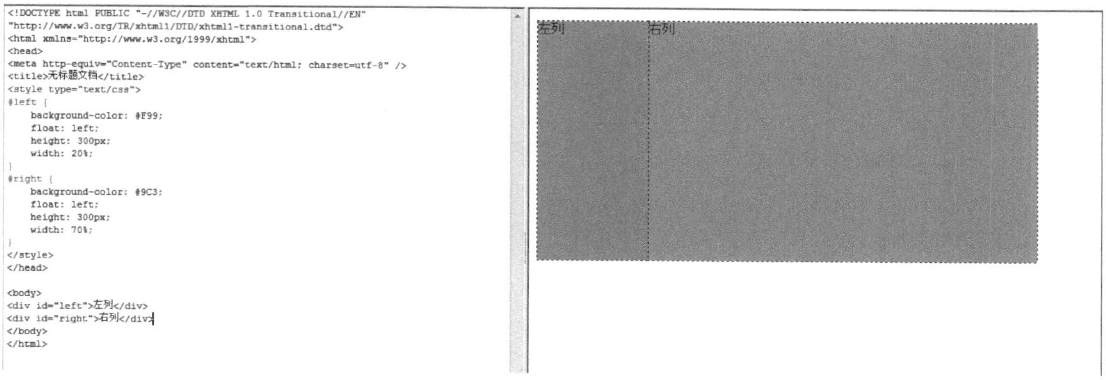

```
<!DOCTYPE html PUBLIC "-//W3C//DTD XHTML 1.0 Transitional//EN"
"http://www.w3.org/TR/xhtml1/DTD/xhtml1-transitional.dtd">
<html xmlns="http://www.w3.org/1999/xhtml">
<head>
<meta http-equiv="Content-Type" content="text/html; charset=utf-8" />
<title>无标题文档</title>
<style type="text/css">
#left {
    background-color: #F99;
    float: left;
    height: 300px;
    width: 20%;
}
#right {
    background-color: #9C3;
    float: left;
    height: 300px;
    width: 70%;
}
</style>
</head>

<body>
<div id="left">左列</div>
<div id="right">右列</div>
</body>
</html>
```

左列 右列

图7-10

4. 两列右列宽度自适应布局

在实际应用中，有时候需要左栏固定，右栏根据浏览器的大小自动使用。这时只需要设置左栏宽度，右栏宽度不设置任何值，并且右栏不浮动。例如，CSS 代码如下。

```
#left {
    background-color: #F99;
    float: left;
    height: 300px;
    width:200px;
}
#right {
    background-color: #9C3;
    height: 300px;
}
```

显示效果如图 7-11 所示。

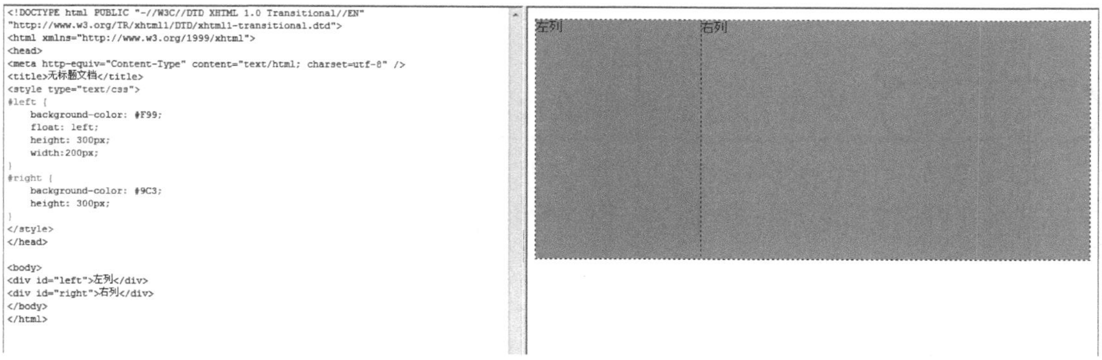

```
<!DOCTYPE html PUBLIC "-//W3C//DTD XHTML 1.0 Transitional//EN"
"http://www.w3.org/TR/xhtml1/DTD/xhtml1-transitional.dtd">
<html xmlns="http://www.w3.org/1999/xhtml">
<head>
<meta http-equiv="Content-Type" content="text/html; charset=utf-8" />
<title>无标题文档</title>
<style type="text/css">
#left {
    background-color: #F99;
    float: left;
    height: 300px;
    width:200px;
}
#right {
    background-color: #9C3;
    height: 300px;
}
</style>
</head>

<body>
<div id="left">左列</div>
<div id="right">右列</div>
</body>
</html>
```

左列 右列

图7-11

5. 三列自适应布局

设置三列自适应宽度，一般常用的结构是左列和右列固定，中间列根据浏览器宽度自适应。例如，CSS 代码如下。

```
#left {
    height: 300px;
    width: 120px;
```

```
    float: left;
    background-color: #F99;
}
#right {
    height: 300px;
    width: 120px;
    float: right;
    background-color: #F99;
}
#main {
    height: 300px;
    margin:0 120px;
    background-color: #CC3;
}
```

显示效果如图 7-12 所示。

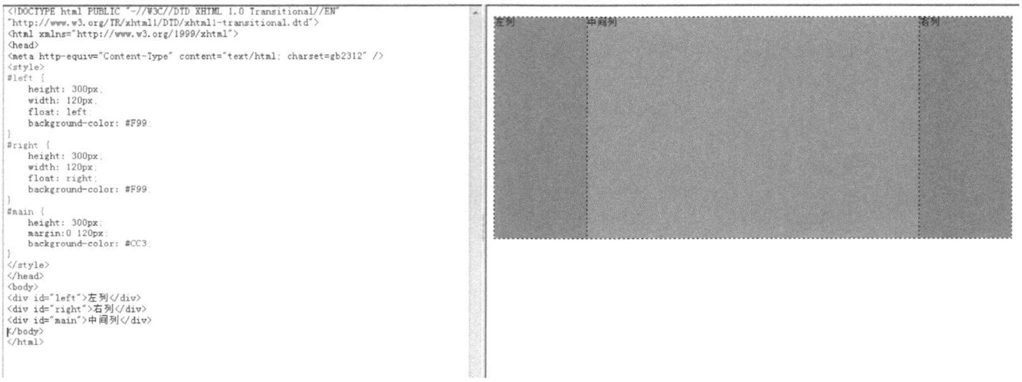

```
<!DOCTYPE html PUBLIC "-//W3C//DTD XHTML 1.0 Transitional//EN"
"http://www.w3.org/TR/xhtml1/DTD/xhtml1-transitional.dtd">
<html xmlns="http://www.w3.org/1999/xhtml">
<head>
<meta http-equiv="Content-Type" content="text/html; charset=gb2312" />
<style>
#left {
    height: 300px;
    width: 120px;
    float: left;
    background-color: #F99;
}
#right {
    height: 300px;
    width: 120px;
    float: right;
    background-color: #F99;
}
#main {
    height: 300px;
    margin:0 120px;
    background-color: #CC3;
}
</style>
</head>
<body>
<div id="left">左列</div>
<div id="right">右列</div>
<div id="main">中间列</div>
</body>
</html>
```

左列
中间列
右列

图7-12

7.3.3 高度自适应布局设计

在上述布局中，宽度可用百分比进行设置，高度同样可以使用百分比进行设置，不同的是直接使用“height:100%；”不会显示效果，这与浏览器的解析方式有一定的关系。实现高度自适应的 CSS 代码如下。

```
html,body{
    margin:0px;
    height:100%;
    }
#left{
    width:400px;
    height:100%;
    background-color: #F36;
    float: left;
    }
```

在 Div 标签中分别输入 6 行文本和 10 行文本，其效果图如图 7-13 和图 7-14 所示。

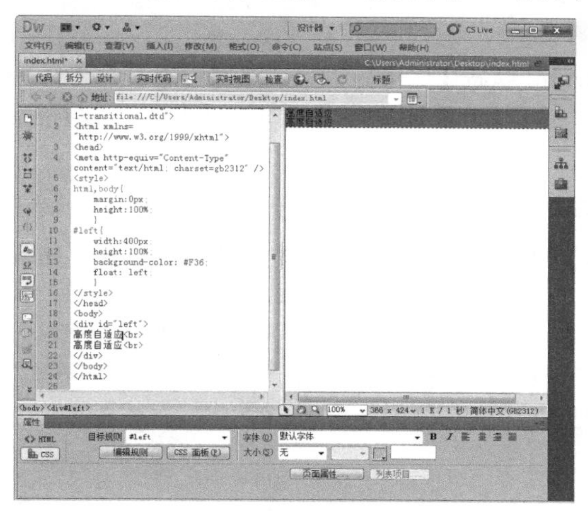

图7-13

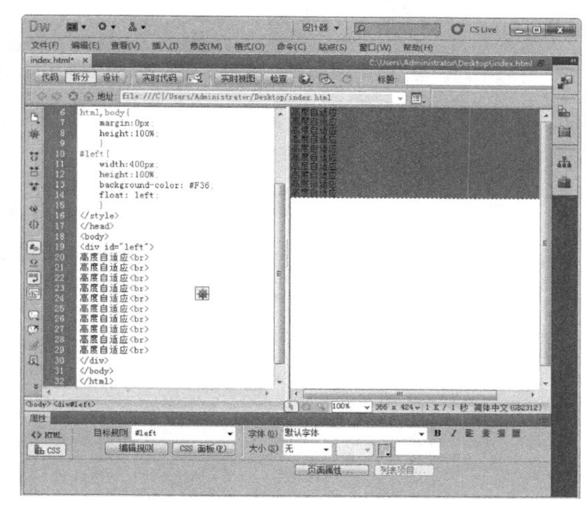

图7-14

7.4　综合案例——使用Div + CSS布局网页

学习目的

本实例在制作过程中，先要学习建立网站结构图，掌握新建站点的方法，能够在【文件】面板中创建文件及文件夹。

重点难点

- 网站结构图的建立。
- 站点的创建。
- 文件夹和文件的创建。

本实例效果如图 7-15 所示。

图7-15

操作步骤详解

Step 01 新建一个网页文档，并保存为 index.html，执行【文件】>【新建】命令，弹出【新建文档】对话框，在【空白页】选项中选择【CSS】，然后单击【创建】按钮，并将其保存为 style.css 文件，如图 7-16 所示。

Step 02 执行【窗口】>【CSS 样式】命令，在【CSS 样式】面板中，单击面板底部的【附加样式表】按钮，弹出【链接外部样式表】对话框，将新建的外部样式表文件 style.css 链接到页面中，如图 7-17 所示。

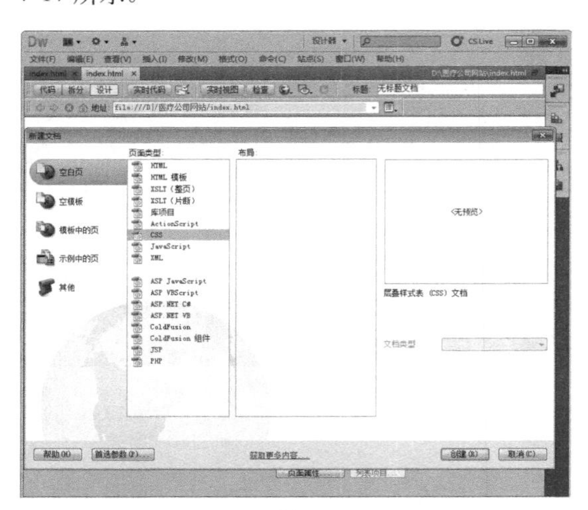

图7-16

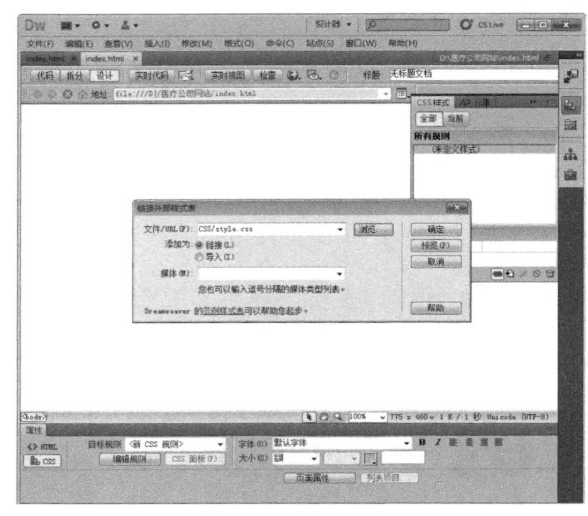

图7-17

Step 03 切换到 style.css 文件，创建名为 * 和 body 的标签 CSS 规则，如图 7-18 所示。

CSS 代码如下。

```
*{
    margin:0px;
    boder:0px;
    padding:0px;
    }
body {
    font-family: "宋体";
    font-size: 12px;
    color: #000;
    background-color: #505C67;
}
```

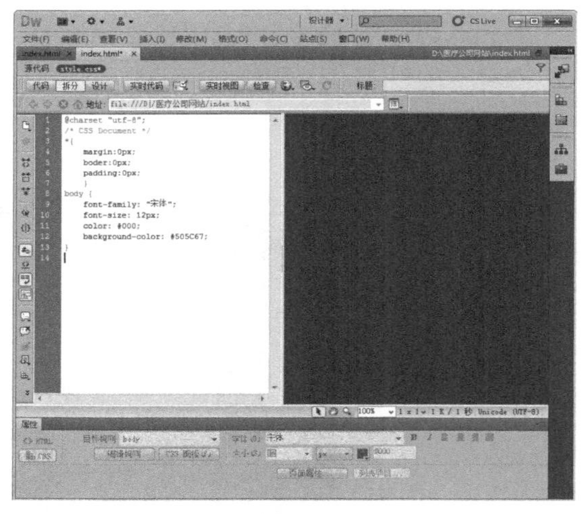

图7-18

Step 04 切换到【设计】视图，将光标置于页面视图中，单击【插入】面板中的【插入Div 标签】按钮，弹出【插入Div 标签】对话框，在【ID】下拉列表框中输入box ，单击【确定】按钮，如图7-19所示。

Step 05 这样就在页面中插入名为 box 的 Div，切换到 style.css 文件，创建一个 #box 的 CSS 规则，如图 7-20 所示。代码如下。

```
#box {
    width: 980px;
    margin: auto;
}
```

图7-19

Step 06 将光标定位在名为 box 的 Div 中，将多余的文本内容删除，然后单击【插入】面板中的【插入 Div 标签】按钮，弹出【插入 Div 标签】对话框，在【插入】下拉列表框中选择【在开始标签之后】，在【标签选择器】中选择【<div id="box">】，在【ID 】列表框中输入 top，如图 7-21 所示，然后单击【确定】按钮。

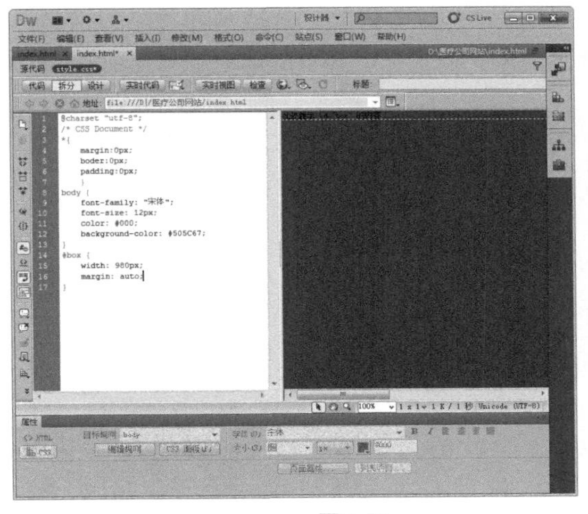

图7-20

图7-21

Step 07 使用同样的方法在名为 top 的 Div 中，分别插入名为 top-1 和 top-2 的 Div，如图 7-22 所示。

Step 08 切换到 style.css 文件，分别创建名为 #top-1 和 #top-2 的 CSS 规则，如图 7-23 所示。

```
#top-1 {
    float: left;
}
#top-2 {
    float: right;
    margin-top: 20px;
    margin-right: 10px;
    color: #FFF;
    font-size: 12px;
}
```

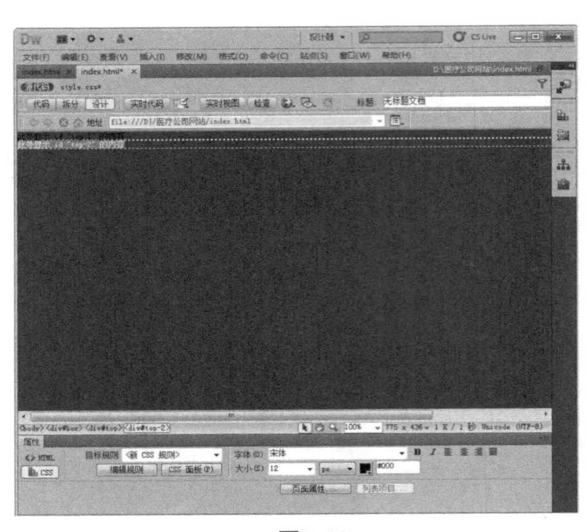

图7-22

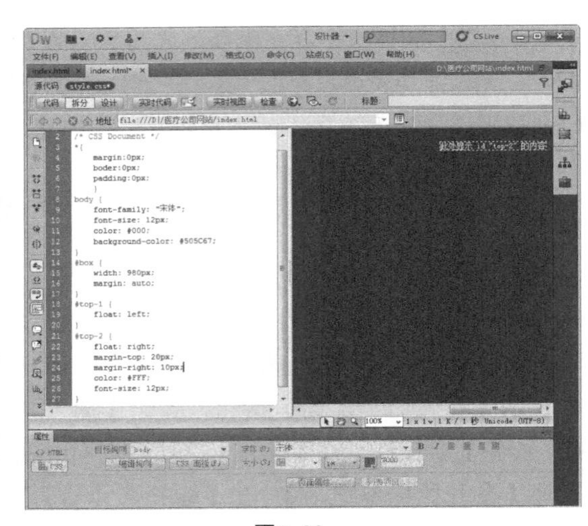

图7-23

Step 09 在【设计】视图中，将光标定位在 top-1 的 Div 中，插入图像文件，然后在 top-2 的 Div 中输入文本内容，如图 7-24 所示。

Step 10 在 top-2 的 Div 标签后插入名为 top-3 的 Div ，然后切换到 style.css 文件，创建 #top-3 的 CSS 规则，如图 7-25 所示。CSS 代码如下。

```
#top-3 {
    width: 980px;
    height: 35px;
    float: left;
    margin-top: 20px;
    margin-bottom:10px;
    font-family: "微软雅黑";
    font-size: 16px;
    color: #FFF;
    text-align: center;
}
```

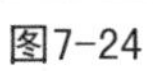

图7-24

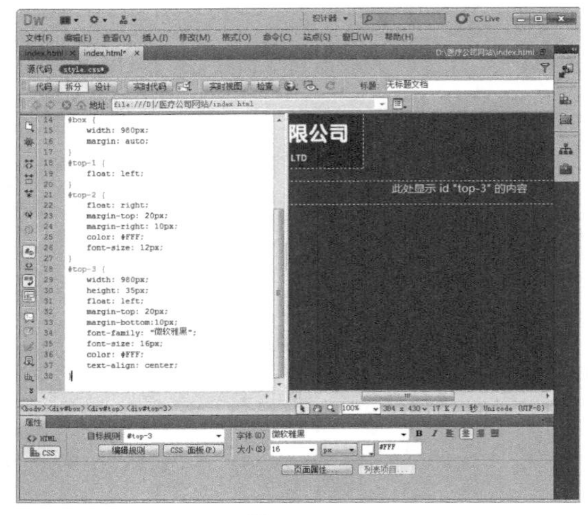

图7-25

Step 11 打开【源代码】视图，在 <div id="top-3"> 和 </div> 之间添加列表代码，如图 7-26 所示。添加的 CSS 代码如下。

```
<ul>
        <li>网站首页</li>
        <li>公司简介</li>
        <li>企业文化</li>
        <li>新闻中心</li>
        <li>行业动态</li>
        <li>产品展示</li>
        <li>保健医疗</li>
        <li>人才招聘</li>
        <li>在线留言</li>
      </ul>
```

Step 12 切换到 style.css 文件，创建一个名为 #top-3 ul li 的 CSS 规则，控制列表显示，如图 7-27 所示。CSS 代码如下。

```
#top-3 ul li {
   text-align: center;
   float: left;
   list-style-type: none;
   height: 25px;
   width: 102px;
   margin-top: 5px;
   margin-left:6px;
   border-top-width: 1px;
   border-bottom-width: 1px;
   border-top-style: solid;
   border-bottom-style: solid;
   border-top-color: #FFF;
   border-bottom-color: #FFF;
}
```

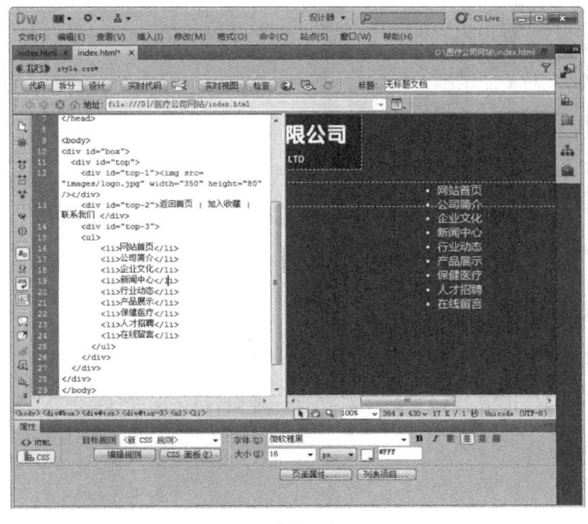
图7-26

图7-27

Step 13 在导航栏下方插入一个 Div 标签，并在该 Div 中插入图像，如图 7-28 所示。

Step 14 单击【插入】面板中的【插入 Div 标签】按钮，弹出【插入 Div 标签】对话框，在【插入】下拉列表框中选择【在标签之后】，在【标签选择器】中选择【<div id="top">】，在【ID】列表框中输入 main，如图 7-29 所示，然后单击【确定】按钮。

图7-28

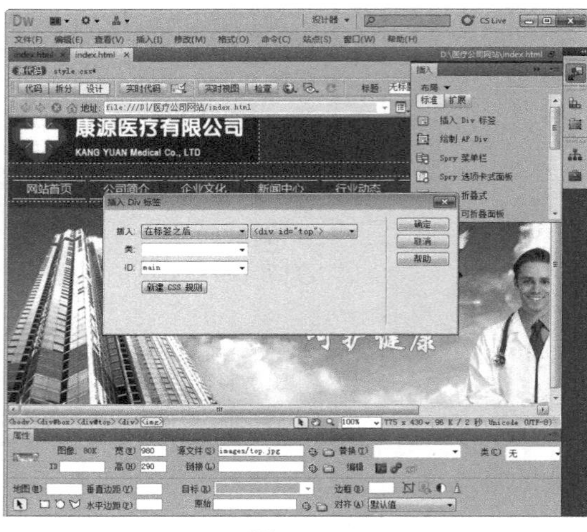

图7-29

Step 15 切换到 style.css 文件，创建 #main 的 CSS 规则，如图 7-30 所示。CSS 代码如下。

```
#main {
   height: 230px;
   width: 980px;
   margin-top: 10px;
}
```

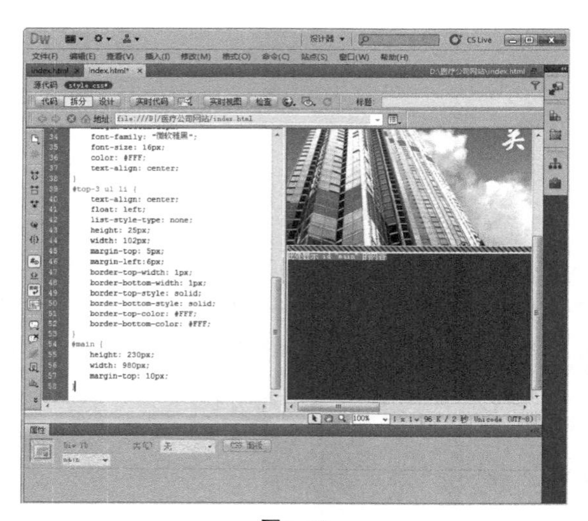

图7-30

Step 16 在名为 main 的 Div 中分别插入名为 left 和 right 的 Div，并切换到 style.css 文件，创建 #left 和 #right 的 CSS 规则，如图 7-31 所示。CSS 代码如下。

```
#left {
   float: left;
```

```
    height: 230px;
    width: 480px;
    background-color: #6B7681;
}
#right {
    float: right;
    height: 230px;
    width: 480px;
     background-color: #6B7681;
}
```

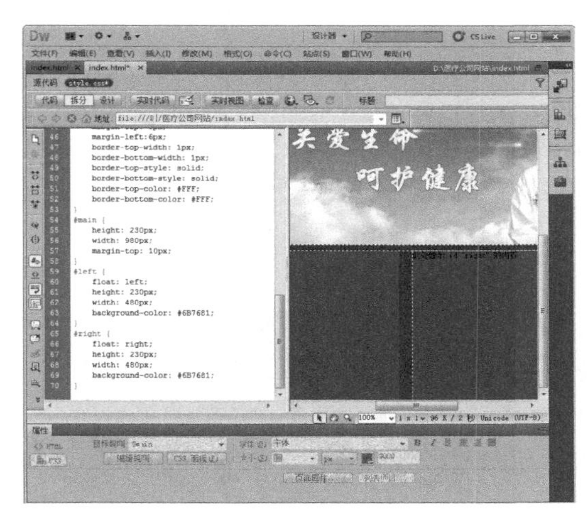

图7-31

Step 17 删除 left 的 Div 中的文本内容，切换到【源代码】视图，在 <div id="left"> 后添加代码：<h2></h2>，如图 7-32 所示。

Step 18 然后切换到 style.css 文件，创建名为 #left h2 的 CSS 规则，如图 7-33 所示。CSS 代码如下。

```
#left h2 {
    height:40px;
    overflow:hidden;
    background-image: url(../images/dh.png);
    background-position: 0 0;
}
```

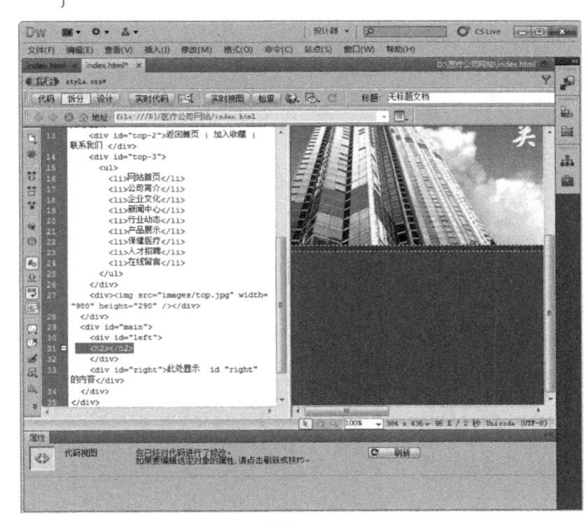

图7-32

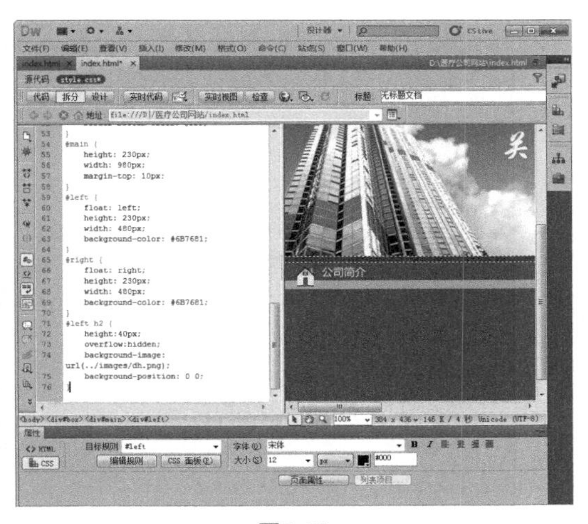

图7-33

Step 19 使用同样的方法制作“新闻动态”模块，如图 7-34 所示。

Step 20 切换到【源代码】视图，在 left 标签中添加定义列表代码，如图 7-35 所示。添加的定义列表代码如下。

```
    <dl>
          <dt><img src="images/01.jpg" width="180" height="150" border="1"
/></dt>
```

```
<dd>
    <p> 康源医疗有限公司成立于1990年，代理销售进口医疗器械，主要产品有：德国徕卡生物显微镜、手术显微镜、韩国朝阳内窥镜清洗机、德国费森尤斯血液透析机、美国GE除颤仪及监护仪、日本吉田口腔科设备。公司销售网络覆盖若干省份，在多个城市设有办事处。多年来，公司始终坚持关爱生命、呵护健康的企业理念，秉承质量第一、服务至上的经营宗旨。</p>
</dd>
</dl>
```

图7-34

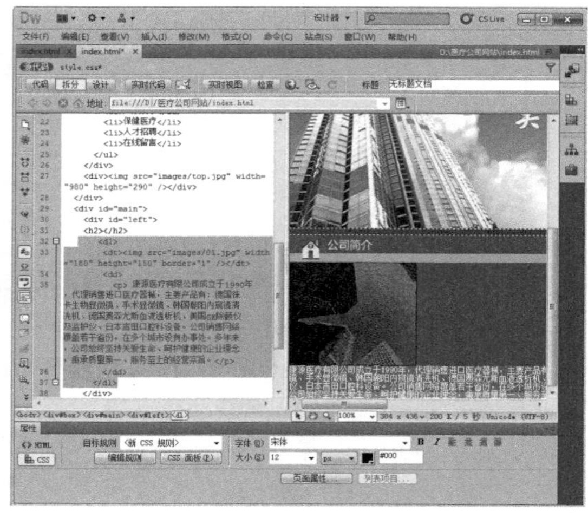
图7-35

Step 21 切换到 style.css 文件，分别创建名为 #left dl dt 和 #left dl dd 的 CSS 规则，如图 7-36 所示。CSS 代码如下。

```
#left dl dt{
    width:180px;
    height:140px;
    float:left;
    margin-top:10px;
    margin-right:20px;
    margin-left: 10px;
}
#left dl dd{
    text-indent:20px;
    line-height:24px;
    margin-right: 10px;
}
```

Step 22 打开【源代码】视图，在 right 标签中添加定义列表代码，如图 7-37 所示。添加的定义列表代码如下。

```
<dl>
    <dt> 药业围绕主题开展解放思想大讨论 </dt>
    <dd>2012/2/15</dd>
    <dt>药业围绕主题开展解放思想大讨论</dt>
```

```
        <dd>2012/2/15</dd>
        <dt>药业围绕主题开展解放思想大讨论</dt>
        <dd>2012/2/15</dd>
        <dt>药业围绕主题开展解放思想大讨论</dt>
        <dd>2012/2/15</dd>
        <dt>药业围绕主题开展解放思想大讨论</dt>
        <dd>2012/2/15</dd>
        <dt>药业围绕主题开展解放思想大讨论</dt>
        <dd>2012/2/15</dd>
    </dl>
```

图7-36

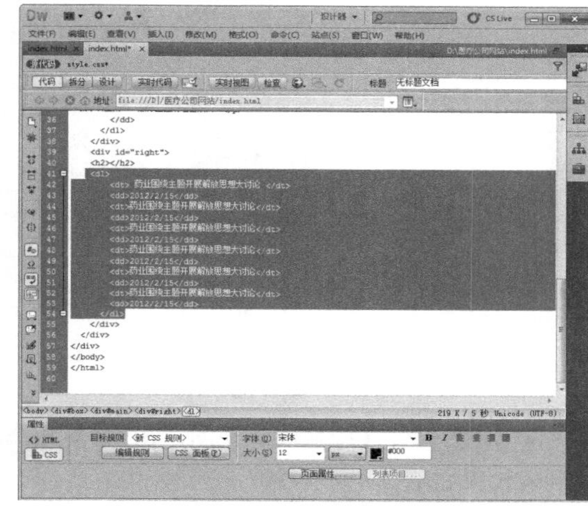

图7-37

Step 23 切换到style.css文件，分别创建名为#right dl dt和#right dl dd的CSS规则控制列表显示，如图 7-38 所示。CSS 代码如下。

```
#right  dl dt {
    width:380px;
    height:20px;
    float:left;
    margin-top:8px;
    margin-left:10px;
    border-bottom-width: 1px;
    border-bottom-style: dashed;
    border-bottom-color: #CCC;
}
#right  dl dd  {
    width:70px;
    height:20px;
    float:left;
    margin-top:8px;
    text-align:center;
    border-bottom-width: 1px;
```

```
    border-bottom-style: dashed;
    border-bottom-color: #CCC;
}
```

Step24 单击【插入】面板中的【插入 Div 标签】按钮，弹出【插入 Div 标签】对话框，在【插入】下拉列表框中选择【在结束标签之前】，在【标签选择器】中选择【<div id="box">】，在“ID”列表框中输入 footer，如图 7-39 所示，然后单击【确定】按钮。

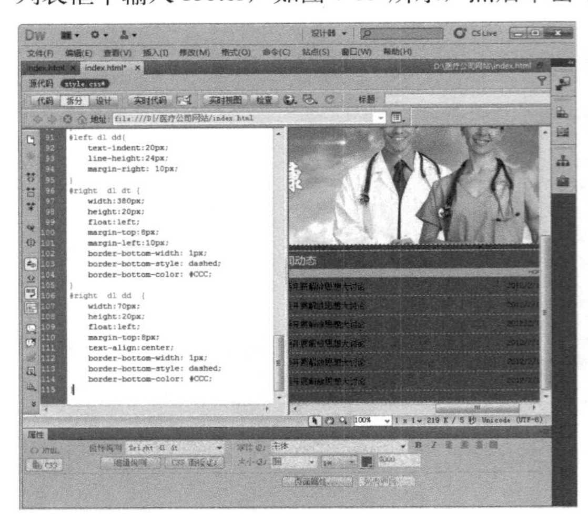

图7-38

图7-39

Step25 打开【源代码】视图，在 footer 标签中添加定义列表代码，如图 7-40 所示。添加的定义列表代码如下。

```
<dl>
    <dt>关于我们  |  网站地图  |  联系我们  |  友情链接  |  反馈问题</dt>
    <dd>Copyright&copy;康源医疗有限公司</dd>
  </dl>
```

Step26 切换到 style.css 文件，创建 #footer、#footer dl dt 和 #footer dl dd 的 CSS 规则，如图 7-41 所示。CSS 代码如下。

```
#footer {
    height:70px;
    text-align:center;
    border-top-width: 2px;
    border-top-style: solid;
    border-top-color: #6B7681;
    margin-top: 10px;
}
#footer dl dt {
    height:30px;
    line-height:25px;
}
#footer dl dd {
```

```
    line-height:2;
}
```

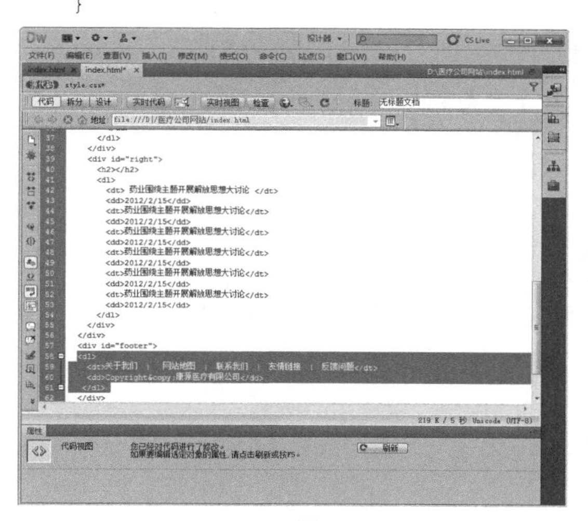

图7-40

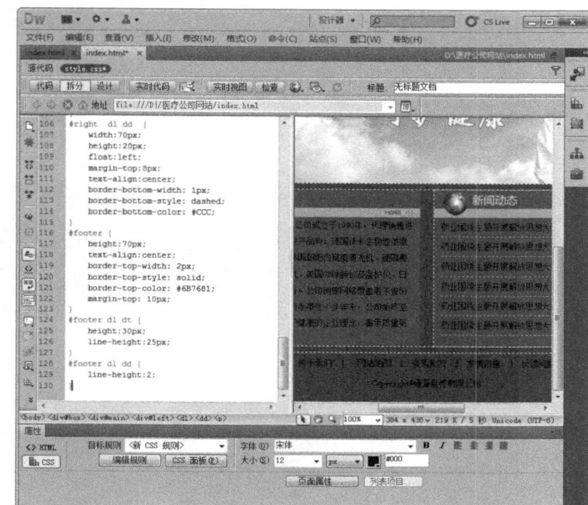

图7-41

Step 27 至此，使用 Div + CSS 布局网页就制作完成了。保存文件，按【F12】快捷键预览网页，效果如图 7-42 和图 7-43 所示。

图7-42

图7-43

7.5　经典商业案例赏析

使用 Div + CSS 布局网页中，利用 Div 标记，应用 CSS 对其样式的控制，可以很方便地实现各种效果，而且实现了网页内容和表现分离的目的。如图 7-44 所示的中国房地产开发集团公司的首页，图文并茂且布局合理。

图7-44

7.6 习题

一、填空题

1．改变元素的外边距用 ________，改变元素的内填充用 ________。

2．Color:#666666; 可以缩写为 ________。

3．合理的页面布局中常听到结构与表现分离，那么结构是 ________，表现是 ________。

二、选择题

1．在 HTML 文档中，引用外部样式表的正确位置是 ________。

A．文档的末尾　　B．文档的顶部　　C．<body> 部分　　D．<head> 部分

2．下面 ________ 是 display 布局中用来设置对象以块显示，并添加新行。

A．inline　　B．none　　C．block　　D．compact

3．下面 ________ 是最合理的定义标题的方法。

A.<span class=" heading"> 文章标题 </span>　　B．<p><b> 文章标题 </b></p>

C．<h1> 文章标题 </h1>　　D.<strong> 文章标题 </strong>

4．以下选项能给所有 <h1> 标签添加背景颜色的是 ________。

A．.h1{background-color:#FFFFFF}　　B．h1.all{background-color:#FFFFFF}

C．#h1{background-color:#FFFFFF}　　D．h1{background-color:#FFFFFF}

三、上机练习

1．利用提供的素材，完成本章综合实例的制作。

2．自己动手使用 Div+CSS 制作一个简单的页面。

第8章 框架、模板和库

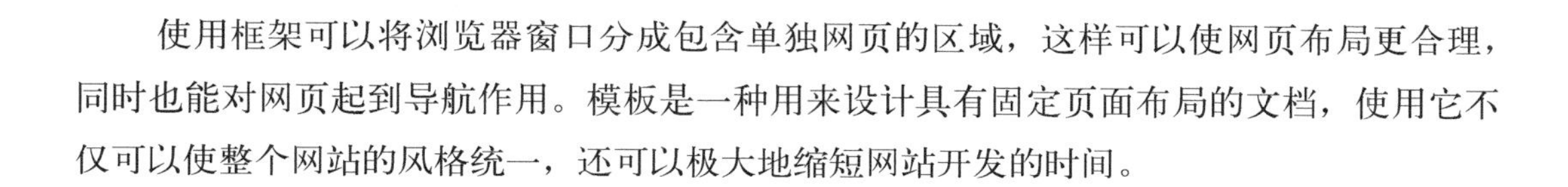

使用框架可以将浏览器窗口分成包含单独网页的区域，这样可以使网页布局更合理，同时也能对网页起到导航作用。模板是一种用来设计具有固定页面布局的文档，使用它不仅可以使整个网站的风格统一，还可以极大地缩短网站开发的时间。

本章知识要点

- 框架和框架集的创建与操作
- Spry 框架的应用
- 模板创建与编辑
- 库的使用

8.1 框架的概述

框架是网页布局排版的一个工具，一直应用于页面导航中，使用框架技术，可以将多个网页集中在同一个浏览器窗口中显示，并可以使不同的页面在统一浏览窗口中互相切换。

8.1.1 框架和框架集

框架是浏览器窗口中的一个区域，它可以显示与浏览器窗口的其余部分所显示内容无关的 HTML 文档。

框架集是 HTML 文件，它定义一组框架的布局和属性，包括框架的数目、框架的大小和位置以及在每个框架中初始显示的页面的 URL。框架是框架集中显示的文档。每个框架实质上都是一个独立存在的 HTML 文档。

8.1.2 框架的作用及优缺点

框架是一个较早出现的 HTML 对象，框架的作用就是把浏览器窗口划分为若干个区域，每个区域可以分别显示不同的网页。使用框架布局的网页，可以使网站的结构更加清晰。

框架的使用非常广泛，是因为框架有以下 3 个优点。

①统一风格。一个网站中的众多网页最好都有相同的地方，才能做到风格的统一。可以把这个相同的部分单独做成一个页面，作为框架结构——一个框体的内容给整个站点公用。通过这个方法，来达到网站整体风格的统一。

②便于修改。一般来说，每过几个星期或几个月，网站的设计就要做一些更改。可以将每页都要用到的公共内容制作成单独的网页，并作为框架结构——一个框体的内容提供给整个站点公用，每次修改时，只需要修改公共的网页，就能更改整个网站设计。

③方便访问。一般公用框体的内容都做成网站各主要栏目的链接，当浏览器的滚动条滚动时，这些链接不随滚动条的滚动而上下移动，一直固定在浏览器窗口的某个位置，使访问者能随时单击跳转到另一个页面。

框架除以上优点之外，也有一些明显的缺点。

①早期的浏览器和一些特殊的浏览器不支持框架结构，应用范围不是很广泛。

②使用了框架结构的页面会影响网页的浏览速度。对导航进行测试可能很耗时间，因为导航需要决定链接在哪一个框架页，并采用哪种链接方式，要经过反复的调试。

③难以实现不同框架中各页面元素的精确对齐。

8.2 创建框架和框架集

在 Dreamweaver 中预定义了多种框架集，用户可以方便地创建各种框架网页。下面就来学习如何创建框架和框架集。

8.2.1 创建预定义框架集

使用预定义框架集，可以轻松地选择想要创建的框架集。插入预定义框架集有以下 3 种方法。

方法一：将光标置于要插入框架集的编辑窗口，执行【插入】>【HTML】>【框架】命令，在【框架】的子菜单中选择预定义的框架集，这里选择“上方及左侧嵌套”选项，如图 8-1 所示。弹出【框架标签辅助功能属性】对话框，如图 8-2 所示，单击【确定】按钮即可插入预定义框架集。

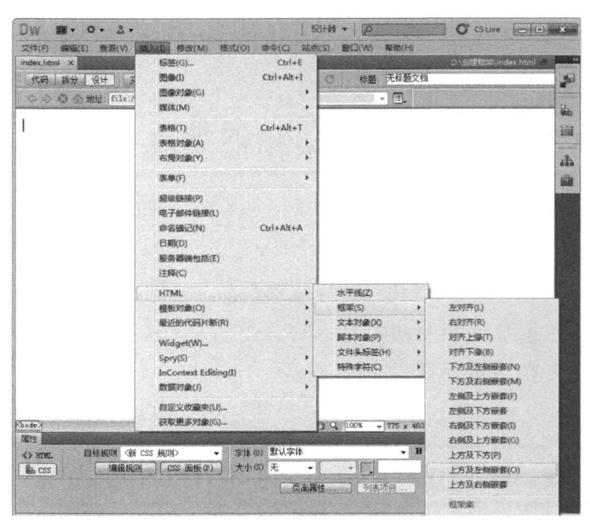

图8-1

该框架集分为3个部分，顶部框架、左侧框架和主框架，一般在顶部框架放置网页的Logo和Banner等信息，左侧框架放置栏目列表，主框架显示具体内容。

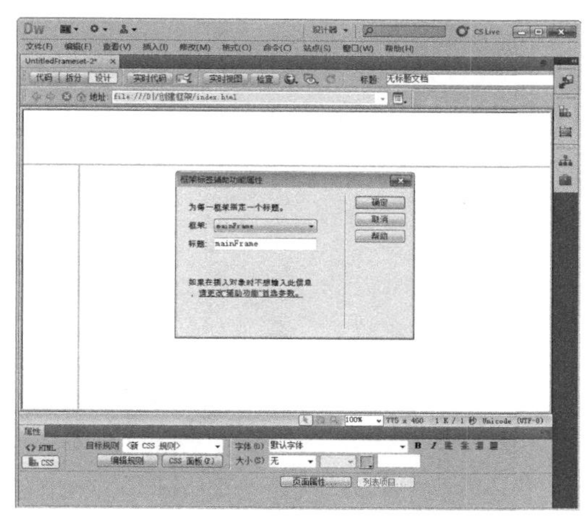
图8-2

方法二：在Dreamweaver应用程序的启动界面，单击【更多】文件夹按钮，打开【新建文档】对话框，在左侧列表中选择【示例中的页】选项，选择【框架页】示例文件夹，并选择框架集类型，然后单击【创建】按钮，也可以插入预定义框架集，如图8-3所示。

方法三：执行【窗口】>【插入】命令，打开【插入】面板，单击该面板【布局】选项中【框架】按钮右侧的下拉箭头，在弹出的下拉列表中选择预定义的框架集，如图8-4所示。

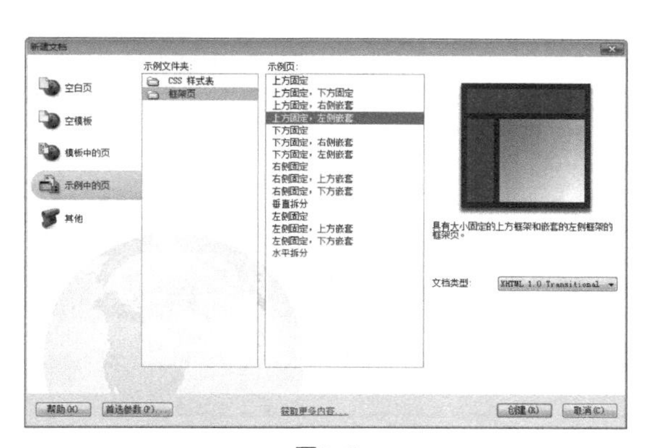
图8-3

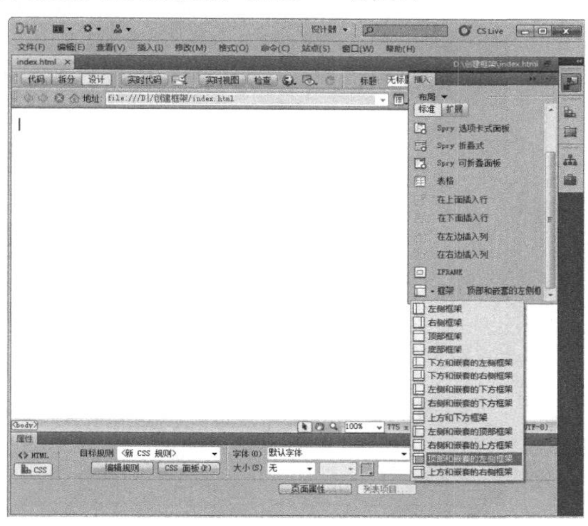
图8-4

8.2.2 手动设计框架集

除了使用系统提供的框架结构，用户还可以根据自己的需要创建框架。下面详细介绍如何手动设计框架集，具体操作步骤如下。

（1）新建一个网页文档，执行【查看】>【可视化助理】>【框架边界】命令，如图8-5所示。

（2）这时，显示出框架集边框，鼠标放在框架的上边界，当变成上下拉伸状态时，按下鼠标左键向下拖动，就会生成两个框架页面，如图8-6所示。

（3）执行【窗口】>【框架】命令，打开【框架】面板，在该面板中选择下面的框架，将光标放在框架的左边界，当变成左右拉伸状态时，按下鼠标左键向右拖动，又生成一个新的框架页面，如图8-7所示。

（4）在【框架】面板中选中最外面的框架，将光标放在框架的下边界，当变成上下拉伸状态时，按下鼠标左键向上拖动，生成一个新的框架页面，如图8-8所示。

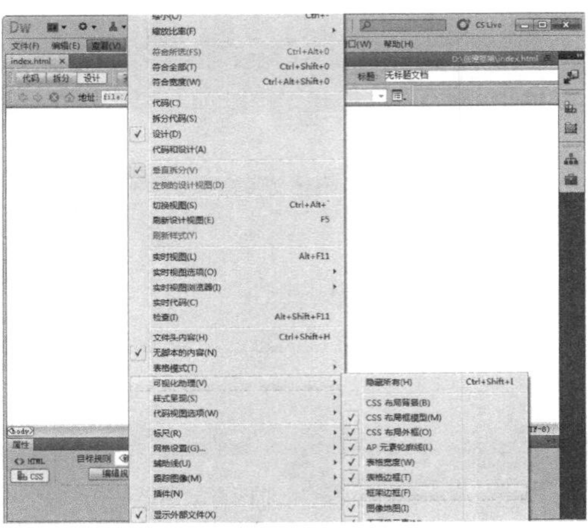

图8-5

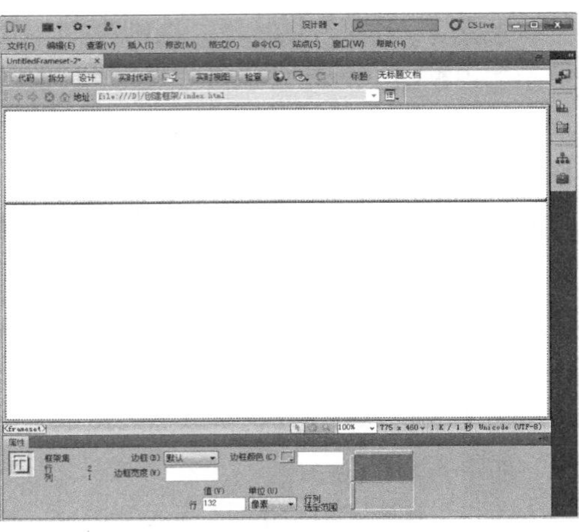

图8-6

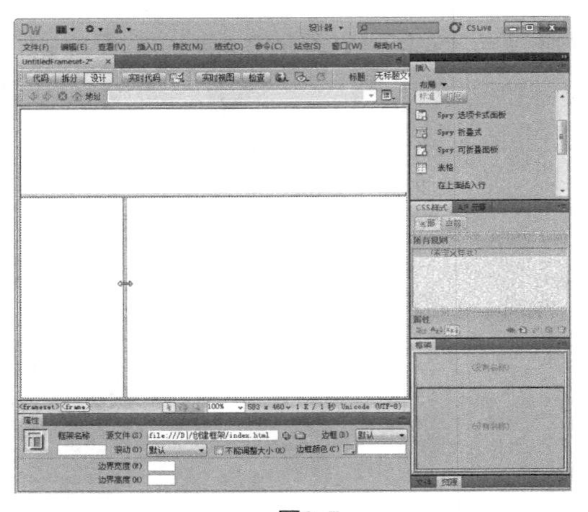

图8-7

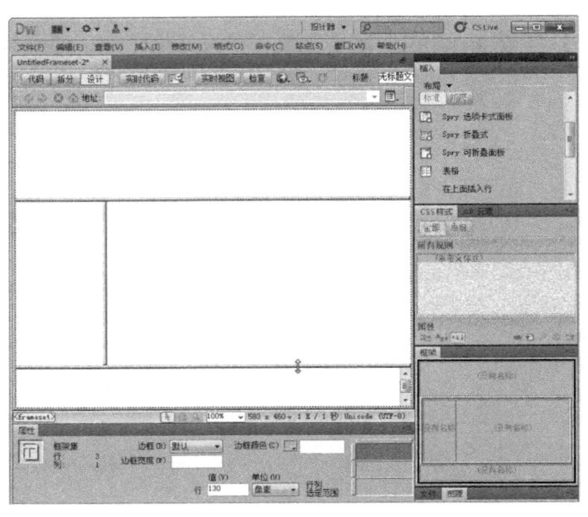

图8-8

注意

用户在创建框架时（例如上例中左、底框架的创建），一定要选中相应的框架，然后拖动鼠标，否则会出现如图8-9和图8-10所示的情况。

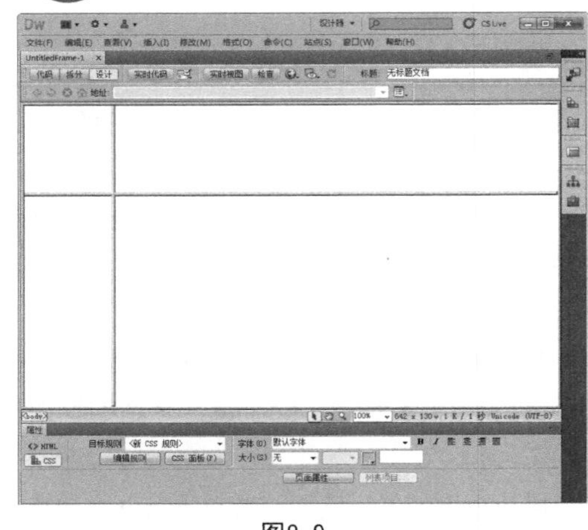

图8-9

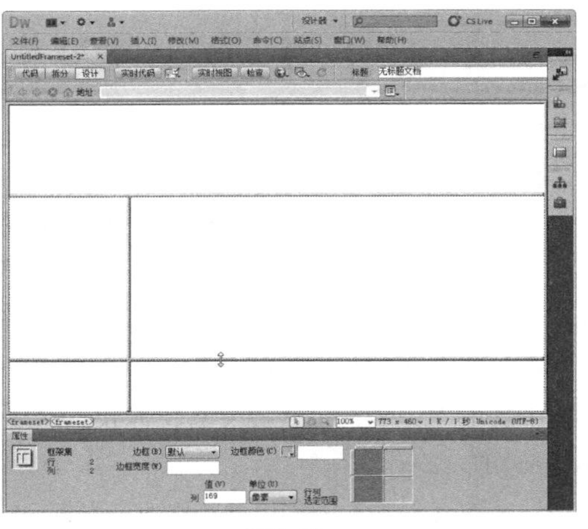

图8-10

如果需要删除不需要的框架，其操作方法也很简单：用鼠标拖动该框架的边框，将其拖至其父框架边框上时松开鼠标，该框架即被删除。

8.3　框架和框架集的操作

如果要设置框架和框架集的属性，先要选择框架和框架集。下面介绍框架和框架集的一些操作方法。

8.3.1　选择框架和框架集

框架和框架集是单个的HTML文档，若要修改框架或框架集，首先应选择要修改的框架或框架集。

1．使用【框架】面板选择

执行【窗口】>【框架】命令，将打开【框架】面板，在该面板中单击要选择的框架即可选中该框架。当一个框架被选中时，其边框带有虚线轮廓，如图8-11所示。

2．在文档窗口选择

在设计视图中单击框架的边框，可以选择该框架所属的框架集。当一个框架集被选中时，框架集内所有框架的边框都会带有虚线轮廓，如图8-12所示。

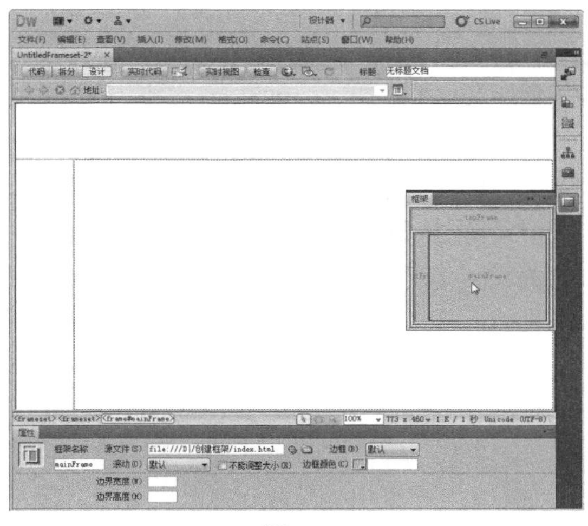

图8-11

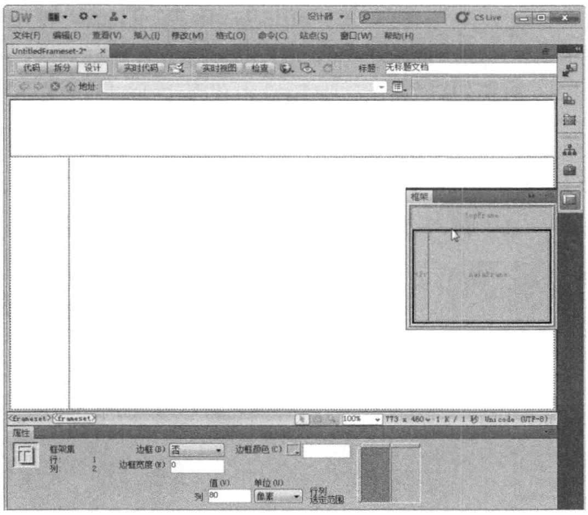

图8-12

要将选择的框架转移到另一个框架，可以进行以下操作实现。

（1）按【Alt】键和左（或右）箭头键，可以将选择转移到下一个框架。

（2）按【Alt】键和上箭头键，可以将选择转移到父框架。

（3）按【Alt】键和下箭头键，可以将选择转移到子框架。

8.3.2　在框架中打开文档

框架创建完成后，就可以往里面添加内容了。每个框架都是一个文档，可以直接向框架里添加内容，也可以在框架中打开现有文档。在框架中打开文档的步骤如下。

（1）将光标定位在框架中，执行【文件】>【在框架中打开】命令，如图 8-13 所示。

（2）在打开的【选择 HTML 文件】对话框中，选择要打开的文档，单击【确定】按钮，该文档随即显示在框架中，如图 8-14 所示。

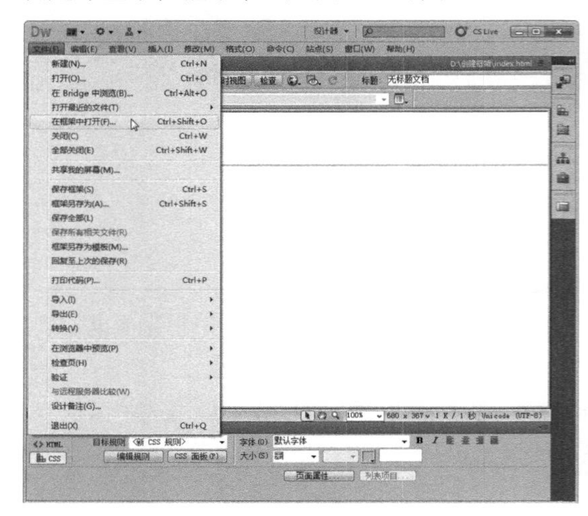

图8-13

图8-14

8.3.3 保存框架和框架集

如果想在浏览器中预览框架集，就必须保存框架集文件以及在框架中显示的所有文档。操作方法如下。

（1）打开【框架】面板，单击整个框架的外框，执行【文件】>【框架集另存为】命令，如图 8-15 所示。

（2）打开【另存为】对话框，设置保存路径与文件名，单击【保存】按钮，如图 8-16 所示。

图8-15

图8-16

（3）将光标定位在顶部框架，执行【文件】>【保存框架】命令，如图 8-17 所示。

（4）在弹出的【另存为】对话框中，将顶部框架命名为“top.html”，如图 8-18 所示。然后使用同样的方法，保存左框架。

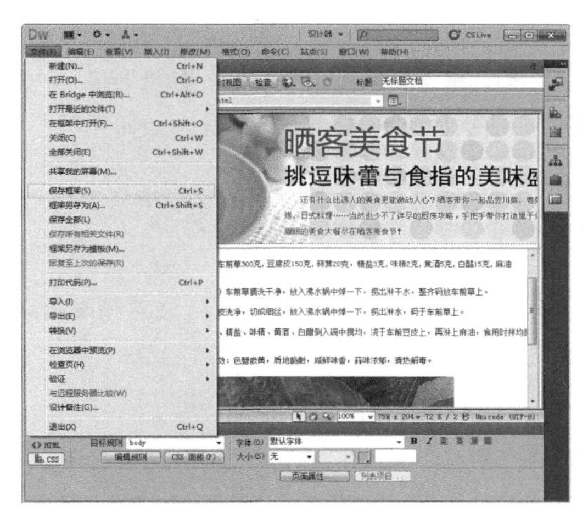

图8-17

图8-18

8.4　框架和框架集的属性设置

框架属性控制框架的名称、源文件、边距、滚动、边框和能否调整大小等。框架集属性控制框架的大小和框架之间边框的颜色、宽度等。

8.4.1　设置框架集的属性

框架创建完成后，可以通过【属性】面板对框架集的样式进行定义，如设置边框宽度、颜色等。下面以具体的例子进行介绍设置框架属性的步骤。

（1）执行【窗口】>【框架】命令，显示【框架】面板，单击整个框架的边框，选中框架集，然后单击【属性】面板中【边框】后面的下拉列表，选择【是】，设置【边框宽度】为 2，【边框颜色】为 #8C2226，如图 8-19 所示。

（2）保存文件，按【F12】快捷键预览网页，如图 8-20 所示。

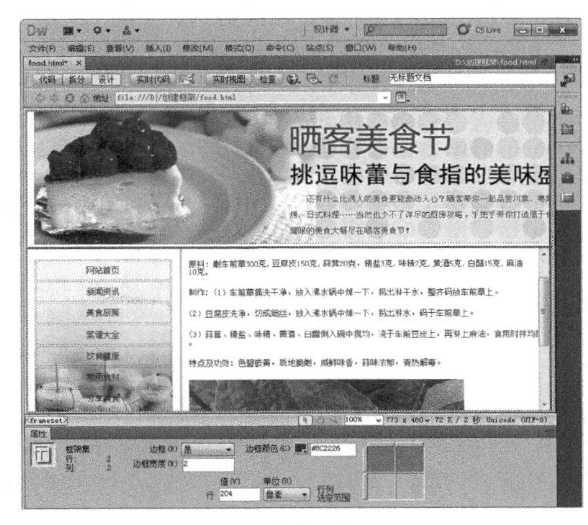

图8-19

图8-20

在【属性】面板中，各选项的含义如下。

◆【边框】下拉列表：设置在浏览器中查看文档时框架的周围是否显示边框。如果要显示边框，则选择【是】选项；如果不显示边框，则选择【否】选项；如果允许浏览器来确定如何显示边框，则选择【默认】选项。

◆【边框宽度】文本框：用于设置边框的宽度。

◆【边框颜色】文本框：用于设置边框的颜色。

若要设置选定框架集的各行和各列的框架大小，可以单击【行列选定范围】区域左侧或顶部的选项卡，然后在【值】文本框输入高度或宽度。并在【单位】下拉列表中选择合适的单位。

8.4.2 设置框架的属性

在建立好框架之后，还需要对框架的属性进行设置，设置框架的属性，可以通过窗口下方的面板来完成，具体步骤如下。

（1）打开【框架】面板，单击 leftFrame 框架，选择左框架。在【属性】面板取消勾选【不能调整大小】复选框，并设置显示边框和滚动条，设置边界宽度、高度均为 1，边框颜色为 #8C2226，如图 8-21 所示。

（2）保存框架集，按【F12】快捷键预览网页，可以看到设置的边框及滚动条，并且可以用鼠标拖动左框架，如图 8-22 所示。

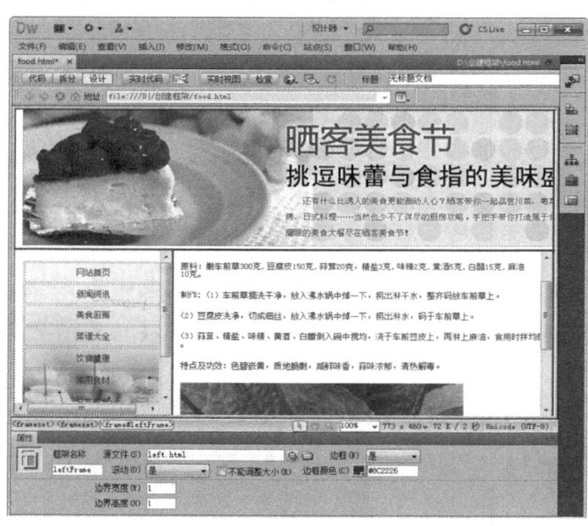

图8-21

图8-22

在【框架】属性面板中，可以设置以下参数。

◆【框架名称】：【框架名称】是链接的目标属性或脚本在引用该框架时所用的名称。框架名称必须是单个词；允许使用下划线，但不允许使用连字符、句点和空格。框架名称必须以字母开始，不能以数字起始，并且区分大小写。

◆【源文件】：指定在框架中显示的源文档。

◆【滚动】下拉列表：指定框架是否显示滚动条。

◆【不能调整大小】复选框：让浏览者无法通过拖动框架边框在浏览器中调整框架大小。

◆【边界宽度】：以像素为单位，设置左边距和右边距的宽度，即框架边框和内容之间的空间。

◆【边界高度】：以像素为单位，设置上边距和下边距的宽度，即框架边框和内容之间的空间。

8.5 使用Spry框架

Spry 框架是一个 JavaScript 库，Web 设计人员使用它可以构建能够向站点访问者提供更丰富体验的网页。有了 Spry 就可以使用 HTML、CSS 和极少量的 JavaScript 将 XML 数据合并到 HTML 文档中，创建构件（如折叠构件和菜单栏），向各种页面元素中添加不同种类的效果。

8.5.1 Spry 菜单栏

菜单栏构件是一组可导航的菜单按钮，当站点访问者将鼠标指针悬停在其中的某个按钮上时，将显示相应的子菜单。使用菜单栏可在紧凑的空间中显示大量可导航信息，并使站点访问者无须深入浏览站点即可了解站点上提供的内容。

1. 插入 Spry 菜单栏

插入 Spry 菜单栏的操作方法如下。

（1）打开一个网页文档，将光标定位在需要创建级联菜单的位置，如图 8-23 所示。

（2）单击【插入】工具栏中的【Spry 】类别，切换到 Spry 控件面板，然后单击【Spry 菜单栏】按钮，如图 8-24 所示。

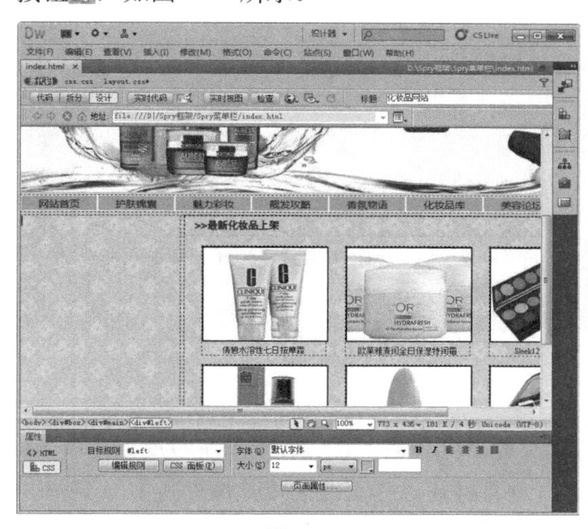

图8-23

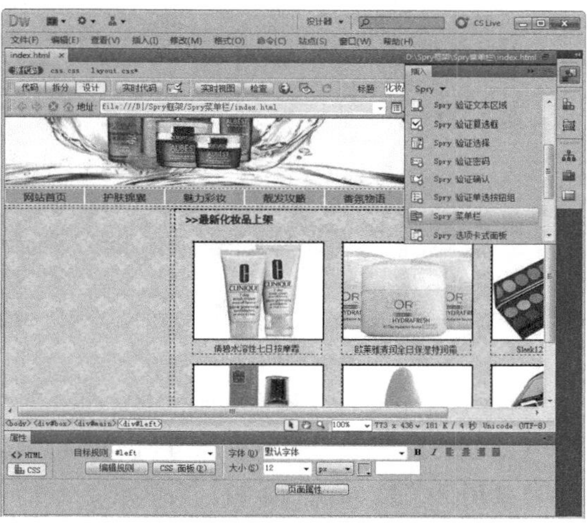

图8-24

（3）弹出【Spry 菜单栏】对话框，在该对话框中选择【垂直】单选按钮，如图 8-25 所示，然后单击【确定】按钮。

（4）这时，光标所在位置处就插入了一个 Spry 菜单栏控件，如图 8-26 所示。

2. 设置 Spry 菜单栏属性

插入 Spry 菜单栏控件后，选中该构件，在【属性】面板中可以设置菜单栏的属性，如添加菜单项、更改菜单项的顺序或删除菜单项等。设置 Spry 菜单栏属性操作步骤如下。

（1）选中该构件，在【属性】面板中设置、添加各菜单项，如图 8-27 所示。

（2）执行【窗口】>【CSS 样式】命令，打开【CSS 样式】面板，在该面板中选择相关的 CSS 规则，设置 Spry 菜单栏样式，如图 8-28 所示。

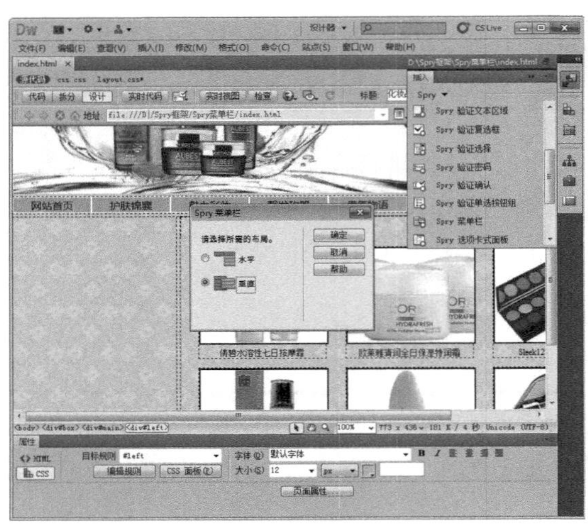
图8-25

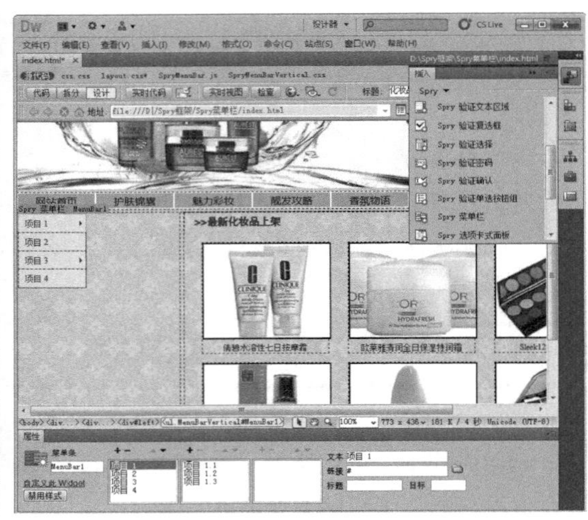
图8-26

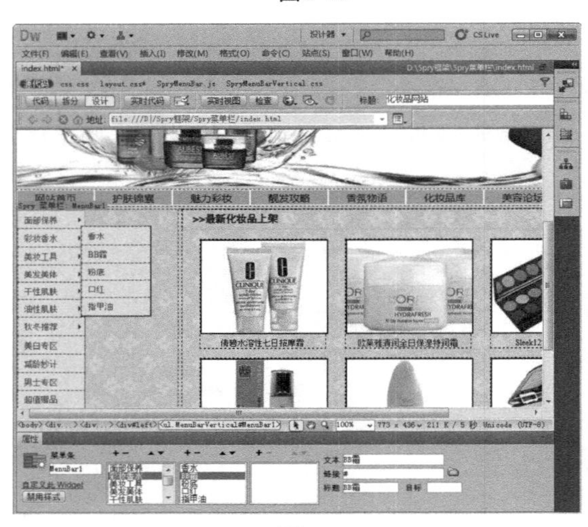
图8-27

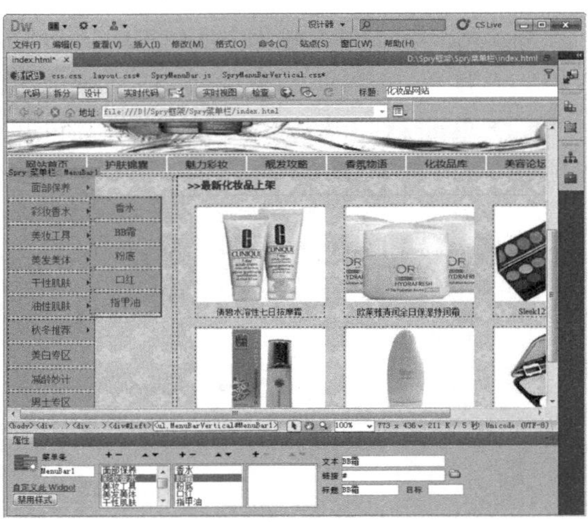
图8-28

Spry 菜单栏控件【属性】面板中各选项的含义如下。

【菜单条】：默认菜单栏名称为 MenuBar1，该名称不能以汉字命名，可以使用字母或数字命名。

【禁用样式】：单击该按钮，菜单栏变成项目列表，并且按钮名称更改为【启用样式】。

【菜单栏目】：包括主菜单栏目、一级菜单栏目和二级菜单栏目。

【文本】：设置栏目的名称。

【标题】：鼠标停留在菜单栏目上时显示的提示文本。

【链接】：为菜单栏目添加链接文件，默认情况下为空链接，单击【浏览】按钮可以选择链接文本。

【目标】：指定要在何处打开所链接的文件，可以设置为 self（在同一个浏览器窗口中打开链接文件）、parent（在父窗口或父框架中打开要链接的文件）、top（在框架集的顶层窗口中打开链接文件）。

8.5.2 Spry 选项卡式面板

选项卡式面板构件是一组面板，用于将内容存储到紧凑空间中。站点访问者可通过单击要访问的面板上的选项卡来隐藏或显示存储在选项卡式面板中的内容。当访问者单击不同的选项卡时，构件的面板会相应地打开。在给定时间内，选项卡式面板构件中只有一个内容面板处于打开状态，如图 8-29 和图 8-30 所示。

Spry 选项卡式面板的插入、设置方法与 Spry 菜单栏类似，这里不再赘述。

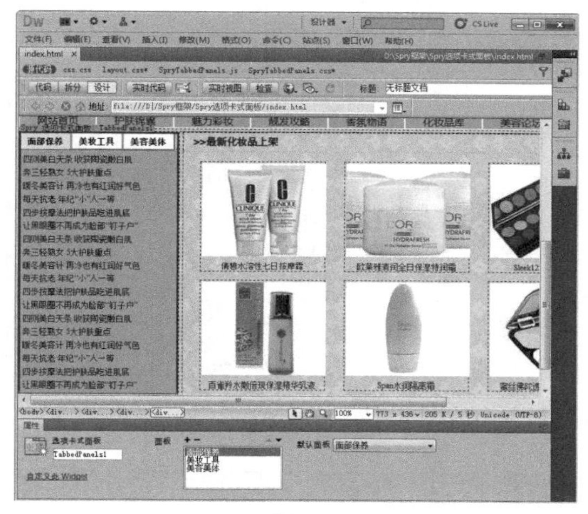

图8-29

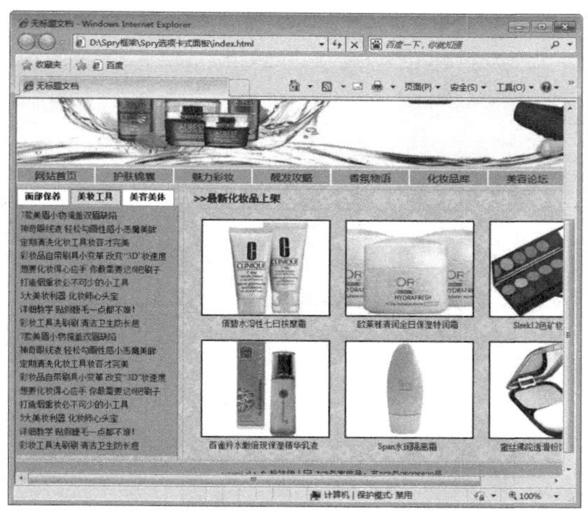

图8-30

8.5.3 Spry 折叠式面板

Spry 折叠式控件是一组可以折叠的面板，可以将大量的内容存储在一个紧凑的空间中。当访问者单击不同的选项卡时，折叠控件的面板会相应地展开或收缩，并且每次只能有一个内容面板处于打开可见的状态，如图 8-31 和图 8-32 所示。

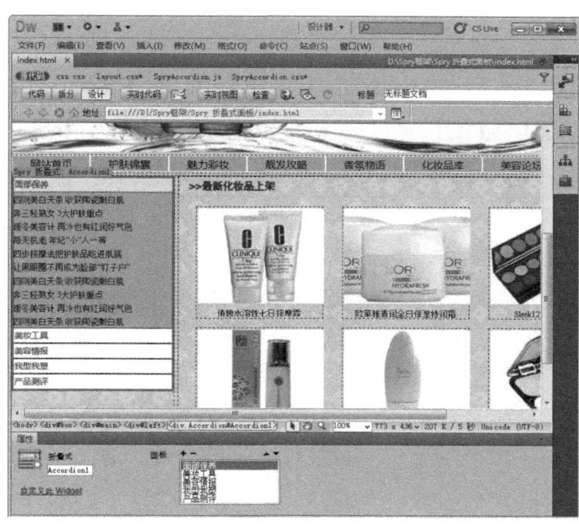

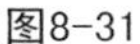

图8-31

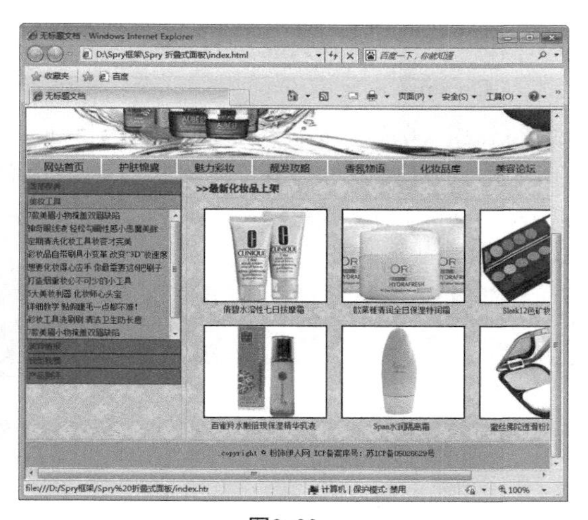

图8-32

8.5.4 Spry 可折叠面板

Spry 可折叠面板构件是一个面板，可将内容存储到紧凑的空间中。用户单击该构件的选项卡即可隐藏或显示存储在可折叠面板中的内容，非常方便，如图 8-33 和图 8-34 所示。

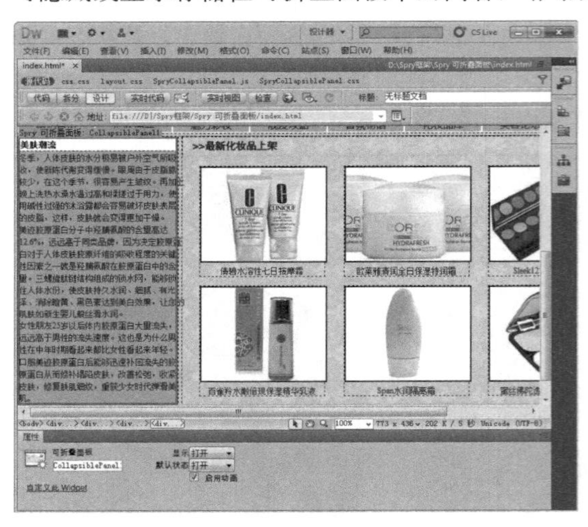

图8-33

图8-34

8.6 认识模板

使用模板可以为网站的更新和维护提供极大的方便，通过修改网站模板，即可完成对整个网站中页面的统一修改。

模板可以理解为一种模型，用这个模型可以对网站中的网页进行改动并加入个性化的内容。也可以把模型理解为一种特殊类型的网页，主要用于创建具有固定结构和共同格式的网页。模板的主要功能就是把网页布局和内容分离，布局设计好后储存为模板，这样相同布局的页面就可以通过模板来创建，能够极大地提高工作效率。

在 Dreamweaver 模板中通过标记可编辑区域和锁定区域来设置站点中各页面的风格统一区域，避免因操作失误导致模板被修改。创建模板时，可编辑区域和锁定区域都可以更改，但在应用模板的文档中，只能修改可编辑区域，锁定区域无法修改。若要修改网页的风格，可以只修改相应的模板文件，然后更新利用该模板创建的所有文档即可。

8.7 创建模板

创建模板可以基于新文档，也可以基于现有文档。下面分别进行介绍。

8.7.1 创建新模板

创建空白模板可以通过两种方法，在空白文档中创建模板和在【资源】面板中创建模板。

1. 在空白文档中创建模板

利用 Dreamweaver 的新建功能可以直接创建模板，具体操作步骤如下。

(1) 新建网页文档，打开【插入】面板，单击【常用】工具栏【模板】按钮旁的下拉箭头，在弹出的菜单中选择【创建模板】命令，如图 8-35 所示。

(2) 打开【另存模板】对话框，在【另存为】文本框中输入模板名称，然后单击【保存】按钮，如图 8-36 所示。

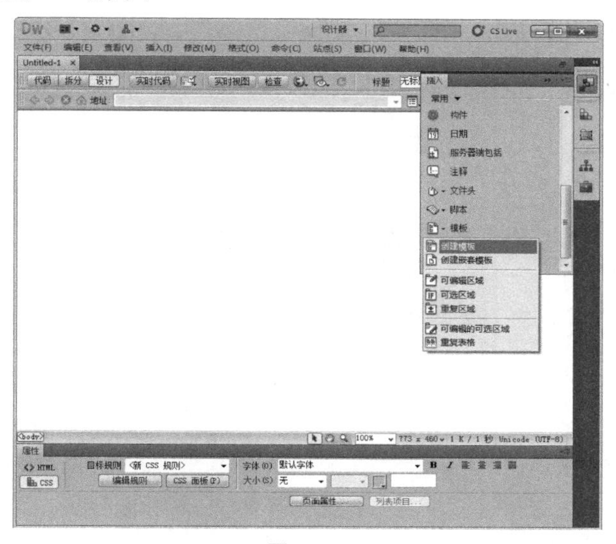

图8-35

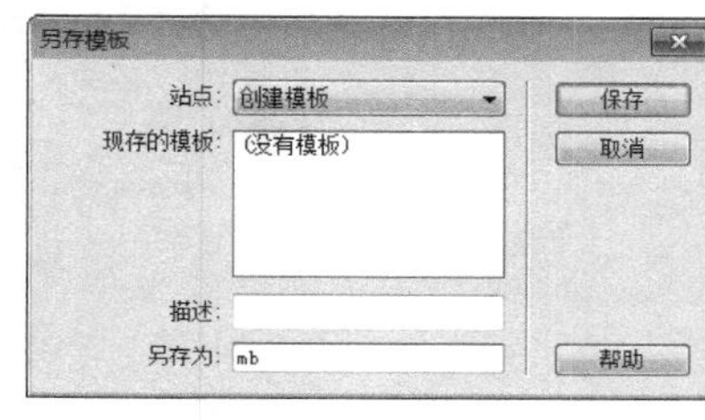

图8-36

(3) 打开【文件】面板，可以看到系统自动在站点根目录下创建了一个名为“Templates ”的模板文件夹，如图 8-37 所示。

(4) 展开“Templates ”文件，可以看到刚刚创建的“mb.dwt ”的文件，如图 8-38 所示。

2．在【资源】面板中创建模板

通过 Dreamweaver 的资源面板也可以创建模板，具体操作步骤如下。

(1) 执行【窗口】>【资源】命令，打开【资源】面板，切换到【模板】面板，然后单击面板底部的【新建模板】按钮，如图 8-39 所示。

(2) 系统将自动生成一个模板文件，只要为该模板文件重命名即可，如图 8-40 所示。

图8-37

图8-38

图8-39

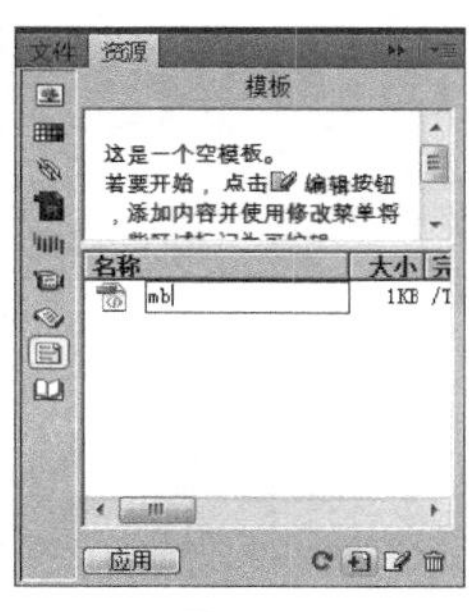

图8-40

Dreamweaver会自动把模板文件存储在站点的本地根文件下的Templates子文件夹中。如果此文件夹不存在，当存储一个新模板时，Dreamweaver会自动生成此文件。

8.7.2 将网页保存为模板

在 Dreamweaver 中，用户可以创建空白模板，也可以将现有文档另存为模板，其具体操作步骤如下。

（1）打开已有的网页文档，执行【文件】>【另存为模板】命令，如图 8-41 所示。

（2）打开【另存模板】对话框，在【另存为】文本框中输入模板名称，如图 8-42 所示，然后单击【保存】按钮。

图8-41

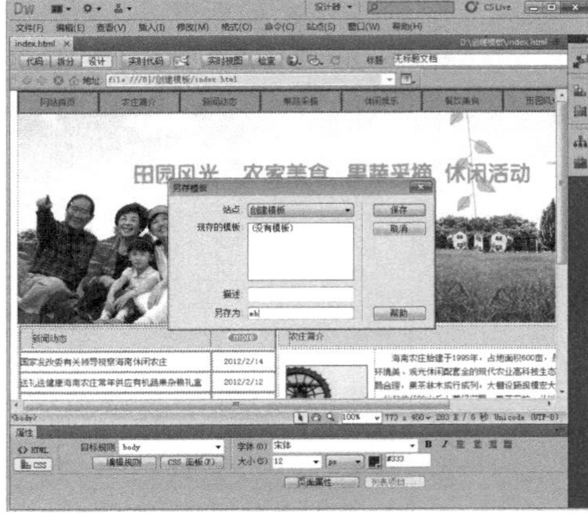

图8-42

（3）弹出系统消息对话框，询问是否要更新链接，如图 8-43 所示，单击【是】按钮。

（4）打开【文件】面板，就可以看到保存的模板文件 mb.dwt，如图 8-44 所示。

图8-43

图8-44

8.8 编辑模板

创建模板之后，用户可以根据自己的需要对模板内容进行编辑，即指定哪些内容可以编辑，哪些内容不能编辑（锁定）。

模板文件包括可编辑区域和锁定区域，所谓锁定区域也就是在整个网站中这些区域是相对固定和独立的，如网页背景、导航栏、网站 Logo 等内容，也可以说是不可编辑区域。而可编辑区域则是用来定义网页具体内容的部分，如图像、文本、表格、层等页面元素。

在编辑模板时，可以修改可编辑区域，也可以修改锁定区域。但当该模板被应用于文档时，只能修改文档的可编辑区域，而不能修改文档的锁定区域。

8.8.1 创建可编辑区域

在模板文件中，创建可编辑区域的具体操作步骤如下。

（1）打开模板网页，选中需要创建可编辑区域的位置，单击【常用】工具栏【模板】按钮旁的下拉箭头，在弹出的菜单中选择【可编辑区域】命令，如图 8-45 所示。

（2）在【新建可编辑区域】对话框中，输入可编辑区域的名称，这里默认设置，如图 8-46 所示，然后单击【确定】按钮。

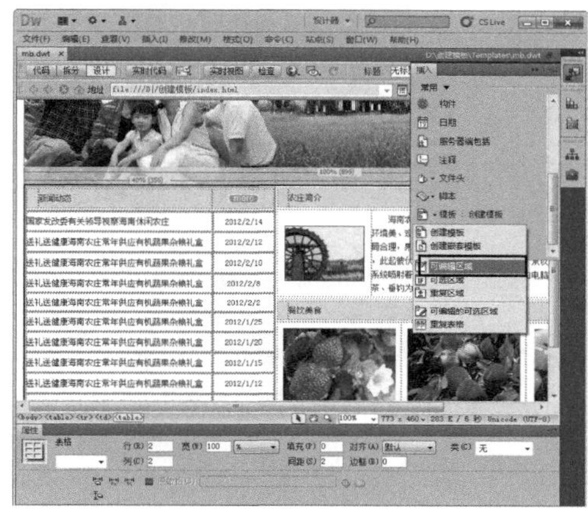

图8-45

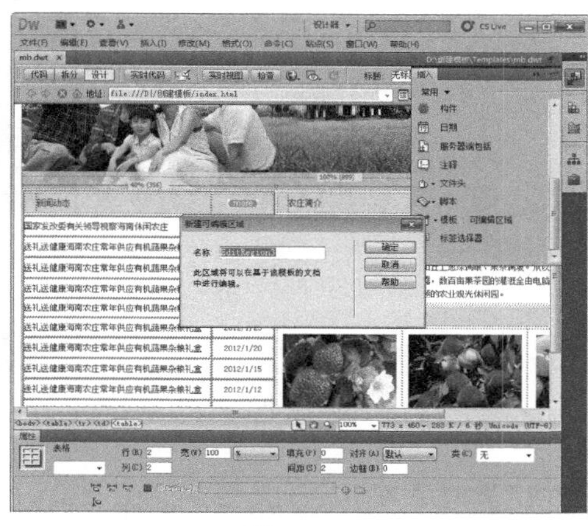

图8-46

（3）新添加的可编辑区域有颜色标签以及名称显示，如图 8-47 所示。

还可以通过执行【插入】>【模板对象】>【可编辑区域】命令，打开【新建可编辑区域】对话框，如图 8-48 所示。

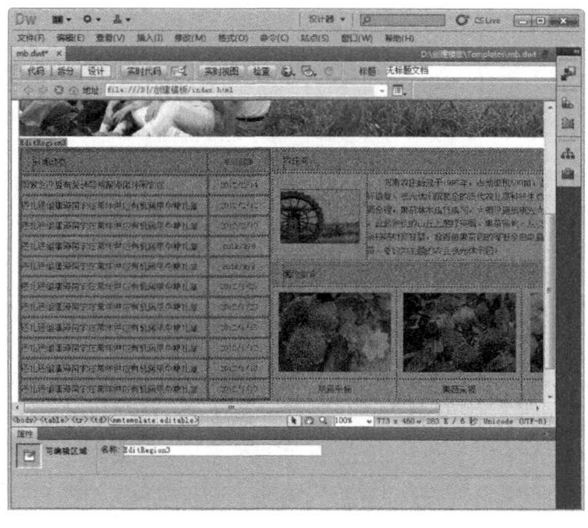

图8-47

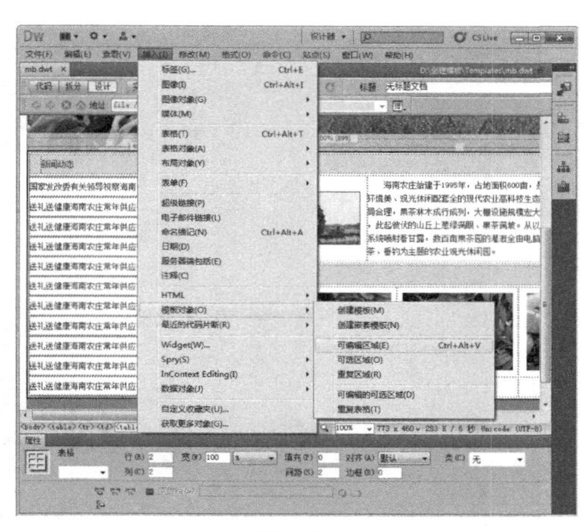

图8-48

在命名可编辑区域时，不能使用某些特殊的字符，如单引号‘’和双引号“”。

8.8.2 选择可编辑区域

在模板中插入可编辑区域后，选择该可编辑区域的方法很简单，只要单击可编辑区域上角的选项卡，或者执行【修改】>【模板】命令，在弹出的子菜单中选择区域的名称即可，如图 8-49 和图 8-50 所示。

选择可编辑区域后，在【属性】面板的【名称】文本框中，可以重新设置可编辑区域的名称。

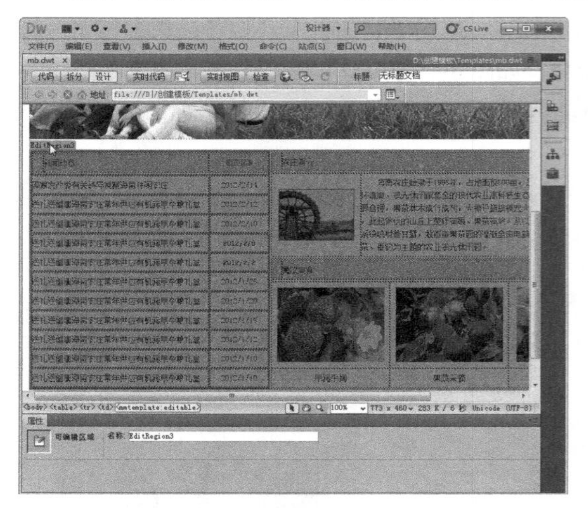

图8-49

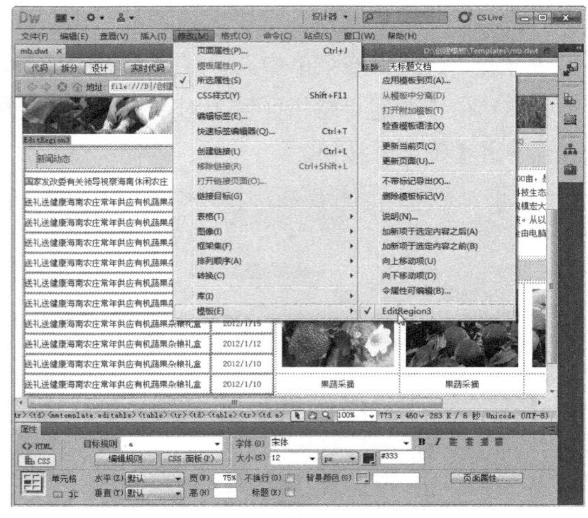

图8-50

8.8.3 删除可编辑区域

插入可编辑区域后，如果用户希望删除该可编辑区域，可以执行以下操作。

（1）将光标定位到要删除的可编辑区域之内，执行【修改】>【模板】>【删除模板标记】命令，如图 8-51 所示。

（2）此时，可编辑区域标签已经被删除，如图 8-52 所示。

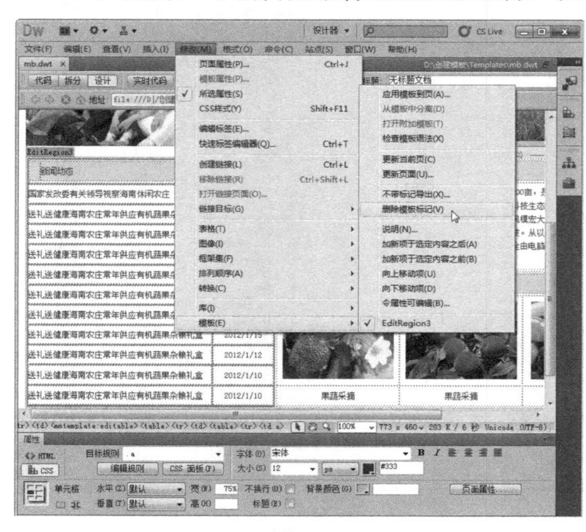

图8-51

图8-52

8.9　管理模板

模板最强大的用途在于一次更新多个页面。用户根据实际需要可以随时更改模板样式和内容。更新模板后，Dreamweaver 会对应用该模板的所有网页同时更新。

8.9.1　更新模板及基于模板的网页

在网站管理中，如果要更改网站的结构或其他设置，只需要修改模板页就可以了，非常方便。具体操作步骤如下。

（1）打开一个应用模板文件创建的网页，如图 8-53 所示。

（2）打开模板网页，修改模板文件，这里将导航栏中“土特产品”改为“在线留言”，如图 8-54 所示。

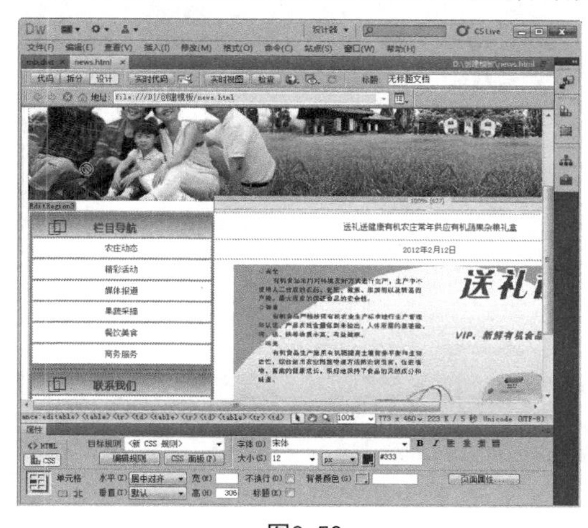

图8-53

图8-54

（3）按【Ctrl+S】组合键保存修改过的模板文件，弹出【更新模板文件】对话框，单击【更新】按钮，如图 8-55 所示。

（4）弹出【更新页面】窗口，基于该模板的网页更新已经完成，单击【关闭】按钮即可，如图 8-56 所示。

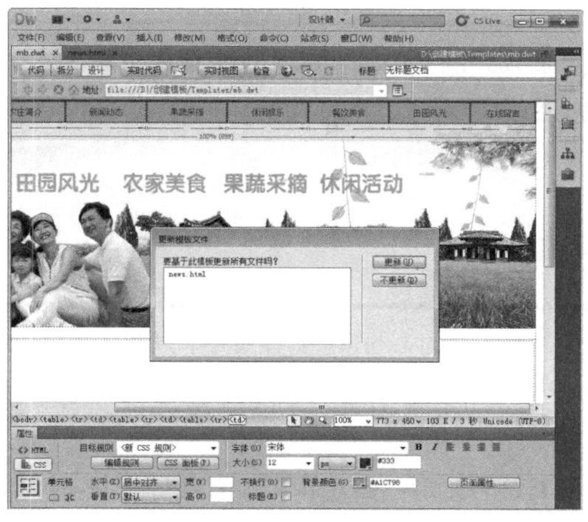

图8-55

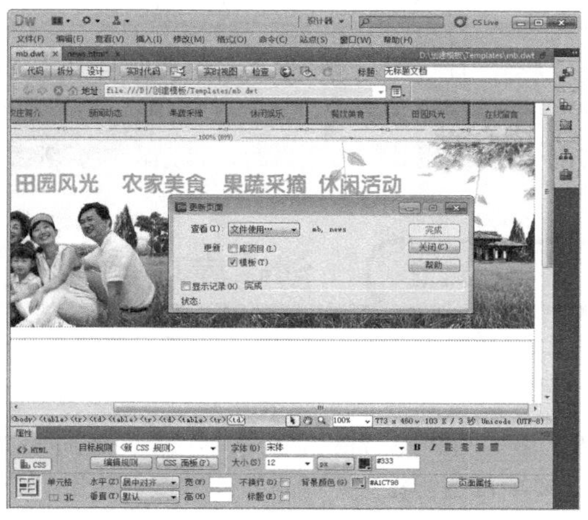

图8-56

8.9.2 页面与模板脱离

利用模板中的分离功能，可以将文档从模板中分离。文档从模板中分离后，文档中的不可编辑区域将可以编辑。文档和模板分离的操作步骤如下。

（1）打开一个应用了模板的网页，然后执行【修改】>【模板】>【从模板中分离】命令，如图8-57所示。

（2）此时，在模板网页中刚才不可编辑的区域现在就可以编辑了，如图8-58所示。

图8-57

图8-58

8.10 使用库

在制作网站的过程中，有时需要将一些网页元素应用在多个页面上，当要修改这些多次使用的页面元素时，如果逐页地修改是很费时费力的。而使用库项目，就可以将这项工作变得简单。

8.10.1 库的概念

库是一种特殊的 Dreamweaver 文件，其中包含可放置到网页中的一组单个资源或资源副本。库中的这些资源称为库项目。可在库中存储的项目包括图像、表格、声音和使用 Adobe Flash 创建的文件。每当编辑某个库项目时，可以自动更新所有使用该项目的页面。

8.10.2 创建库项目

Dreamweaver 将库项目存储在每个站点的本地根文件夹下的 Library 文件夹中，其扩展名为 .lbi。每个站点都有自己的库。可以从文档 body 部分中的任意元素创建库项目，这些元素包括文本、表格、表单、Java applet、插件、ActiveX 元素、导航条和图像等。

库项目是要在整个站点范围内重新使用或者经常更新的元素，创建库文件有两种方法，即新建库文件和将网页内容转化为库文件。

1．新建库文件

新建库文件的方法如下。

（1）执行【窗口】>【资源】命令，打开【资源】面板，单击【库】类别底部的【新建库项目】按钮，如图 8-59 所示。

（2）在项目仍然处于选定状态时，为该项目输入一个名称，如图 8-60 所示。

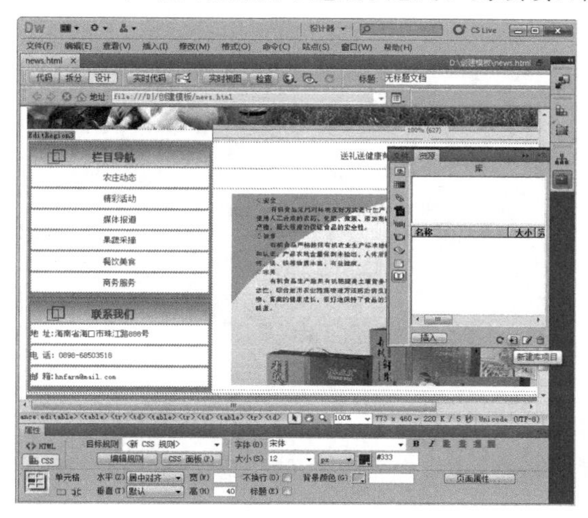

图8-59

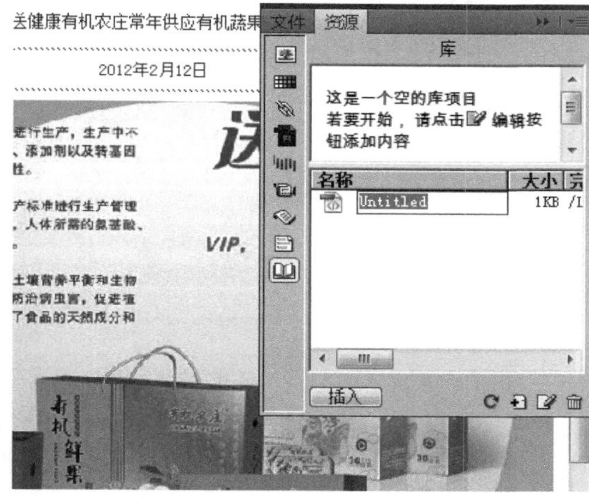

图8-60

2．将网页内容转化为库文件

将网页内容转化为库文件的方法如下。

（1）在网页文档中，选择要保存为库项目的对象，然后执行【修改】>【库】>【增加对象到库】命令，如图 8-61 所示。或者单击【库】类别底部的【新建库项目】按钮。

（2）在【资源】面板的【库】类别中，为新的库项目输入一个名称，如图 8-62 所示。

图8-61

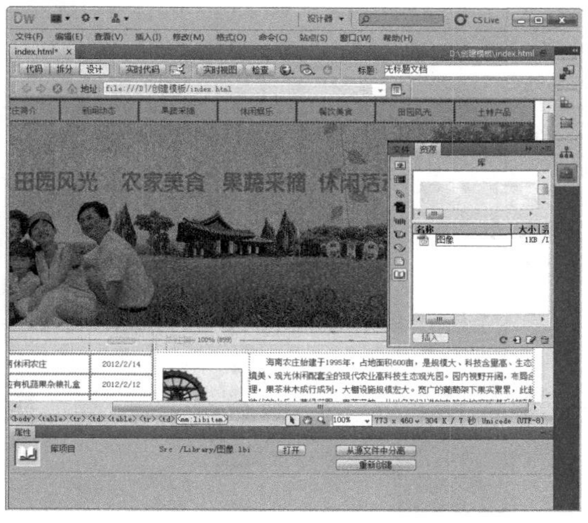

图8-62

打开【文件】面板，在该面板中打开根目录下的 library 文件夹，可以看到新建的库项目文件。

8.10.3 应用库项目

当向页面添加库项目时，实际内容将随该库项目的引用一起插入到文档中。具体操作步骤如下。

（1）将光标定位在文档窗口要插入库项目的位置，如图 8-63 所示。

（2）执行【窗口】>【资源】命令，打开【资源】面板，选择库文件，单击【插入】按钮，即可将库文件插入到网页文档中，如图 8-64 所示。

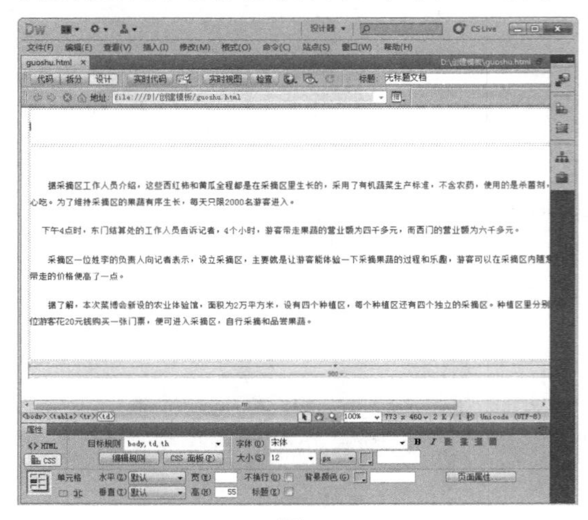

图8-63

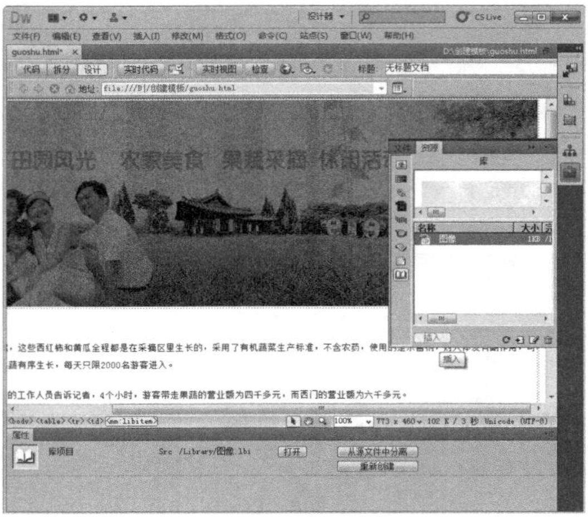

图8-64

8.10.4 库项目的编辑和更新

当编辑库项目时，可以更新使用该项目的所有文档。具体操作方法如下。

（1）在【资源】面板的【库】类别中选择库项目文件，单击面板底部的【编辑】按钮或者双击库项目，如图 8-65 所示。

（2）Dreamweaver 将打开一个与文档窗口类似的新窗口用于编辑该库项目，进行相应的更改，这里使用 AP Div 输入文本内容，如图 8-66 所示。

图8-65

图8-66

（3）按【Ctrl + S】组合键保存库项目，弹出【更新库项目】对话框，单击【更新】按钮，更新本地站点中所有包含编辑过的库项目的文档，如图 8-67 所示。

（4）更新完成后，弹出【更新页面】对话框，显示更新的结果，如图 8-68 所示。

图8-67

图8-68

在编辑库文件后，用户也可以执行【修改】>【库】>【更新当前页】命令或【修改】>【库】>【更新页面】命令来更新使用库文件的页面。

8.10.5　库项目属性

在 Dreamweaver 中，选择库项目文件，其【属性】面板如图 8-69 所示。

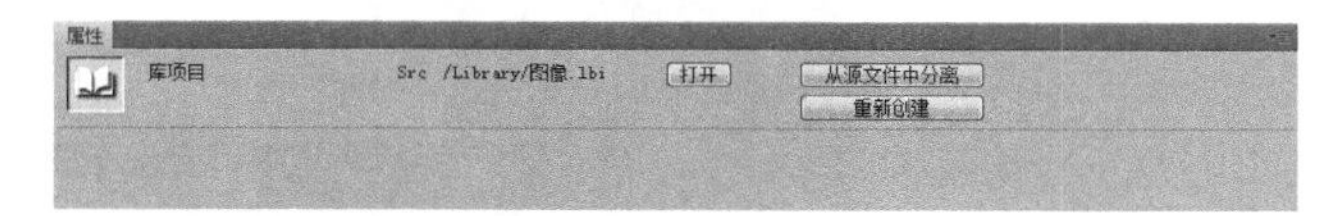

图8-69

其中各选项含义如下。

（1）【源文件】：显示库项目源文件的文件名和位置，用户不能编辑此信息。

（2）【打开】：打开库项目的源文件进行编辑。这等同于在【资源】面板中选择项目并单击【编辑】按钮。

（3）【从源文件中分离】：断开所选库项目与其源文件之间的链接。可以在文档中编辑已分离的项目，但是，该项目已不再是库项目，在更改源文件时不会对其进行更新。

（4）【重新创建】：使用当前选定内容覆盖原始库项目。使用此选项可以在丢失或意外删除原始库项目时重新创建库项目。

如果要插入库项目到文档中，但又不想在文档中创建该项目的实例，可以按住【Ctrl】键将项目脱离【库】。

8.11 综合案例——使用模板创建网页

学习目的

本例通过使用模板创建网页，掌握模板和可编辑区域的创建，了解模板在网页制作过程中所起的作用。

重点难点

- 模板的创建。
- 可编辑区域的创建。
- CSS 样式的应用。

本实例效果如图 8-70 所示。

图8-70

操作步骤详解

Step 01 打开一个网页文档，然后执行【文件】>【另存为模板】命令，如图 8-71 所示。

Step 02 弹出【另存模板】对话框，在【另存为】文本框中输入 muban，如图 8-72 所示，然后单击【保存】按钮。

Step 03 删除 left 和 right 的 Div 及相应的 CSS 规则，并重新设置 #main 的 height 为 400px，如图 8-73 所示。

Step 04 选中名为 main 的 Div，执行【插入】>【模板对象】>【可编辑区域】命令，如图 8-74 所示。

Step 05 弹出【新建可编辑区域】对话框，这里默认设置，如图 8-75 所示，单击【确定】按钮。

Step 06 打开 news.html 文档，执行【窗口】>【资源】命令，切换到【模板】选项，选中模板后单击面板底部的【应用】按钮，如图 8-76 所示。

图8-71

图8-72

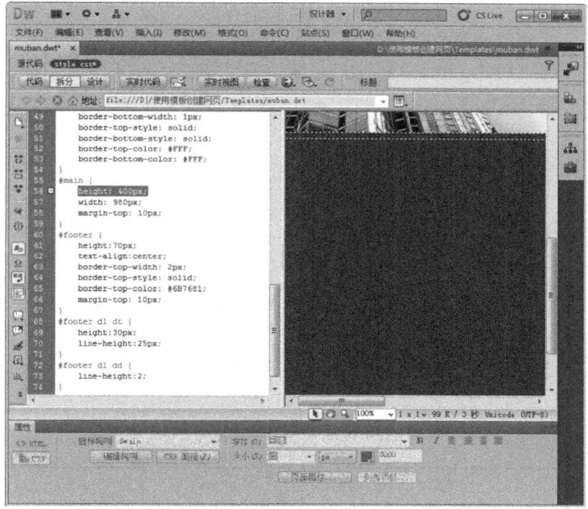

图8-73

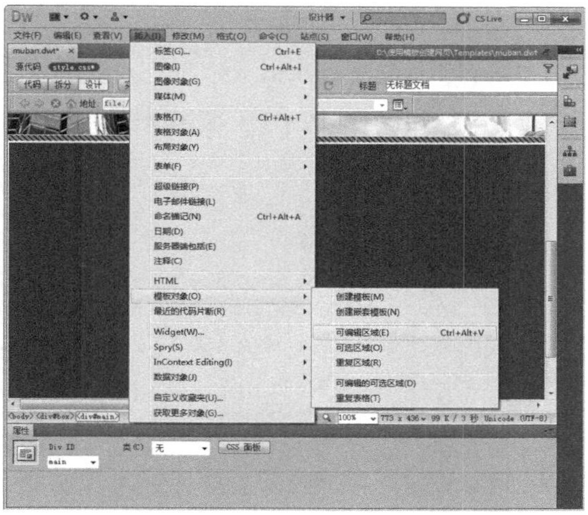

图8-74

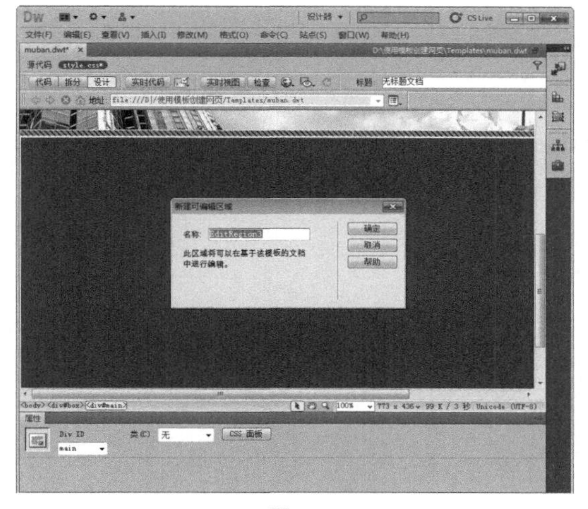

图8-75

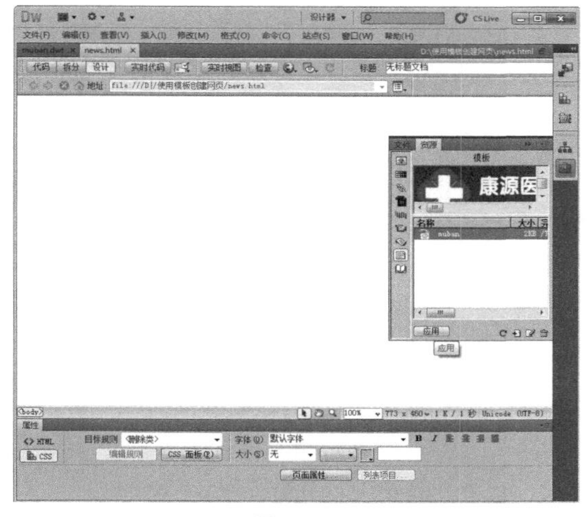

图8-76

Step 07 这时，news.html 文档就使用了模板页，如图 8-77 所示。下面将利用模板制作该网页。

Step 08 将光标定位在 main 的 Div 中，分别插入名为 left 和 right 的 Div 标签，如图 8-78 所示。

图8-77

图8-78

Step 09 切换到 style.css 文件，分别创建名为 #left 和 #right 的 CSS 规则，删除 left 的 Div 中的文本内容，如图 8-79 所示。CSS 规则代码如下。

```
#left {
    float: left;
    height: 320px;
    width: 220px;
    background-color: #6B7681;
    background-image:Url(../images/left.jpg);
    padding-top:60px;
    padding-left:60px;
}
#right {
    float: right;
    height: 380px;
    width: 680px;
    background-color: #FFF;
}
```

Step 10 打开【源代码】视图，在 <div id="left"> 标签内添加列表代码，如图 8-80 所示。列表代码如下。

```
<ul>
        <li>莱卡生物显微镜</li>
        <li>莱卡手术显微镜</li>
        <li>内镜清洗机</li>
        <li>奥林巴斯医疗产品</li>
        <li>牙科产品</li>
        <li>GE心电产品系列</li>
        <li>血液透析产品</li>
        <li>心脑电图仪器</li>
        <li>其他设备</li>
          </ul>
```

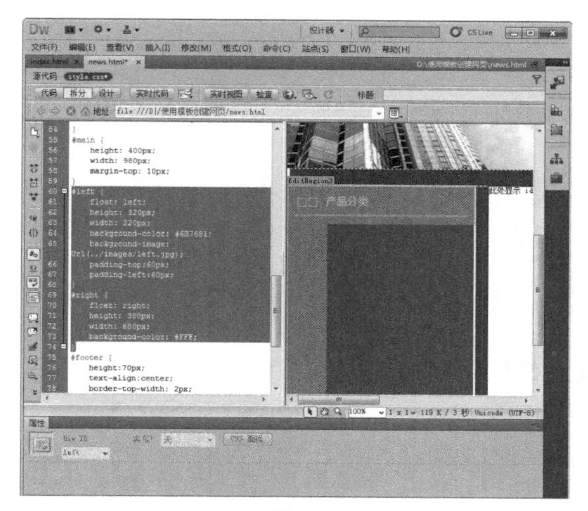

图8-79

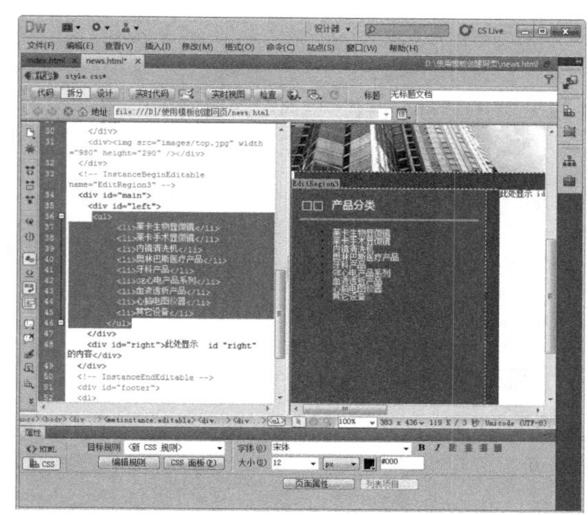

图8-80

Step 11 切换到 style.css 文件，创建名为 #left li 的 CSS 规则，控制列表的显示，如图 8-81 所示。CSS 规则代码如下。

```
#left li{
    height:30px;
    color: #FFF;
    font-size: 14px;
    line-height: 30px;
    font-family: "宋体" ;
    list-style-type: none;
}
```

Step 12 将光标定位在 right 的 Div 中，删除多余的文本，分别插入名为 right-1 和 right-2 的 Div 标签，如图 8-82 所示。

图8-81

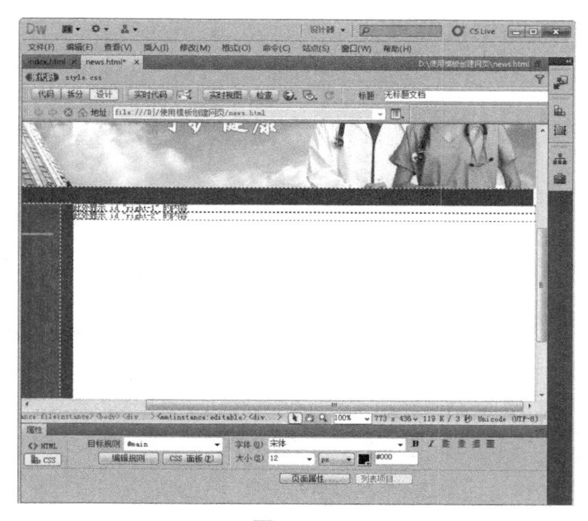

图8-82

Step 13 删除 right-1 标签中的多余文本，输入新的文本内容，并切换到 style.css 文件，创建 #right-1 的 CSS 规则，如图 8-83 所示。CSS 规则代码如下。

```
#right-1 {
    font-family: "宋体" ;
    font-size: 12px;
    color: #FFF;
    background-color: #6C7680;
    padding-top: 8px;
    padding-bottom: 10px;
    padding-left: 8px;
}
```

Step 14 删除 right-2 的 Div 中的文本，打开【源代码】视图，在该标签中添加定义列表代码，如图 8-84 所示。

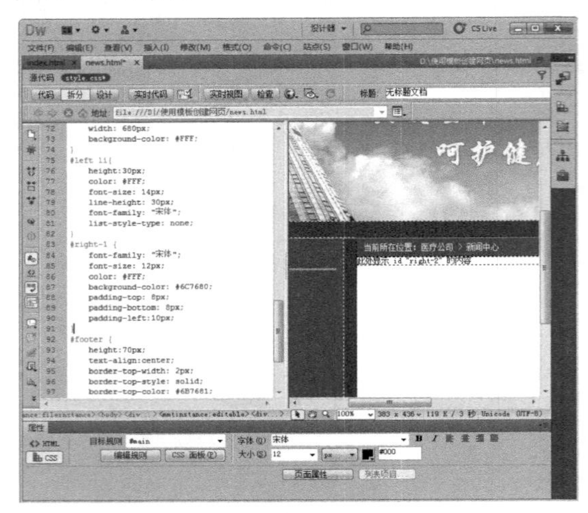

图8-83

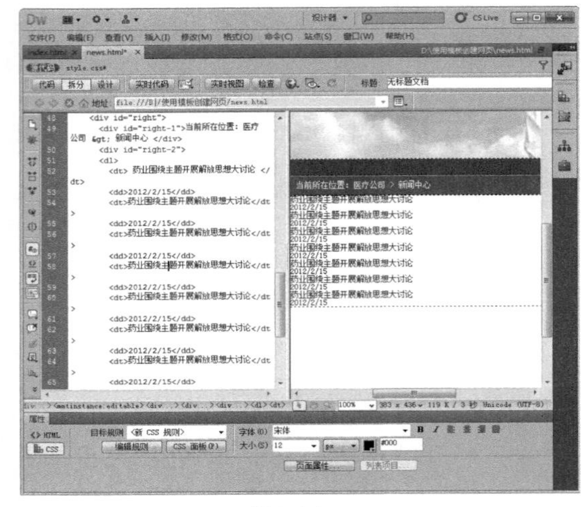

图8-84

Step 15 切换到 style.css 文件，创建 #right-2 dl dt 和 #right-2 dl dd 的 CSS 规则，如图 8-85 所示。CSS 规则代码如下。

```
#right-2  dl dt {
    width:550px;
    height:25px;
    float:left;
    margin-top:15px;
    margin-left:10px;
    border-bottom-width: 1px;
    border-bottom-style: dashed;
    border-bottom-color: #CCC;
}
#right-2  dl dd  {
    width:100px;
    height:25px;
    float:left;
    margin-top:15px;
    text-align:center;
```

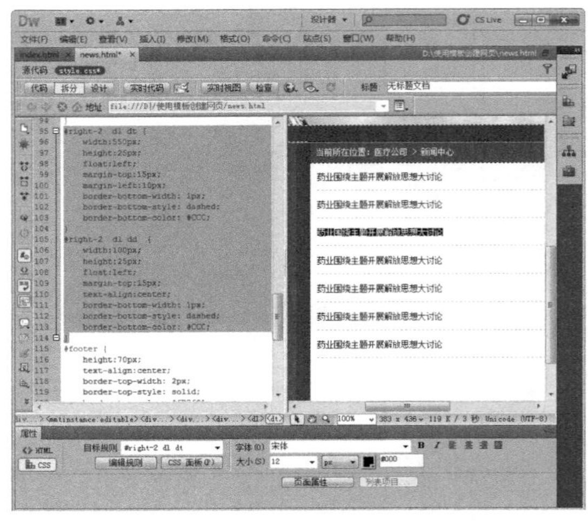

图8-85

```
    border-bottom-width: 1px;
    border-bottom-style: dashed;
    border-bottom-color: #CCC;
}
```

Step 16 在 right-2 的 Div 标签后插入一个名为 page 的 Div，输入文本内容，然后切换到 style.css 文件，创建 #page 的 CSS 规则，如图 8-86 所示。CSS 规则代码如下。

```
#page{
    font-family: "宋体";
    font-size: 12px;
    color: #FFF;
    background-color: #6C7680;
    padding-top: 10px;
    padding-bottom: 10px;
    text-align: right;
    padding-right: 10px;
}
```

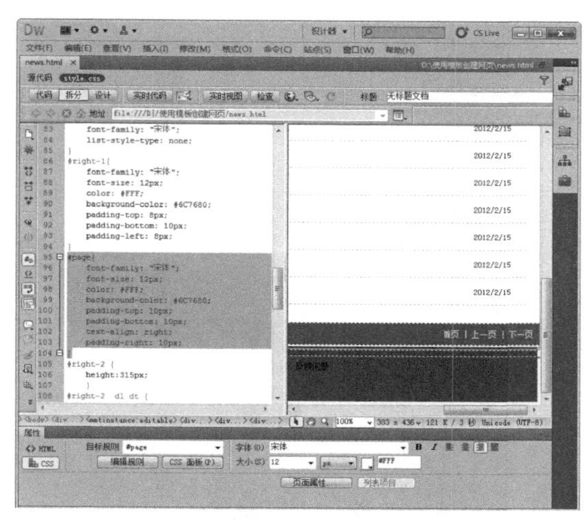

图8-86

Step 17 至此，使用模板创建网页就制作完成了。保存文件，按【F12】键预览网页，如图 8-87 和图 8-88 所示。

图8-87

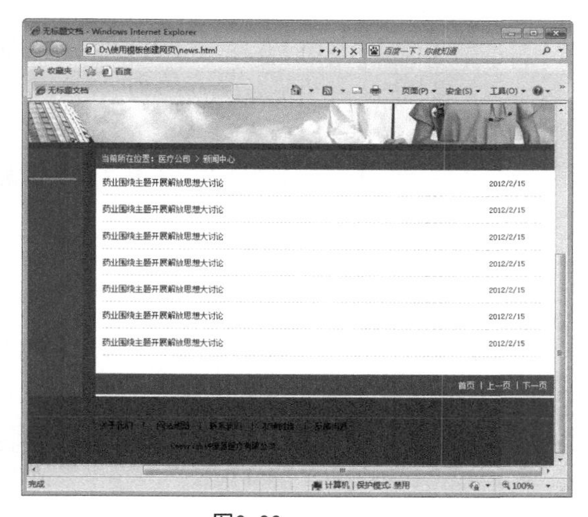

图8-88

8.12 经典商业案例赏析

模板和库在一些公司企业网站应用得非常普通，利用模板和库不仅可以省去重复操作的麻烦，更重要的是，通过修改模板可以批量生成具有统一外观和结构的网页，并可以快速修改网站的风格，从而大大提高了工作效率。如图 8-89 和图 8-90 所示的星艺装饰网，同样使用了模板。

图8-89

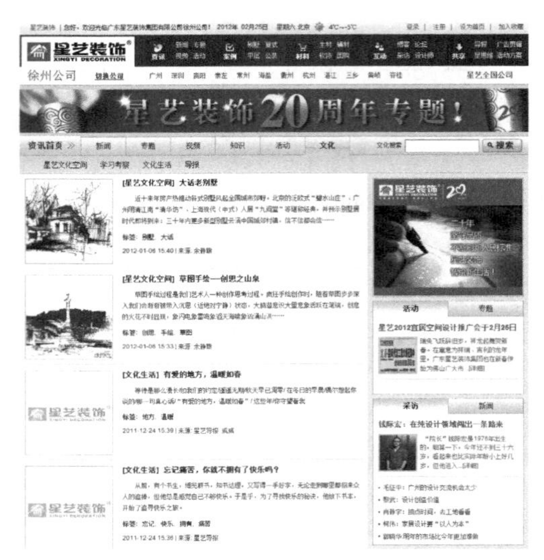

图8-90

8.13 习题

一、填空题

1. 库项目的扩展名是 ________。

2. 模板的原理是由 ________ 和锁定区域两部分组成。

3. 如果想插入一个已分离的库项目，按住 ________ 键，然后将该库项目从【资源】面板拖动到文档中。

4. 在框架的【属性】面板中，【边界宽度】是用来设置 ________ 和 ________ 之间的距离。

二、选择题

1. 默认模板的扩展名是 ________。

A. .dwt　　B. .txt　　C. .lbi　　D. .htm

2. 模板的 ________ 指的是在某个特定条件下该区域可编辑。

A. 重复区域　　B. 可编辑区域　　C. 可选区域　　D. 库

3. 关于库的说法不正确的是 ________。

A. 库可以是 E-mail 地址、一个表格或版权信息等

B. 只有文字、数字可以作为库项目，而图片脚本不可以作为库项目

C. 库实际上是一段 HTML 源代码

D. 库是一种用来存储想要在整个网站上经常被重复使用或更新的页面元素

4. 在将模板应用于文档之后，下列说法正确的是 ________。

A. 模板将不能被修改　　B. 模板的任何区域都可以被修改

C. 文档将不能被修改　　D. 文档的任何区域都可以被修改

三、上机练习

1. 根据素材，练习制作本章的综合实例。

2. 动手利用已有网页，生成模板并利用该模板创建一个新网页。

第9章 为网页添加行为

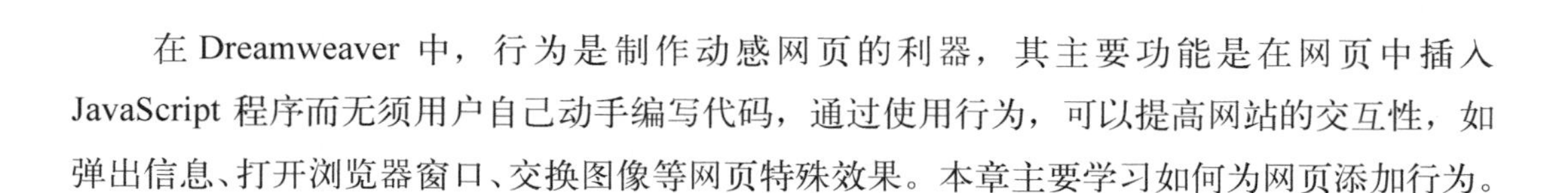

在 Dreamweaver 中，行为是制作动感网页的利器，其主要功能是在网页中插入 JavaScript 程序而无须用户自己动手编写代码，通过使用行为，可以提高网站的交互性，如弹出信息、打开浏览器窗口、交换图像等网页特殊效果。本章主要学习如何为网页添加行为。

本章知识要点

- 行为的概念
- 常见动作与事件
- 各种行为的应用

9.1 行为的概述

行为是用来动态响应用户操作、改变当前页面效果或执行特定任务的一种方法。行为由对象、事件和动作构成。对象是产生行为的主体，大部分网页元素都可以称为对象，比如图片、文本、多媒体等，甚至整个页面也可以称为对象。

9.2 动作和事件

在 Dreamweaver 中，行为是动作和事件的组合。事件是特定的时间或是用户在某时所发出的指令后紧接着发生的，而动作是事件发生后网页所要做出的反应。

9.2.1 关于动作

动作就是一段程序代码的执行所引出的一些效果。一般通过动作来完成动态效果。

Dreamweaver 提供了很多动作，每个动作可以完成特定的任务，如表 9-1 所示。

表9-1 常用动作

动作名称	功能描述
弹出信息	事件触发后，显示警告信息
打开浏览器窗口	在新窗口中打开URL，可以定制新窗口的大小
检查插件	确认是否设有运行网页的插件
检查表单	检测用户填写的表单内容是否符合预先设定的规范
调用JavaScript	事件触发后，调用指定的JavaScript函数
跳转菜单	制作一次可以建立若干个链接的跳转菜单
跳转菜单开始	在跳转菜单中选定要移动的站点后，只有单击“开始”按钮，才可以移动到链接的站点上
转到URL	选定的事件发生时，可以跳转到指定的站点或者网页上
预先载入图像	为了在浏览器中快速显示图片，事先下载图片之后显示出来
交换图像	事件触发后，用其他图片来取代选定的图片
恢复交换图像	事件触发后，恢复设置“交换图像”
设置文本	设置层文本指在选定的层上显示指定的内容 设置框架文本指在选定的框架页上显示指定的内容 设置文本域文字指在文本字段区域显示指定的内容 设置状态条文本指在状态栏中显示指定的内容
改变属性	改变选定客体的属性
拖动AP元素	允许在浏览器中自由拖动AP元素
显示-隐藏元素	显示或者隐藏特定的元素
效果	显示/渐隐：使元素显示或渐隐 高亮颜色：更改元素的背景颜色 遮帘：模拟百叶窗，向上或向下滚动百叶窗来隐藏或显示元素 滑动：上下移动元素 增大/收缩：使元素变大或变小 晃动：模拟从左向右晃动元素 挤压：使元素从页面的左上角消失

9.2.2 关于事件

事件是触发动作的原因，可以被附加到各种页面元素上，也可以被附加到HTML标记中，一个事件总是针对某个页面元素而言的。网页事件分为不同的种类，有的事件与鼠标有关，有的事件与键盘有关，如单击、按下键盘上的某个键。有的事件还跟网页相关，如网页下载完毕、网页切换等。对于同一个对象，不同版本的浏览器支持的事件种类和多少也是不同的。

事件的种类很多，一般情况下包括窗口事件、鼠标事件、键盘事件和表单事件等。下面通过表格列出各类事件的名称和事件功能描述，如表9-2所示。

表9-2　常用事件

事件名称	功能描述
onAbort	页面内容没有完全下载，用户单击浏览器的停止按钮时的事件
onMove	移动窗口或框架窗口时发生的事件
onLoad	页面被打开时的事件
onResize	改变窗口或者框架窗口的大小时的事件
onUnload	退出网页文档时发生的事件
onClick	用鼠标单击选定元素时触发的事件
onBlur	页面元素失去焦点的事件
onDragDrop	拖动并放置选定元素时发生的事件
onDragStart	拖动选定元素时发生的事件
onFocus	页面元素取得焦点的事件
onMouseOver	鼠标位于选定元素上方时发生的事件
onMouseOut	鼠标移开选定元素时发生的事件
onMouseUp	按下鼠标左键再松开时发生的事件
onMouseDown	按下鼠标时发生的事件
onMouseMove	鼠标指针选定元素上方移动时发生的事件
onScroll	当浏览者拖动滚动条时发生的事件
onKeyDown	访问者按下任何键盘按键时发生的事件
onKeyPress	用户按下并放开任何字母数字键时发生的事件
onKeyUp	访问者在放开任何之前按下的键盘键时发生的事件
onAfterUpdate	更新表单文档的内容时发生的事件
onBeforeUpdate	改变表单文档的项目时发生的事件
onChange	访问者修改表单文档的初始值时发生的事件
onReset	将表单文档重新设置为初始值时发生的事件

续表

事件名称	功能描述
onSubmit	访问者传送表单文档时发生的事件
onSelect	访问者选定文本字段中的内容时发生的事件
onError	在加载文档过程中，发生错误时触发的事件
onFilterChange	运用于选定元素的字段发生变化时触发的事件
onfinish Marquee	用功能来显示的内容结束时发生的事件
onstart Marquee	开始应用功能时发生的事件

9.3 行为的应用

Dreamweaver 中提供了多种 JavaScript 行为，每一种行为都可以实现一个动态效果或用户与网页之间的交互。下面就来具体介绍这些行为的应用。

9.3.1 弹出信息

弹出信息显示一个带有指定信息的警告窗口，给用户一些信息提示，而不能为用户提供选择。创建网页弹出信息窗口的操作方法如下。

（1）打开一个网页文档，选择一个图像，执行【窗口】>【行为】命令，打开【行为】面板，单击【行为】面板中的【添加行为】按钮，从弹出的快捷菜单中选择【弹出信息】选项，如图 9-1 所示。

（2）弹出【弹出信息】对话框，在【消息】文本框中输入要显示的内容，如图 9-2 所示，然后单击【确定】按钮。

图9-1

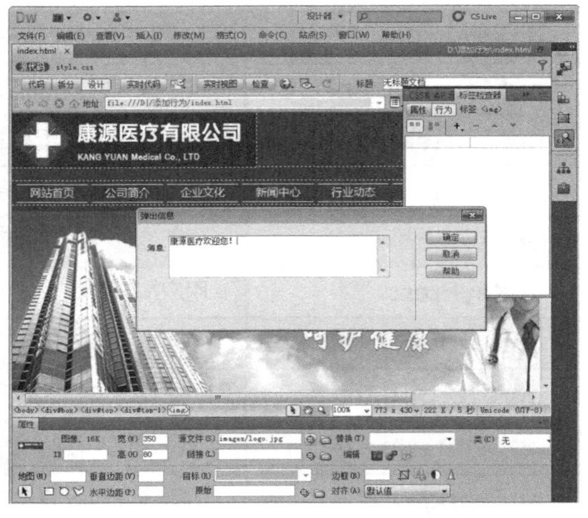

图9-2

（3）这时，在【行为】面板中就可以看到一个事件为 onClick 的行为，如图 9-3 所示。

（4）保存文件，按【F12】快捷键预览网页，单击刚才设置行为的图片就会弹出一个信息对话框，如图 9-4 所示。

图9-3

图9-4

单击显示事件的位置，然后再单击其右侧的下拉箭头，可以更改事件的类型。

9.3.2　为网页添加行为

使用“打开浏览器窗口”动作在打开当前网页的同时，还可以再打开一个新的窗口。同时还可以编辑浏览窗口的大小、名称、状态栏等属性。为网页添加该行为的操作步骤如下。

（1）打开一个网页文档，选择【标签选取器】中的 <body> 标签，然后单击【行为】面板中的【添加行为】按钮 +，从弹出的快捷菜单中选择【打开浏览器窗口】选项，如图 9-5 所示。

（2）弹出【打开浏览器窗口】对话框，在该对话框中单击【浏览】按钮，选择要显示的网页文件，并设置窗口的宽度、高度以及其他属性，如图 9-6 所示，然后单击【确定】按钮。

图9-5

图9-6

（3）这时，在【行为】面板中就可以看到一个事件为onLoad的行为，如图9-7所示。

（4）保存文件，按【F12】快捷键预览网页，如图9-8所示。

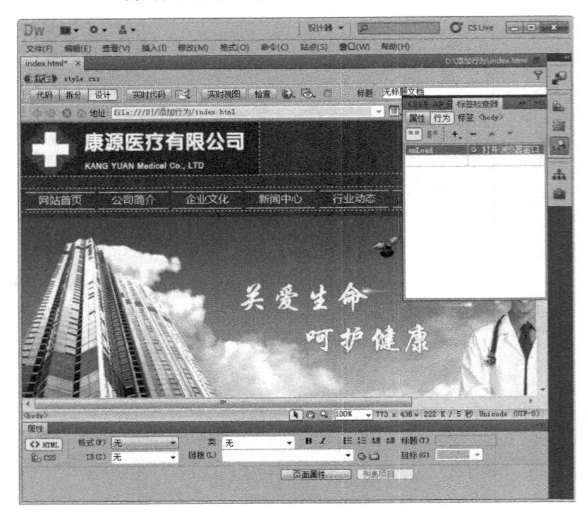

图9-7

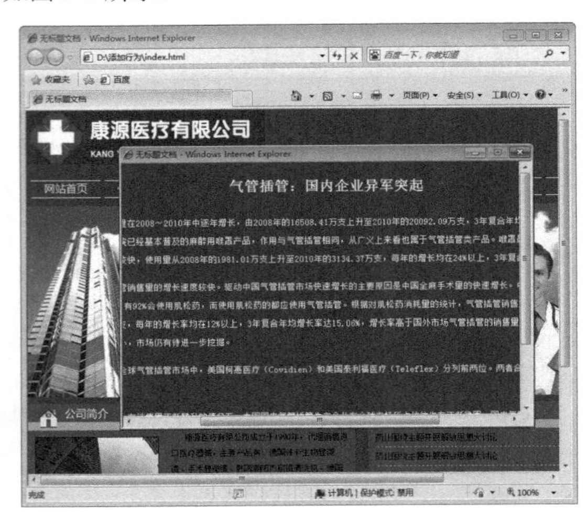

图9-8

技巧

如果不指定该窗口的任何属性，则在打开窗口时的大小和属性与打开它的窗口相同。指定窗口的任何属性都将自动关闭所有其他未明确的属性。例如，如果用户不为窗口设置任何属性，它将以1024像素×768像素的大小打开，并具有导航条、地址工具栏、状态栏和菜单栏。如果用户将宽度明确设置为600、将高度设置为200，但不设置其他属性，则该窗口将以600×200像素的大小打开，并且不具有工具栏。

9.3.3 检查插件

“检查插件”动作用来检查访问者的计算机中是否安装了特定的插件，从而打开不同的页面，具体操作步骤如下。

（1）执行【窗口】>【行为】命令，打开【行为】面板，单击该面板中的【添加行为】按钮 +。

（2）在弹出的快捷菜单中选择【检查插件】选项，将打开【检查插件】对话框，如图9-9所示。

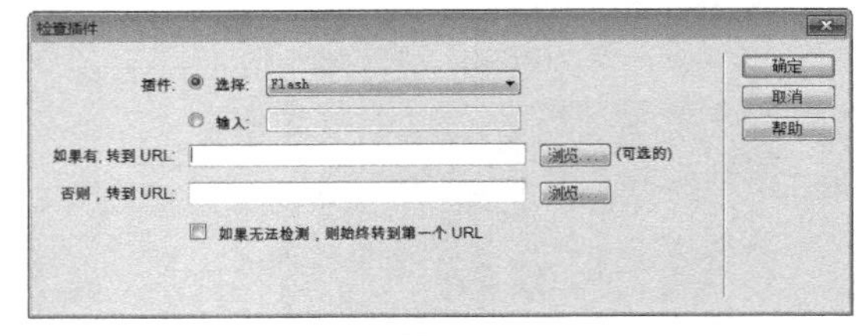

图9-9

在【检查插件】对话框中可以设置以下参数。

◆【插件】：在【选择】下拉列表中选择一个插件，或选中【输入】单选按钮，在右边的文本框中输入插件的名称。

◆【如果有，转到URL】：为安装了该插件的访问者指定一个URL。如果指定的是远程URL，则地址中必须包括http://前缀。

◆【否则，转到 URL】：为没有安装该插件的访问者指定一个替代 URL 。如果保留该域为空，访问者将留在同一页面上。

9.3.4　显示－隐藏元素

“显示－隐藏元素”行为可显示、隐藏或恢复一个或多个页面元素的默认可见性。该行为用于在用户与网页进行交互时显示信息。显示－隐藏元素的操作步骤如下。

（1）打开一个网页文档，执行【插入】>【布局对象】>【AP Div】命令，插入 AP 元素，并在【属性】面板中设置其属性，然后输入文本内容，如图 9-10 所示。

（2）选中“莱卡生物显微镜”文本，单击【行为】面板中的【添加行为】按钮，在弹出的菜单中选择【显示－隐藏元素】命令，如图 9-11 所示。

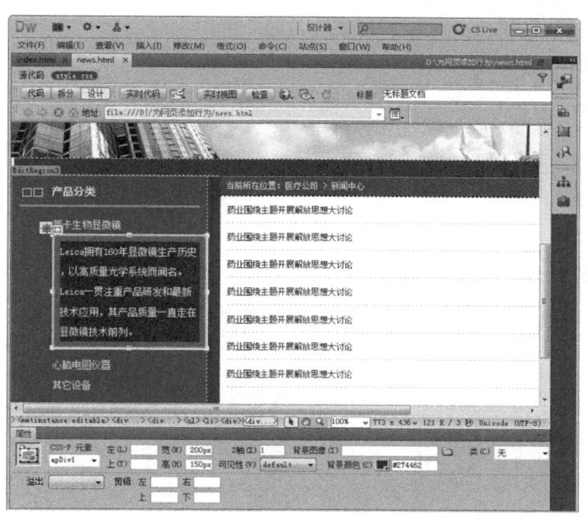

图9-10

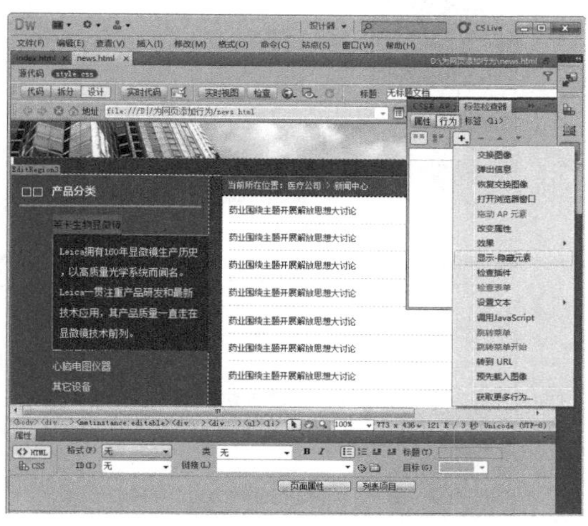

图9-11

（3）弹出【显示－隐藏元素】对话框，在【元素】下拉列表框中选择要隐藏的元素对象 div“apDiv1”，这里单击【显示】按钮，然后单击【确定】按钮，如图 9-12 所示。

（4）在【行为】面板中将事件更改为 onMouseOver ，如图 9-13 所示。

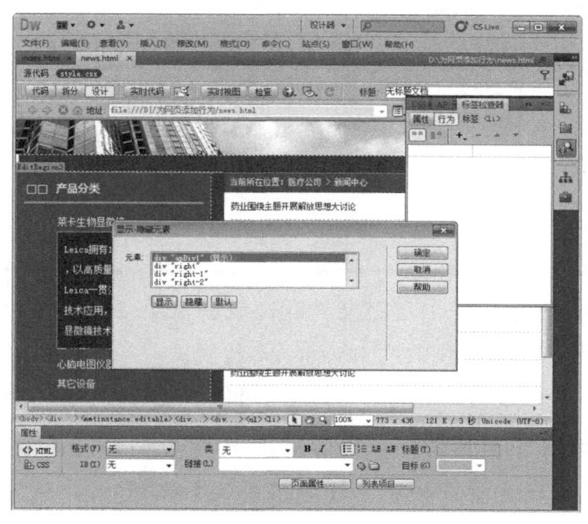

图9-12

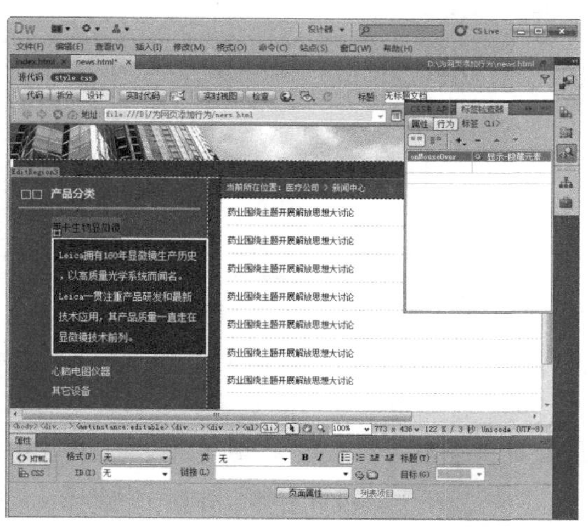

图9-13

（5）使用同样的方法，在【行为】面板中添加【显示 - 隐藏元素】行为，在【显示 - 隐藏元素】对话框中设置隐藏元素 div “apDiv1”，并将事件改为 onMouseOut，如图 9-14 所示。

（6）执行【窗口】>【AP 元素】命令，打开【AP 元素】面板，单击该面板中的眼睛图标将 AP 元素隐藏，如图 9-15 所示。

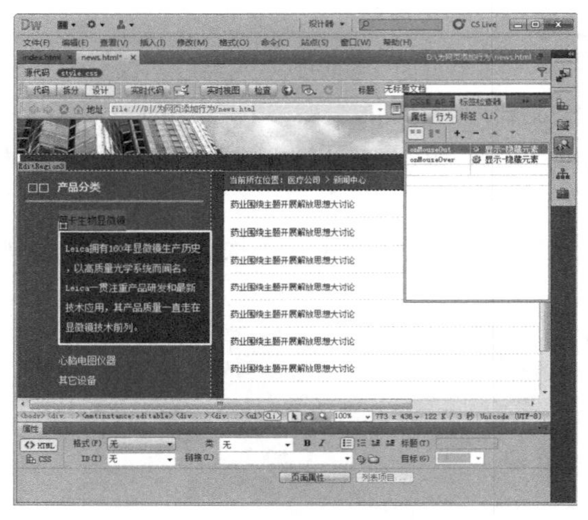

图9-14

图9-15

（7）保存文件，按【F12】快捷键预览网页，效果如图 9-16 和图 9-17 所示。

图9-16

图9-17

9.3.5 调用 JavaScript

“调用 JavaScript” 动作允许用户使用【行为】面板指定一个自定义功能，或者发生某个事件应执行的一段 JavaScript 代码。可以自己编写或者使用各种免费获取的 JavaScript 代码。

下面将以弹出警告消息为例进行介绍。当某个鼠标事件发生的时候，可以指定调用某一个 JavaScript 函数，调用 JavaScript 函数实现弹出警告信息的具体操作过程如下。

（1）打开一个网页文档，选择一幅图像，单击【行为】面板中的【添加行为】按钮 +，从弹出的快捷菜单中选择【调用 JavaScript 】命令选项，如图 9-18 所示。

（2）在弹出的【调用 JavaScript 】对话框中，输入要执行的 JavaScript 函数或者要调用的函数名称，如图 9-19 所示，然后单击【确定】按钮。

图9-18

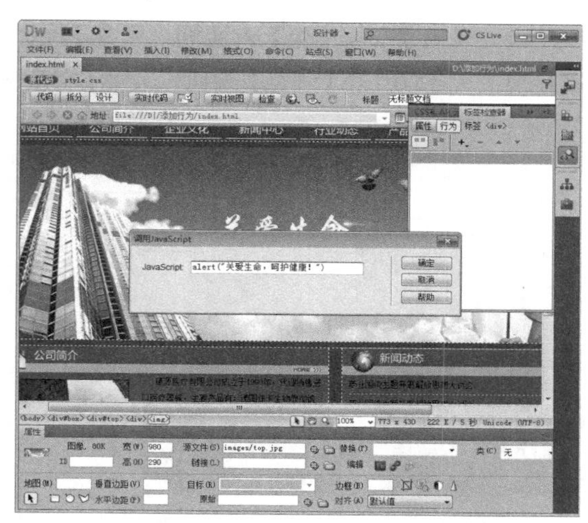

图9-19

（3）此时，在【行为】面板中就可以看到一个事件为 onClick 的行为，如图 9-20 所示。

（4）保存文件，按【F12】快捷键预览网页。当单击设置的图像时，就会弹出警告窗口，如图 9-21 所示。

图9-20

图9-21

JavaScript可以用来丰富页面的动态效果，它已经成为网页设计者必须掌握的一门脚本语言。有兴趣的朋友可以借阅相关书籍。

9.3.6　交换图像

交换图像就是当鼠标经过图像时，原图像会变成另一幅图像，当鼠标离开后，图片又变换成原来的图像，其具体操作步骤如下。

（1）打开一个网页文档，选择文档中的一幅图片，在【行为】面板中单击【添加行为】按钮 +，从弹出的菜单中单击【交换图像】命令，如图 9-22 所示。

（2）弹出【交换图像】对话框，单击【设定原始档为】文本框后的【浏览】按钮，选择另一幅素材图像，然后单击【确定】按钮，返回【交换图像】对话框，如图 9-23 所示，单击【确定】按钮。

图9-22

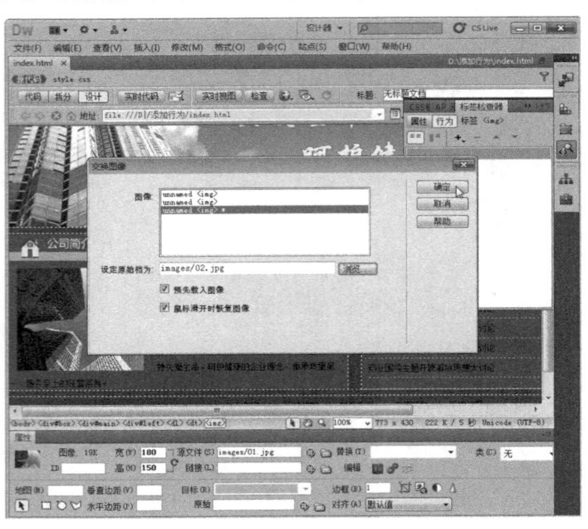

图9-23

（3）此时，在【行为】面板中看到添加的两个事件行为，如图 9-24 所示。

（4）保存文件，按【F12】快捷键预览网页。将鼠标移至图像上时，变成另一幅图像，移出图像时，则恢复原图像，如图 9-25 所示。

图9-24

图9-25

在【交换图像】对话框中可以设置以下参数。

◆【预先载入图像】：勾选该复选框，这样在载入网页时，新图像将载入到浏览器的缓冲中，防止当该图像出现时由于下载而导致的延迟。

◆【鼠标滑开时恢复图像】：勾选该复选框，可以将最后一组交换的图像恢复为它们以前的源文件。每次将“交换图像”行为附加到某个对象时都会自动添加“恢复交换图像”行为。如果在附加“交换图像”时选择了该选项，则不需要手动选择“恢复交换图像”行为。

9.3.7　转到 URL

“转到 URL”行为可在当前窗口或指定的框架中打开一个新页。此行为适用于通过一次单击更改两个或多个框架的内容。添加“转到 URL ”行为的具体操作步骤如下。

（1）打开网页文档，选择文档中的一幅图片，在【行为】面板中单击【添加行为】按钮，从弹出的菜单中单击【转到 URL】命令，如图 9-26 所示。

（2）打开【转到 URL】对话框，在【URL】文本框中输入链接地址，如图 9-27 所示，然后单击【确定】按钮。

图9-26

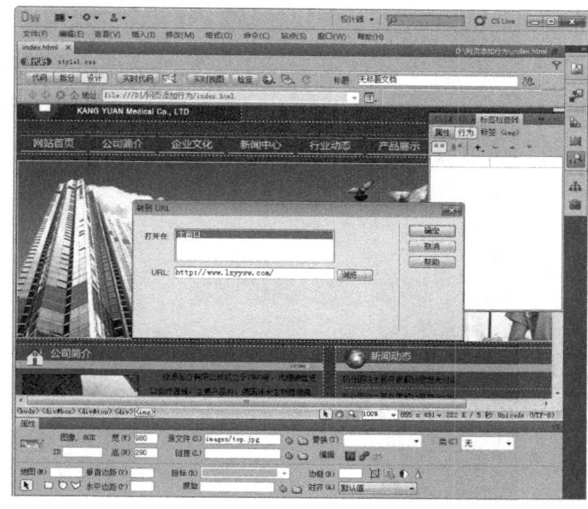

图9-27

（3）此时，在【行为】面板中添加了一个事件为 Click 的行为，如图 9-28 所示。

（4）保存文件，按【F12】快捷键预览网页，如图 9-29 所示。

图9-28

图9-29

在【转到 URL】对话框中可以设置以下参数。

◆【打开在】：选择要打开的网页。

◆【URL】：在文本框中输入网页的路径或者单击【浏览】按钮，在弹出的【选择文件】对话框中选择要打开的网页。

9.3.8 设置文本

使用【行为】面板设置文本包括设置容器的文本、设置文本域文字、设置框架文本和设置状态栏文本。下面将分别进行介绍。

1．设置容器的文本

“设置容器的文本”行为将页面上的现有容器（可以包含文本或其他元素的任何元素）的内容和格式替换为指定的内容。该内容可以包括任何有效的 HTML 源代码。具体操作步骤如下。

（1）打开网页文档，选择文档中的 AP Div，在【行为】面板中单击【添加行为】按钮 +，从弹出的菜单中选择【设置文本】>【设置容器中的文本】命令，如图 9-30 所示。

（2）弹出【设置容器的文本】对话框，在【容器】下拉列表中选择【div “apDiv1”】，在【新建 HTML】文本框中输入文本内容，如图 9-31 所示，然后单击【确定】按钮。

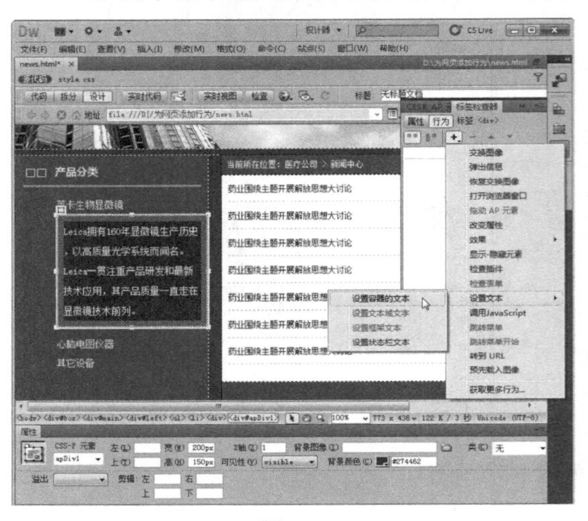

图9-30

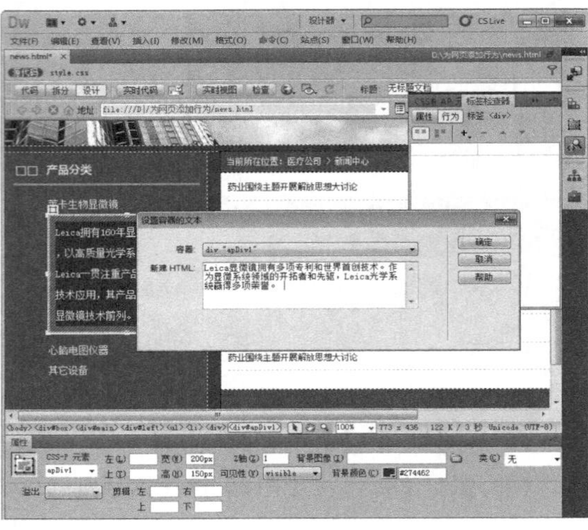

图9-31

（3）在【行为】面板中，可以看到事件为 onFocus 的行为，如图 9-32 所示。

（4）保存文件，按【F12】快捷键预览网页，如图 9-33 所示。

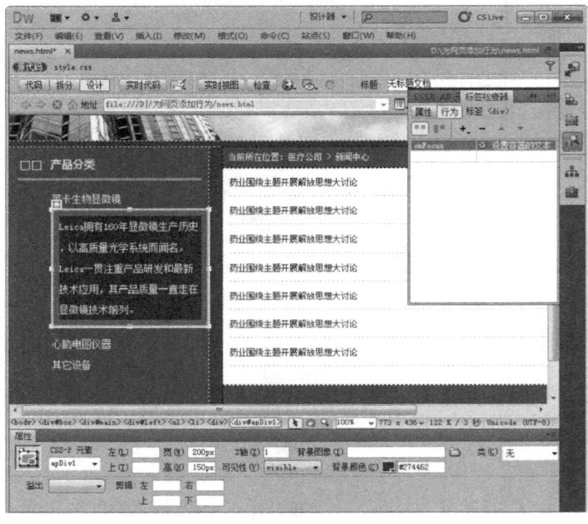

图9-32

图9-33

2．设置文本域文字

“设置文本域文字”行为可用指定的内容替换表单文本域的内容。其具体操作步骤如下。

（1）打开网页文档，选择一个文本域，在【行为】面板中单击【添加行为】按钮+，从弹出的菜单中选择【设置文本】>【设置文本域文字】命令，如图9-34所示。

（2）弹出【设置文本域文字】对话框，从【文本域】菜单中选择目标文本，然后在【新建文本】文本框中输入新文本，如图9-35所示，单击【确定】按钮。在【行为】面板中就会添加行为事件。

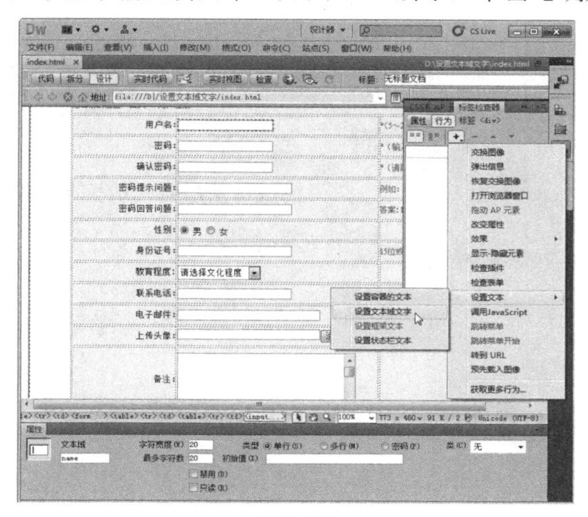

图9-34

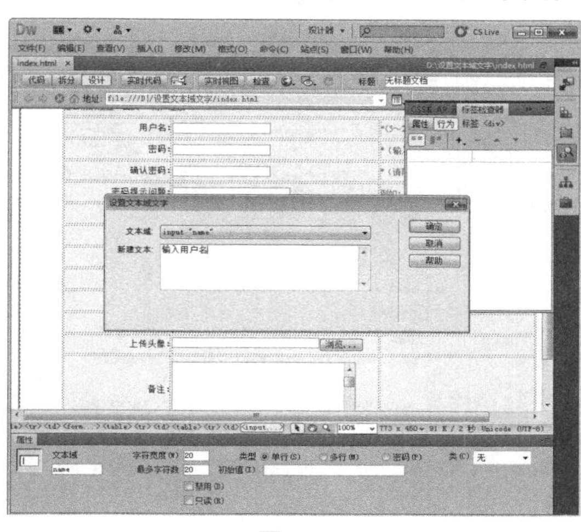

图9-35

3．设置框架文本

“设置框架文本”行为允许用户动态设置框架的文本，可用指定的内容替换框架的内容和格式设置。该内容可以包含任何有效的HTML代码。使用此行为可动态显示信息，设置框架文本的操作步骤如下。

（1）选中文档中的文本内容，打开【行为】面板，单击面板中的【添加行为】按钮+，从弹出的菜单中选择【设置文本】>【设置框架文本】命令，如图9-36所示。

（2）弹出【设置框架文本】对话框，从【框架】菜单中选择目标框架，在【新建HTML】框中输入文本，如图9-37所示，单击【确定】按钮。

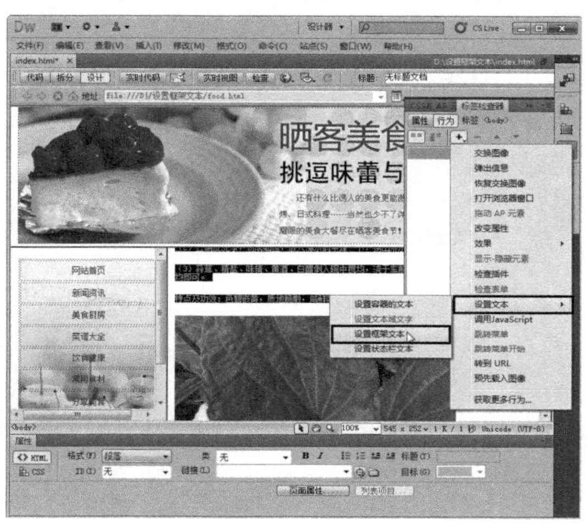

图9-36

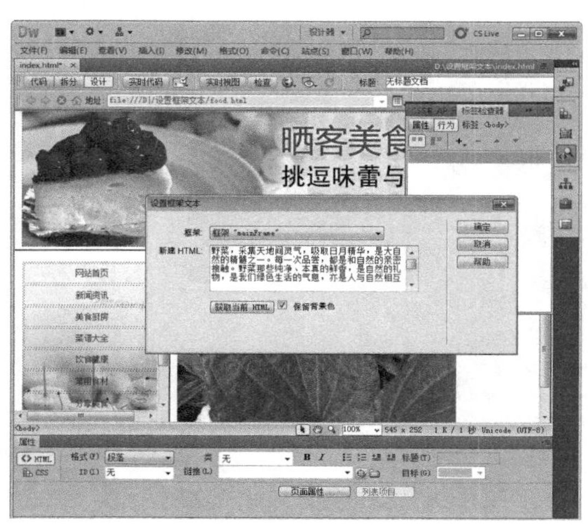

图9-37

（3）在【行为】面板中，可以看到事件为 onMouseOver 的行为，如图 9-38 所示。

（4）保存文件，预览网页。将鼠标移至主框架中的文本上，内容被新文本内容替换，如图 9-39 所示。

虽然“设置框架文本”行为会替换框架的格式设置，但用户可以选择【保留背景色】选项来保留页面背景和文本的颜色属性。

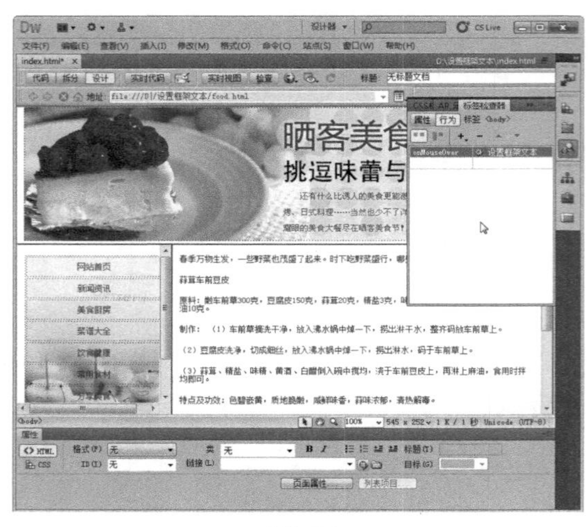

图9-38

图9-39

4．设置状态栏文本

“设置状态栏文本”行为可在浏览器窗口左下角处的状态栏中显示消息。例如，用户可以使用此行为在状态栏中说明链接的目标，而不是显示与之关联的 URL，设置状态栏文本的操作步骤如下。

（1）打开网页文档，选中 <body> 标签，打开【行为】面板，单击面板中的【添加行为】按钮 +，从弹出的菜单中选择【设置文本】>【设置状态栏文本】命令，如图 9-40 所示。

（2）弹出【设置状态栏文本】对话框，在【消息】文本框中输入在状态栏中显示的内容，如图 9-41 所示，然后单击【确定】按钮。

图9-40

图9-41

（3）这时，用户可以看到在【行为】面板中添加了一个事件为 onMouseOver 的行为，将事件行为改为 onLoad，如图 9-42 所示。

（4）保存文件，按【F12】快捷键预览网页，可以在状态栏中看到刚才设置的文本，如图 9-43 所示。

图9-42

图9-43

9.3.9 改变属性

使用“改变属性”行为可更改对象某个属性的值，其具体操作步骤如下。

（1）打开一个网页文档，选择一个要添加行为的对象，在【行为】面板中单击【添加行为】按钮 +，从弹出的快捷菜单中单击【改变属性】命令，如图 9-44 所示。

（2）弹出【改变属性】对话框，根据需要对各选项进行设置，如图 9-45 所示，设置完成后单击【确定】按钮。

图9-44

图9-45

（3）在【行为】面板中将看到事件为 onMouseOver 的行为，如图 9-46 所示。

（4）保存文件，按【F12】快捷键预览网页，当鼠标移至设置的对象上时，其背景颜色属性发生了变化，如图 9-47 所示。

图9-46

图9-47

9.3.10 预先载入图像

使用“预先载入图像”行为，可以将不会立即出现在页面上的图像（如将通过行为或JavaScript换入的图像）载入浏览器缓存中，这样可以防止当图像应该出现时，由于下载而导致延迟。具体操作步骤如下。

（1）打开网页文档，选择要添加行为的对象，在【行为】面板中单击【添加行为】按钮，从弹出的快捷菜单中单击【预先载入图像】命令，如图9-48所示。

（2）弹出【预先载入图像】对话框，单击【浏览】按钮，打开【选择图像源文件】对话框，选择要载入的图像文件，或在【图像源文件】文本框输入图像的路径和文件名，设置完成后单击【确定】按钮，如图9-49所示。

图9-48

图9-49

（3）在【行为】面板中将事件行为改为onLoad。

在【预先载入图像】对话框中，单击【添加项】按钮，可以将图像添加到【预先载入图像】列表框中。若选中某个图像，单击【删除项】按钮，可以将该图像从【预先载入图像】列表框中删除。

设置【预先载入图像】对话框时，如果在输入下一个图像之前没有单击[+]按钮，则列表中已选择的图像将被所选择的下一个图像所替换。

9.3.11 检查表单

“检查表单”动作检查指定文本域的内容以确保用户输入了正确的数据类型。使用 onBlur 事件将此动作分别附加到各文本域，在用户填写表单时对域进行检查；或使用 onSubmit 事件将其附加到表单，在用户单击“提交”按钮时同时对多个文本域进行检查。将此动作附加到表单，防止表单提交到服务器后任何指定的文本域包含无效的数据。

使用“检查表单”行为的具体操作步骤如下。

（1）若要在填写表单时分别检查各个域，可以选择一个文本域，选择行为菜单命令；若要在提交表单时检查多个域，可以在文档窗口左下角的标签选择器中单击 <form> 标签，如图 9-50 所示。

（2）弹出【检查表单】对话框，根据需要对各选项进行设置，如图 9-51 所示，设置完成后单击【确定】按钮。

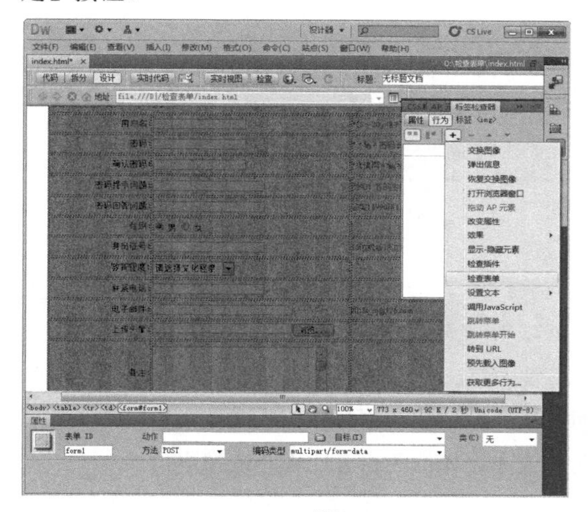

图9-50

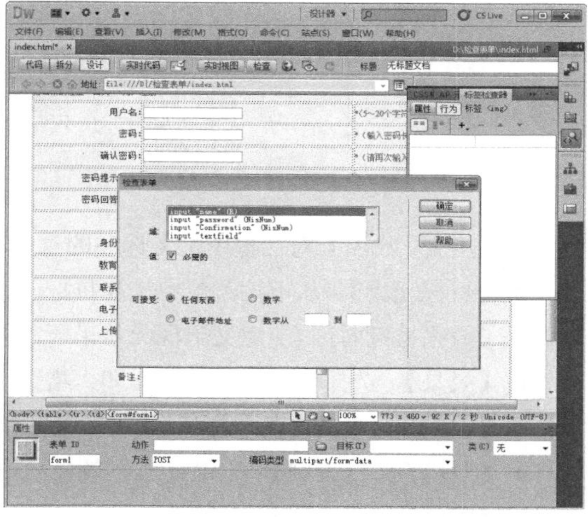

图9-51

（3）在【行为】面板中即可看到事件为 onSubmit 的行为，如图 9-52 所示。

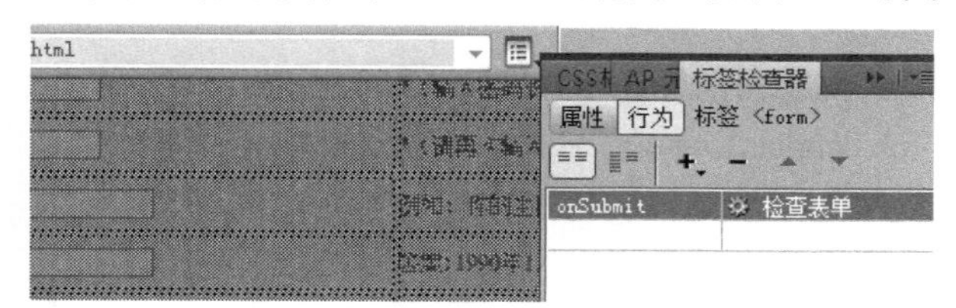

图9-52

在【检查表单】对话框中可以设置以下参数。

- 【域】：选择要检查的对象域。
- 【值】：如果该域必须包含某种数据，则选择“必需”选项。

◆【可接受】：使用【任何东西】检查必需域中包含数据，数据类型不限。使用【电子邮件地址】检查域中包含一个 @ 符号；使用【数字】检查域中只包含数字；使用【数字从】检查域中包含特定范围的数字。

9.3.12 效果

执行【窗口】>【行为】命令，打开【行为】面板，在该面板中单击【添加行为】按钮+，从弹出的快捷菜单中可以看到各种效果，下面将分别进行介绍。

1. 增大 / 收缩

增大 / 收缩可使元素变大或变小。此效果可用于下列 HTML 元素：address、dd、div、dl、dt、form、p、ol、ul、applet、center、dir、menu 和 pre。增大 / 收缩对话框如图 9-53 所示。

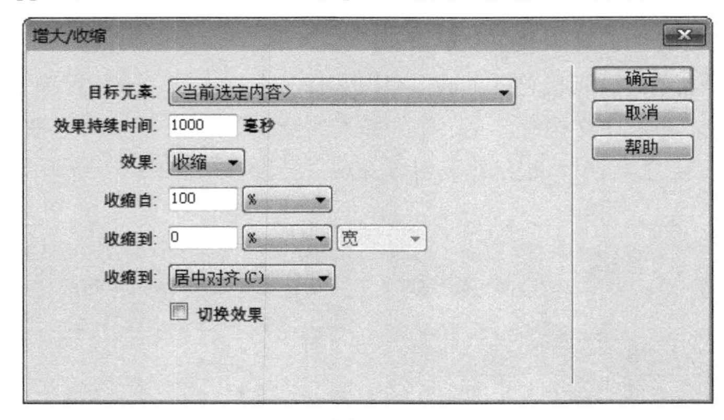

图9-53

在【增大 / 收缩】对话框中，各选项的含义如下。

◆【目标元素】：从下拉菜单中选择目标元素。

◆【效果持续时间】：定义出现此效果所需的时间，用毫秒表示。

◆【效果】：选择要应用的效果，即“增大”或“收缩”。

◆【收缩自 / 增大自】：定义元素在效果开始时的大小。该值为百分比大小或像素值。

◆【收缩到 / 增大到】：定义元素在效果结束时的大小。该值为百分比大小或像素值。

◆【收缩到 / 增大到】下拉列表：设置元素是增大或收缩到页面的左上角还是页面的中心。

◆【切换效果】：设置效果是否可逆，即连续单击即可增大或收缩。

2. 挤压

挤压可使元素从页面的左上角消失。此效果仅可用于下列 HTML 元素：address、dd、div、dl、dt、form、img、p、ol、ul、applet、center、dir、menu 和 pre 。【挤压】对话框，如图 9-54 所示。

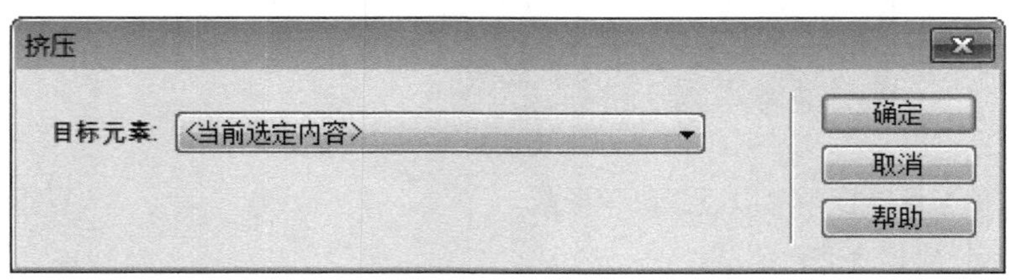

图9-54

3. 显示 / 渐隐

显示 / 渐隐可使元素显示或渐隐。此效果可用于除下列元素之外的所有 HTML 元素：applet、body、iframe、object、tr、tbody 和 th 。【显示 / 渐隐】对话框，如图 9-55 所示。

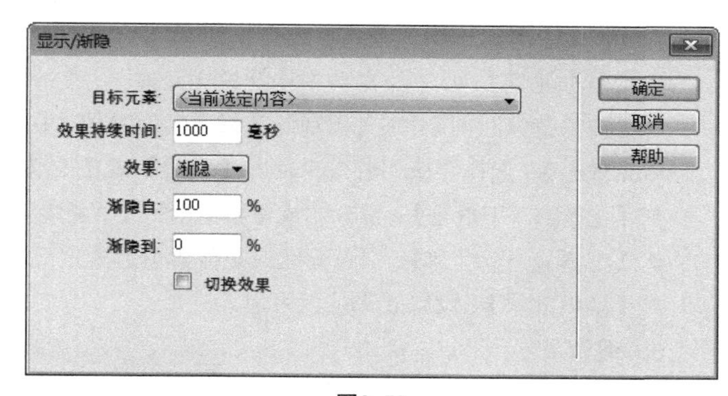

图9-55

在【显示 / 隐藏】对话框中，各选项的含义如下。

◆【目标元素】：从下拉菜单中选择目标元素。

◆【效果持续时间】：定义出现此效果所需的时间，用毫秒表示。

◆【效果】：选择要应用的效果，即【显示】或【渐隐】。

◆【显示自 / 渐隐自】：定义显示此效果所需的不透明度百分比。

◆【显示到 / 渐隐到】：定义要显示或渐隐到的不透明度百分比。

◆【切换效果】：设置效果是否可逆。

4. 晃动

晃动模拟从左向右晃动元素。此效果适用于下列 HTML 元素：address、blockquote、dd、div、dl、dt、fieldset、form、h1、h2、h3、h4、h5、h6、iframe、img、object、p、ol、ul、li、applet、dir、hr、menu、pre 和 table 。【晃动】对话框，如图 9-56 所示。

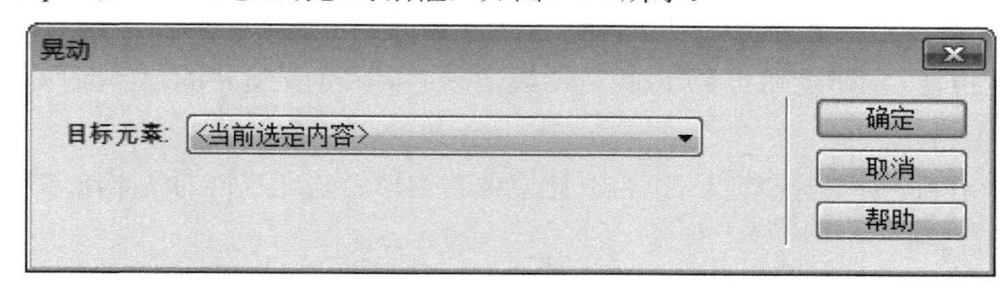

图9-56

5. 滑动

滑动可上下移动元素。要使滑动效果正常工作，必须将目标元素封装在具有唯一 ID 的容器标签中。用于封装目标元素的容器标签必须是 blockquote、dd、form、div 或 center 标签。目标元素标签必须是以下标签之一：blockquote、dd、div、form、center、table、span、input、textarea、select 或 image。【滑动】对话框如图 9-57 所示。

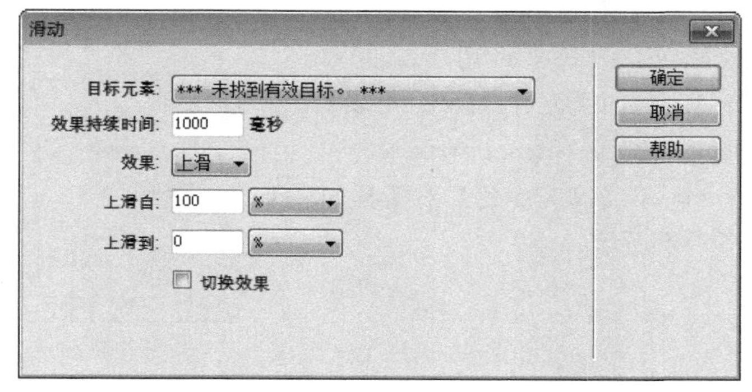

图9-57

在【滑动】对话框中，各选项的含义如下。

◆【目标元素】：从下拉菜单中选择目标元素。

◆【效果持续时间】：定义出现此效果所需的时间，用毫秒表示。

◆【效果】：选择要应用的效果，即【上滑】或【下滑】。

◆【上滑自 / 下滑自】：百分比或像素值形式定义起始滑动点。

◆【上滑到 / 下滑到】：以百分比或正像素值形式定义滑动结束点。

◆【切换效果】：设置效果是否可逆。

6．遮帘

遮帘可模拟百叶窗，向上或向下滚动百叶窗来隐藏或显示元素。此效果仅可用于下列 HTML 元素：address、dd、div、dl、dt、form、h1、h2、h3、h4、h5、h6、p、ol、ul、li、applet、center、dir、menu 和 pre。遮帘对话框如图 9-58 所示。

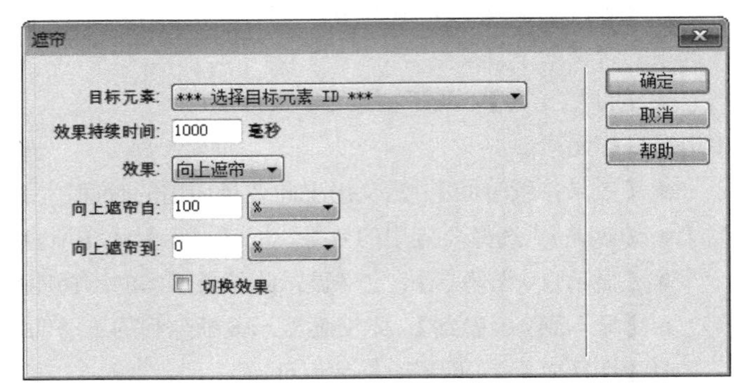

图9-58

在【遮帘】对话框中，各选项的含义如下。

◆【目标元素】：从下拉菜单中选择目标元素。

◆【效果持续时间】：定义出现此效果所需的时间，用毫秒表示。

◆【效果】：选择要应用的效果，即【向上遮帘】或【向下遮帘】。

◆【向上遮帘自 / 向下遮帘自】：以百分比或像素值形式定义遮帘的起始滚动点。这些值是从元素的顶部开始计算的。

◆【向上遮帘到 / 向下遮帘到】：以百分比或像素值形式定义遮帘的结束滚动点。这些值是从元素的顶部开始计算的。

◆【切换效果】：设置效果是否可逆。

7．高亮颜色

高亮颜色可更改元素的背景颜色。此效果可用于除下列元素之外的所有 HTML 元素：applet、body、frame、frameset 和 noframes。【高亮颜色】对话框如图 9-59 所示。

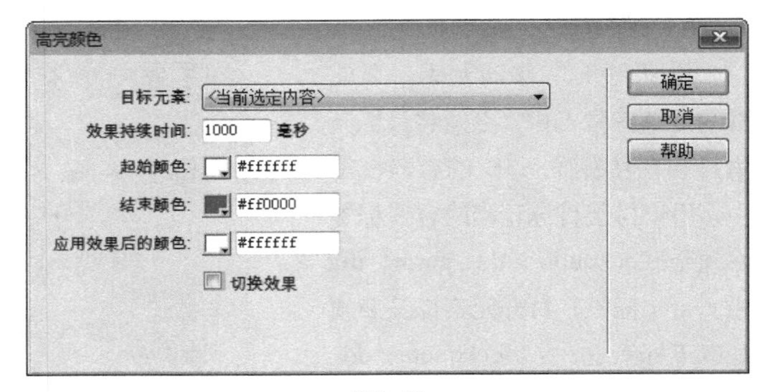

图9-59

在【高亮颜色】对话框中各选项的含义如下。

◆【目标元素】：从下拉菜单中选择目标元素。

◆【效果持续时间】：定义出现此效果所需的时间，用毫秒表示。

◆【起始颜色】：设置开始高亮显示颜色。
◆【结束颜色】：设置结束高亮显示颜色。
◆【应用效果后的颜色】：显示应用该效果后的颜色。
◆【切换效果】：设置效果是否可逆。

9.4　综合案例——为网页添加行为

学习目的

本例通过为网页添加行为，掌握 Dreamweaver 中内置行为的应用方法，制作出动态的网页效果。

重点难点

添加弹出信息行为。
添加交换图像行为。
设置状态栏文本。
本实例效果如图 9-60 所示。

图9-60

操作步骤详解

Step 01 打开网页文档，选中文本内容，执行【窗口】>【行为】命令，打开【行为】面板，单击【添加行为】按钮 +，在弹出的菜单中选择【弹出信息】选项，如图 9-61 所示。

Step 02 弹出【弹出信息】对话框，在【消息】文本框中输入文本内容，如图 9-62 所示，然后单击【确定】按钮。

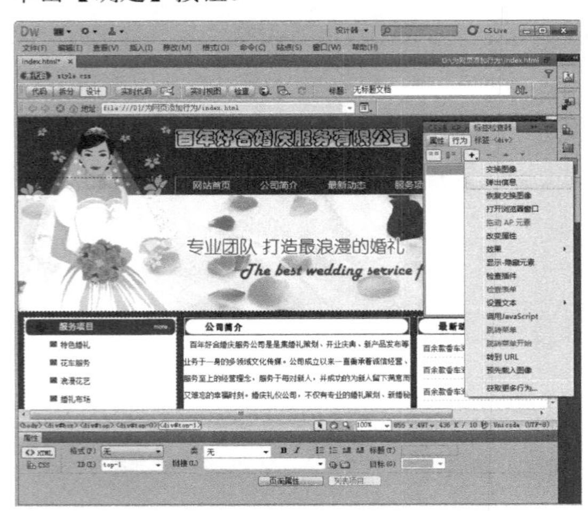

图9-61

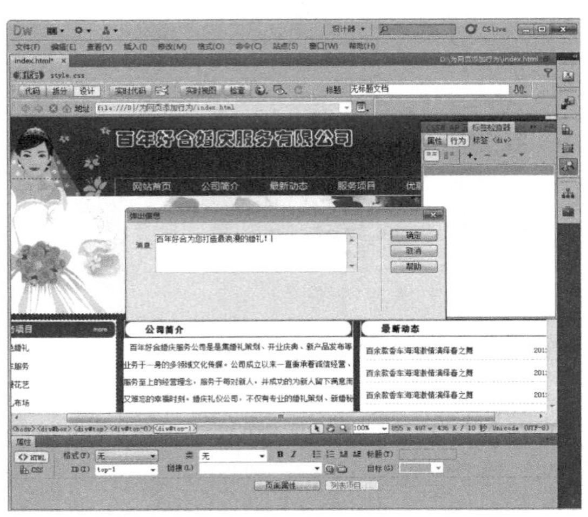

图9-62

Step 03 在【行为】面板中将事件行为改为 onClick，如图 9-63 所示。

Step 04 保存文件，预览网页，单击设置的文本，将弹出网页消息，如图 9-64 所示。

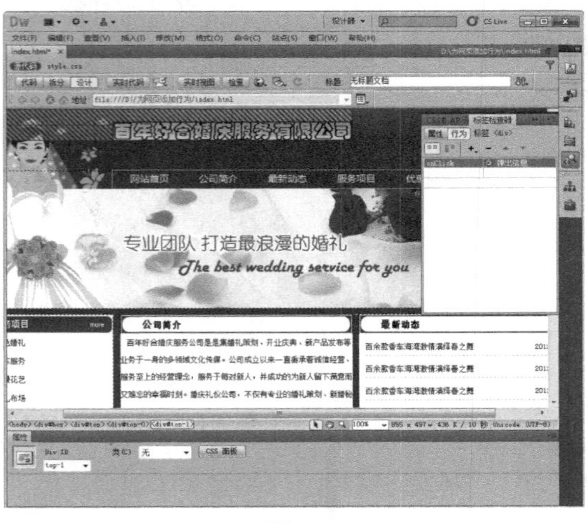

图9-63

图9-64

Step 05 选择网页文档中的一幅图像，单击【行为】面板中的【添加行为】按钮 +，在弹出的菜单中选择【交换图像】选项，如图 9-65 所示。

Step 06 弹出【交换图像】对话框，单击【设定原始档为】文本框后的【浏览】按钮，选择另一幅图像素材，如图 9-66 所示。

Step 07 然后单击【确定】按钮，返回【交换图像】对话框，再单击【确定】按钮，如图 9-67 所示。

Step 08 在【行为】面板中看到添加的两个事件行为，一个是事件为 onMouseOut 的【恢复交换图像】行为，另一个是事件为 onMouseOver 的【交换图像】行为，如图 9-68 所示。

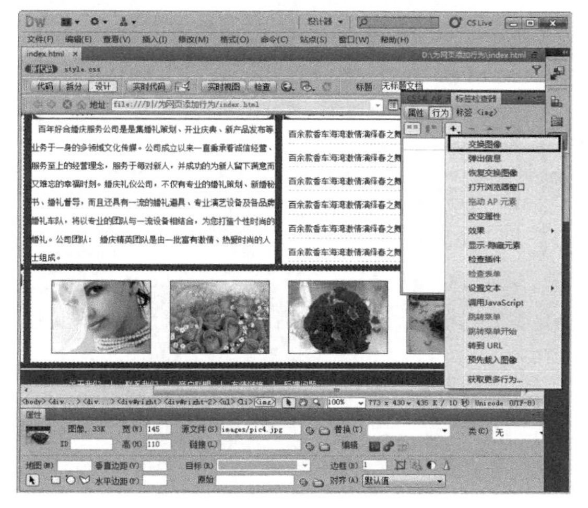

图9-65

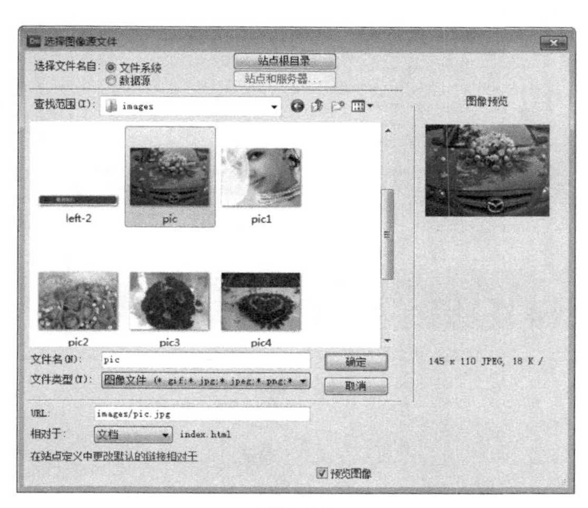

图9-66

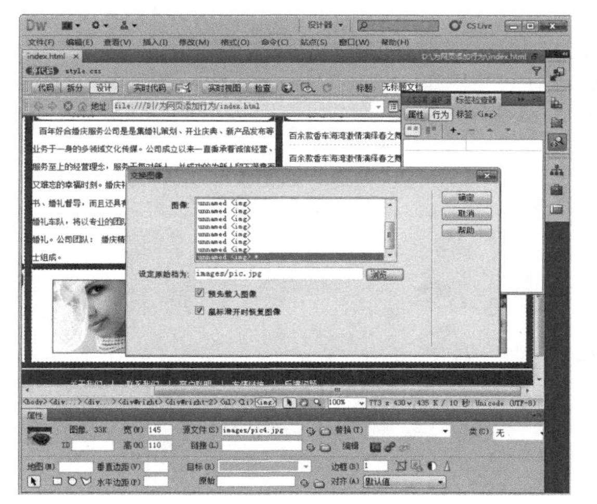

图9-67

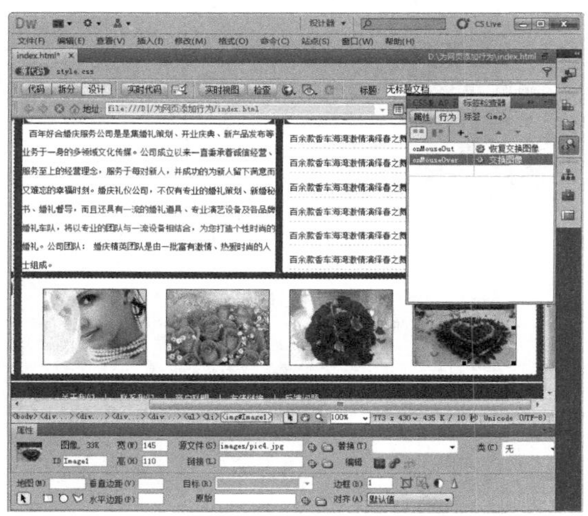

图9-68

Step 09 保存文件，预览网页。当鼠标移至图像上时，图像变成另一幅图像，当鼠标离开时，恢复为原图像，如图 9-69 和图 9-70 所示。

Step 10 在网页文档中选中【标签选择器】中的 <body> 标签，单击【行为】面板中的【添加行为】按钮 +，从弹出的菜单中选择【设置文本】>【设置状态栏文本】命令，如图 9-71 所示。

Step 11 弹出【设置状态栏文本】窗口，在【消息】文本框中输入在状态栏中显示的内容【您所在的位置是百年好合婚庆网！】，如图 9-72 所示，然后单击【确定】按钮。

Step 12 在【行为】面板中将事件行为改为 onLoad，如图 9-73 所示。

Step 13 保存文件，按【F12】快捷键预览网页。在网页的状态栏中可以看到设置的文本信息，如图 9-74 所示。

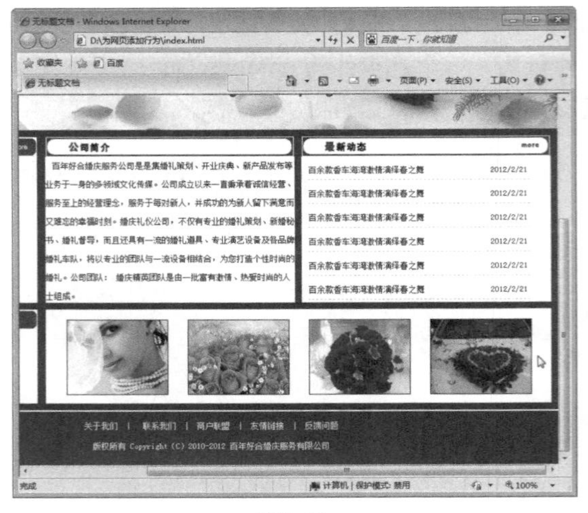

图9-69

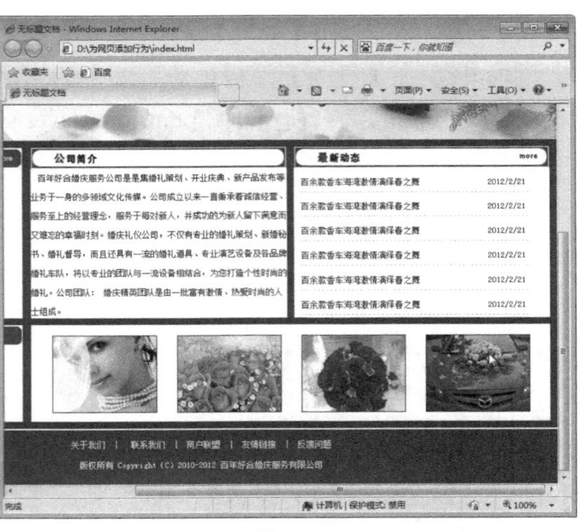

图9-70

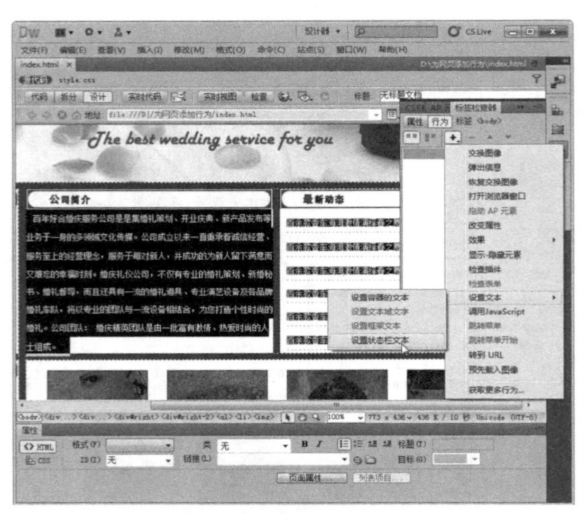

图9-71

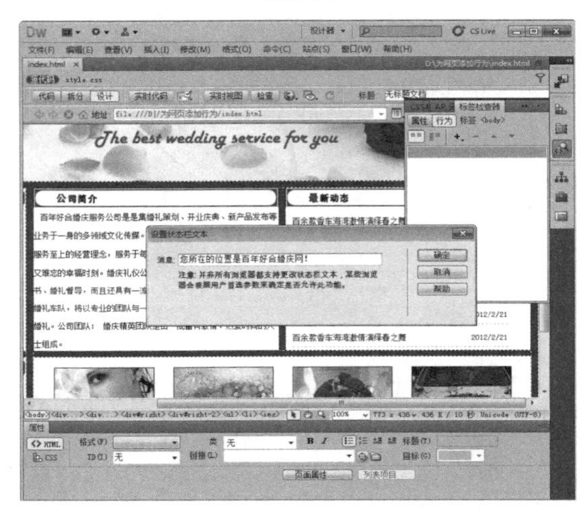

图9-72

图9-73

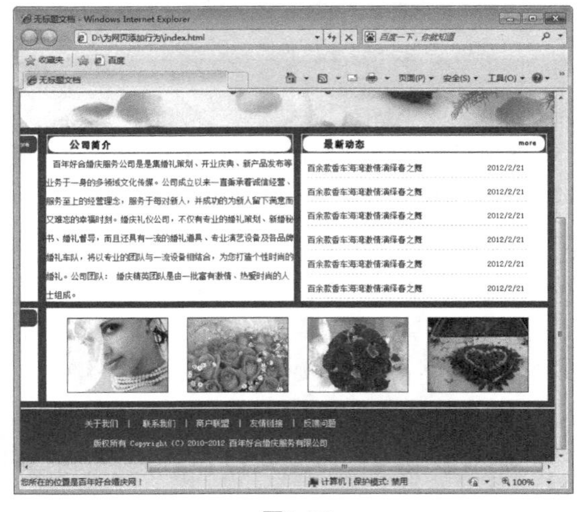

图9-74

9.5　经典商业案例赏析

行为在页面设计上的应用不多，但在网页制作过程中适当为网页元素添加一些行为，可以提高网页的交互性。如图 9-75 所示的新浪网页，当打开该网页时，将会弹出关于广告信息的浏览器窗口。

图9-75

9.6　习题

一、填空题

1．行为的基本元素有两个，它们分别是事件和 ________。

2．当鼠标在特定元素上按下时产生 ________ 事件。

3．交换图像行为是通过改变图像的 ________ 属性实现的。

4．使用 ________ 行为将打开一个新的浏览器窗口，在其中显示所指定的网页文档。

二、选择题

1．打开【行为】面板的快捷键是 ________。

A．【Shift + F1】　B．【Shift + F4】　C．【Shift + F5】　D．【Shift + F9】

2．________ 行为将显示一个提示信息框，给用户提供提示信息。

A．弹出信息　　B．跳转菜单　　C．交换图像　　D．转到 URL

3．当指针从特定的元素上移走时将发生 ________ 事件。

A．onMouseOver　　B．onClick　　C．onMouseOut　D.onBlur

4．使用 ________ 行为，在浏览网页时可以拖动 AP Div 到页面的任意位置。

A．跳转菜单　　B．弹出信息　　C．交换图像　　D．拖动 AP 元素

三、上机练习

1．根据素材，练习操作本章综合实例。

2．下载或者自己动手制作一个网页，练习使用 Dreamweaver CS5 的各种行为的应用。

第10章 应用表单

表单能够实现访问者与网站之间的交互功能，是实现网页上数据传输的基础。可以用于在线调查、在线报名、搜索、订购商品等功能。表单可以包含允许进行交互的各种对象，如文本域、列表框、单选按钮、复选框、图像域、文件域、按钮等。本章就将学习有关表单的使用方法。

本章知识要点

- 表单的概念
- 各种表单对象的创建
- Spry 验证表单的应用

10.1 表单概述

表单用于收集浏览者的用户名、密码、E-mail 地址、个人爱好和联系地址等用户信息的输入区域集合。浏览者在填好表单后，应该提交所输入的数据，这些数据会根据网页设计者设置的表单处理程序，以不同的方式进行处理。它是网站管理者与浏览者进行交互的一种媒介。表单在网页中主要负责数据采集的功能，它是 Internet 用户与服务器进行信息交流的重要工具之一。

一个表单有 3 个基本组成部分：表单标签、表单域和表单按钮。下面将分别进行介绍。

1. 表单标签

表单标签中包含了处理表单数据所用 CGI 程序的 URL 以及数据提交到服务器的方法。标签 <form></form> 用于申明表单，定义采集数据的范围，也就是 <form> 和 </form> 里面包含的数据将被提交到服务器。

表单中的所有的字段都写在 <form> </form> 标记中，<form></form> 定义整个表单，其基本语法是：

```
<form  action=" 执行程序地址 " method=" 传递方式 ">
……
</form>
```

其中：ACTION 指定提交这个表单时所执行的处理程序。当用户提交表单时，服务器会根据 ACTION 指定的程序处理表单内容。

传递方式可以选择“GET”或“POST”，一般使用 POST。

另外 FORM 标记也可以设置“TARGET”属性，取值与 <A> 标记的“TARGET”属性完全相同。

2. 表单域

表单域包含了文本框、密码框、隐藏域、多行文本框、复选框、单选框、下拉选择框和文件上传框等。用于采集用户的输入或选择的数据。

3. 表单按钮

表单按钮包括提交按钮、复位按钮和一般按钮，用于将数据传送到服务器上的 CGI 脚本或者取消输入，表单按钮还可以控制其他定义了处理脚本的处理工作。

如图 10-1 所示的百度文库的注册页面。当用户填写了注册资料并提交后，所填写的信息就会被发送到服务器上，服务器端的应用程序或脚本对信息进行处理，并执行某些程序或将处理结果反馈给用户。

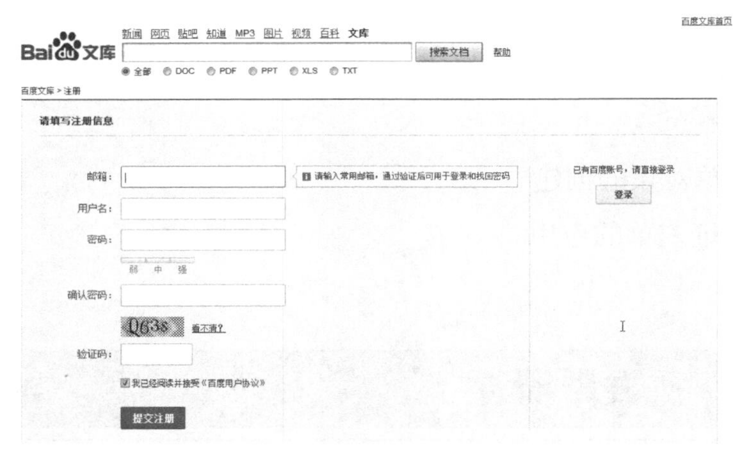

图10-1

10.2 表单对象

Dreamweaver 提供了很多种表单对象，如文本域、密码域复选框、单选按钮等，用户可以利用这些表单对象创建形式多样的表单。

10.2.1 插入表单域

每一个表单中都包含表单域和若干个表单元素，而所有的表单元素都要放在表单域中才会生效。

制作表单时先要插入表单域，具体操作方法如下。

（1）打开一个网页文档。将光标定位在要插入表单的位置，执行【插入】>【表单】>【表单】命令，如图 10-2 所示。

（2）此时，页面中出现的红色的虚线框即表单，如图 10-3 所示。

图10-2

图10-3

在网页文档中插入表单后，可以通过【属性】面板设置表单的属性，【属性】面板中各选项的含义如下。

◆【表单 ID】:【表单 ID】是标识该表单的唯一名称。

◆【表单名称】:【表单名称】是用来设置该表单的名称，该名称不能省略。

◆【动作】:【动作】用于设置处理这个表单的服务器端脚本的路径。如果不希望被服务器的脚本处理，可以采用 E-mail 的形式收集信息，如输入 wenhua@163.com，则表示表单的内容将通过电子邮件发送至 wenhua@163.com 内。

◆【方法】:【方法】中有 3 个选项，即【默认】、【POST】和【GET】，用来设置将表单数据发送到服务器的方法。一般情况下应选择【POST】，因为 GET 方法的限制较多，如 URL 的长度被限制在 8192 个字符以内等，一旦发送的数据量太大，数据就会被截断。

◆【编码类型】：可用于设置发送数据的 MIME 编码类型。

◆【目标】：指定反馈网页显示的位置。其中，【_blank】表示在新窗口中打开页面；【_parent】表示在父窗口中打开页面；【_self】表示在原窗口中打开页面；【_top】表示在顶层窗口中打开页面。

10.2.2 插入文本域

文本域可以接受任何类型文本的输入，它可以是单行或多行显示，也可以是密码域的方式显示。插入单行文本域的操作步骤如下。

（1）打开素材中的网页文档，将光标定位在“用户名”后的单元格中，执行【插入】>【表单】>【文本域】命令，如图 10-4 所示。

（2）弹出【输入标签辅助功能属性】对话框，默认设置，如图 10-5 所示，然后单击【确定】按钮。

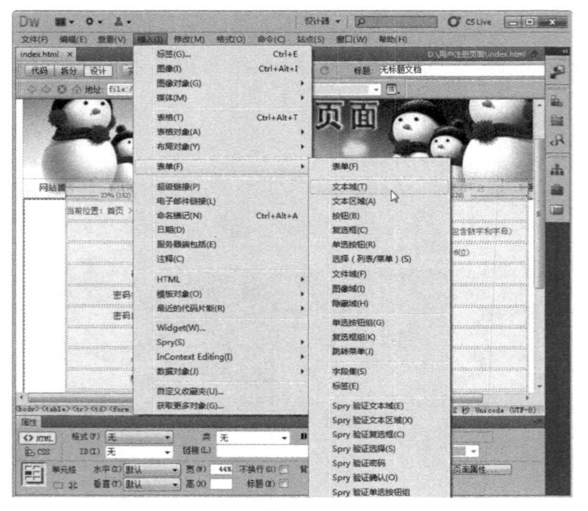

图10-4

图10-5

（3）选中文本域，在其【属性】面板的【文本域】文本框中输入 name，设置【字符宽度】为 20，【最多字符数】为 10，如图 10-6 所示。

（4）使用同样的方法，在其他的注册信息项后的单元格中插入文本域，并设置其属性，如图 10-7 所示。

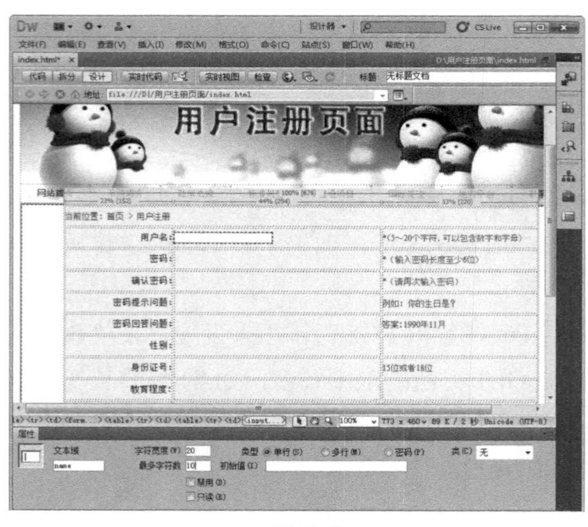

图10-6

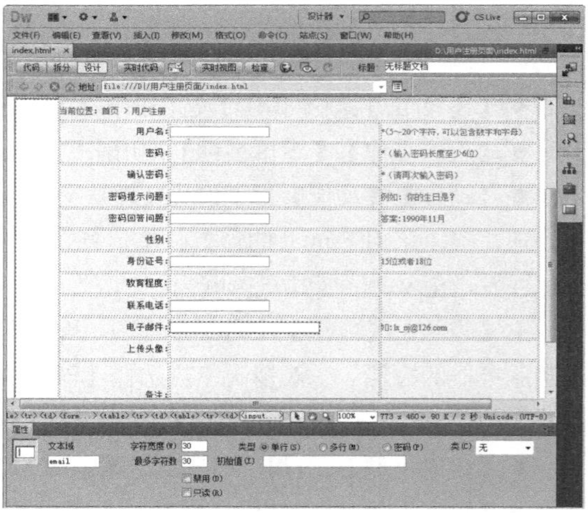

图10-7

文本域的【属性】面板中可以设置以下各参数。

◆【文本域】：在该文本框中，为该文本域指定一个名称。每个文本域都必须有一个唯一名称，文本域名称不能包含空格或特殊字符，可以使用字母、数字、字符和下划线的任意组合，所选名称最好与用户输入的信息有所联系。

◆【字符宽度】：设置文本域一次最多可显示的字符数，它可以小于最多字符。

◆【最多字符数】：设置单行文本域中最多可输入的字符数，使用【最多字符数】将邮政编码限制为 6 位数，将密码限制为 8 个字符等。如果将【最多字符数】文本框保留为空白，则用户可以输入任意数量的文本，如果文本超过域的字符宽度，文本将滚动显示，如果用户输入超过最大字符数，则表单产生警告声。

◆【类型】：文本域的类型，包括单行、多行和密码 3 个选项。

● 选择【单行】将产生一个 type 属性设置为 text 的 input 标签。【字符宽度】设置映射为 size 属性，【最多字符数】设置映射为 maxlength 属性。

● 选择【多行】将产生一个 textarea 标签。

● 选择【密码】将产生一个 type 属性设置为 password 的 input 标签。【字符宽度】和【最多字符数】设置映射的属性与在单行文本域中的属性相同。

◆【初始值】：指定在首次载入表单时文本域中显示的值，例如，通过包含示例值，可以指示用户在域中输入信息。

10.2.3 插入密码域

插入密码域与文本域类似，插入密码域是在【类型】中选择【密码】。当用户在密码文本域中输入时，输入内容显示为项目符号或星号，以保护它不被其他人看到。插入密码域的具体操作步骤如下。

（1）接着上面的网页编辑，将光标定位在“密码”后的单元格中，执行【插入】>【表单】>【文本域】命令，如图 10-8 所示。

图10-8

（2）弹出【输入标签辅助功能属性】对话框，这里默认设置，如图 10-9 所示，然后单击【确定】按钮。

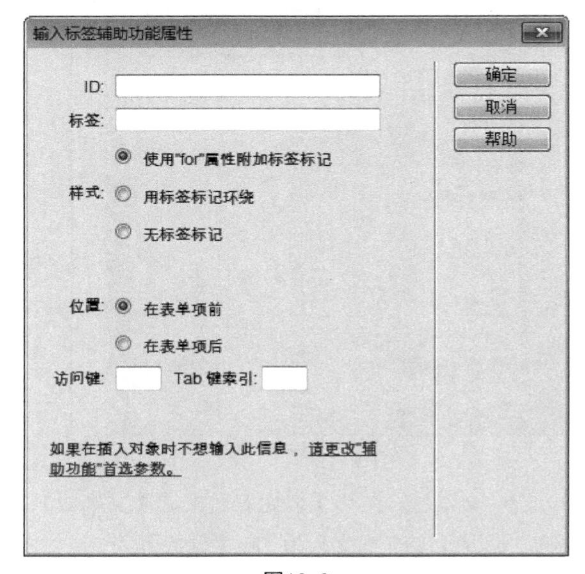

图10-9

（3）选中文本域，在其【属性】面板的【文本域】文本框中输入 password，设置【字符宽度】为 20，【最多字符数】为 10，【类型】选择【密码】单选按钮，如图 10-10 所示。

（4）保存文件，按【F12】快捷键预览网页。输入密码效果如图 10-11 所示。

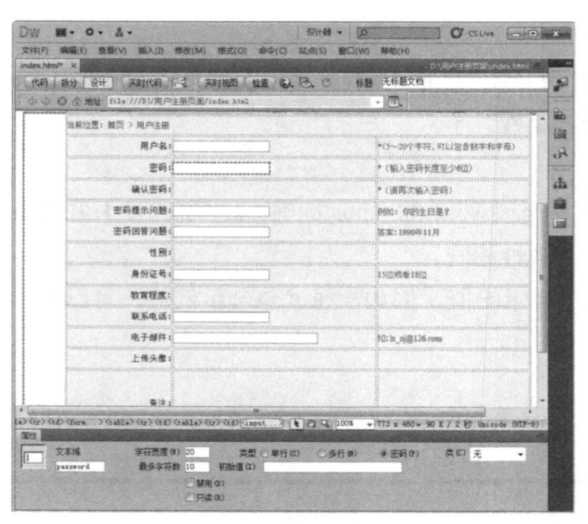
图10-10

图10-11

10.2.4 插入多行文本域

插入多行文本域的方法同单行文本域类似，插入多行文本域是在【类型】中选择【多行】。插入多行文本域的具体操作如下。

（1）继续编辑上面的网页，将光标定位在“备注”后的单元格中，执行【插入】>【表单】>【文本域】命令，如图 10-12 所示。

（2）弹出【输入标签辅助功能属性】对话框，这里默认设置，如图 10-13 所示，然后单击【确定】按钮。

图10-12

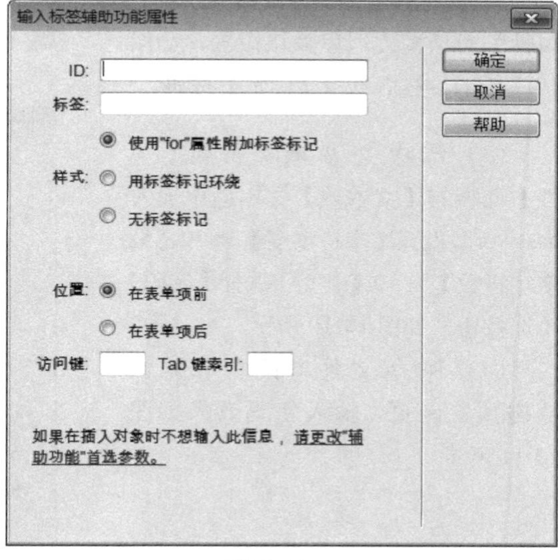

图10-13

（3）选中文本域，在其【属性】面板的【文本域】文本框中输入 remarks，【类型】选择【多行】单选按钮，设置【字符宽度】为 35，【行数】为 6，如图 10-14 所示。

（4）保存文件，按【F12】快捷键预览网页，如图 10-15 所示。

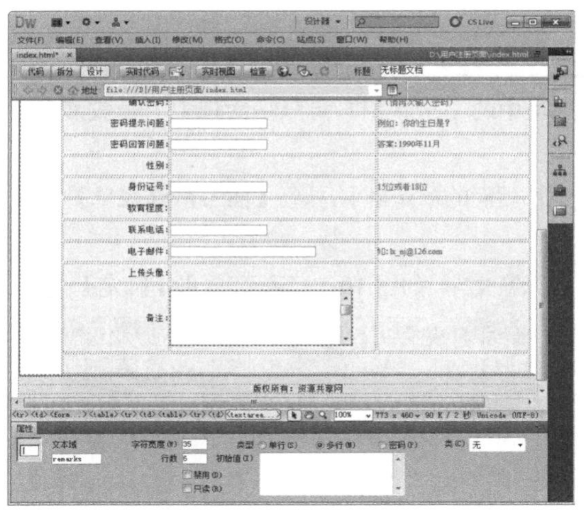

图10-14

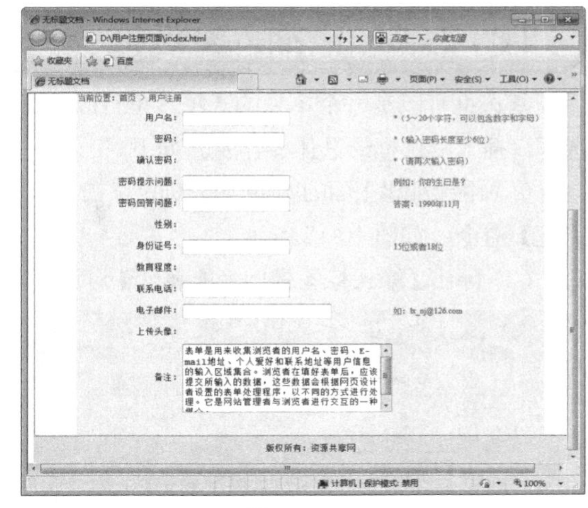

图10-15

10.2.5 插入隐藏域

隐藏域用于收集或发送信息的不可见元素，对于网页的访问者来说，隐藏域是看不见的。当表单被提交时，隐藏域就会将信息用设置时定义的名称和值发送到服务器上。隐藏域可以存储用户输入的信息，如姓名、电子邮件地址等，并在该用户下次访问此站点时使用这些数据。插入隐藏域的操作方法如下。

（1）接着前面的网页进行编辑，将光标定位在要插入隐藏域的位置，执行【插入】>【表单】>【隐藏域】命令，如图 10-16 所示。

（2）选中隐藏域，在【属性】面板中可以设置，如图 10-17 所示。

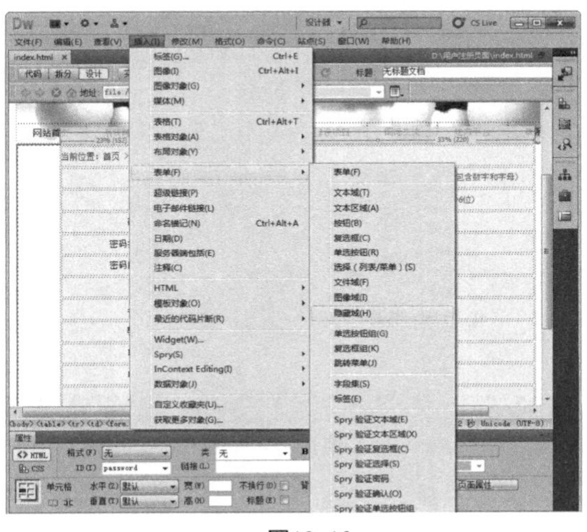

图10-16

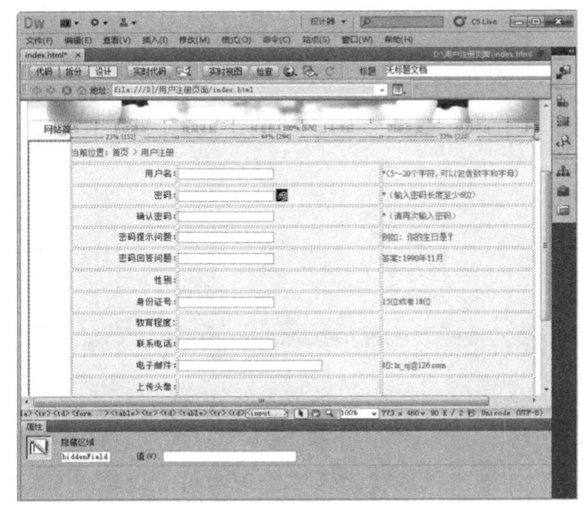

图10-17

【隐藏区域】的【属性】面板中各项参数如下。

◆ 【隐藏区域】为 hiddenField 。

◆ 【值】为默认空白值。

10.2.6 插入复选框

复选框可以是一个单独的选项，也可以是一组选项中的一个。用户可以一次选中一个或多个复选框。插入复选框的具体操作步骤如下。

（1）继续编辑上面的网页，将光标定位在“个人爱好”后面的单元格中，执行【插入】>【表单】>【复选框】命令，如图 10-18 所示。

（2）弹出【输入标签辅助功能属性】对话框，输入标签文字，如图 10-19 所示，单击【确定】按钮。

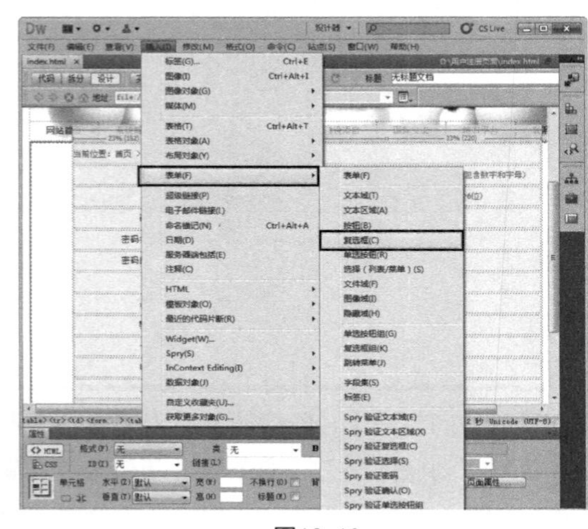

图10-18

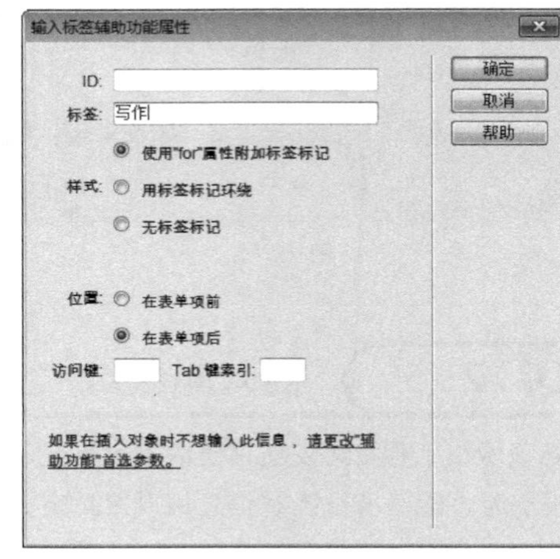

图10-19

（3）这时，复选框就被插入。选中该复选框，在【属性】面板中设置相关属性，如图 10-20 所示。

（4）使用同样的方法，依次插入其他几个复选框，并输入相应的文字，如图 10-21 所示。

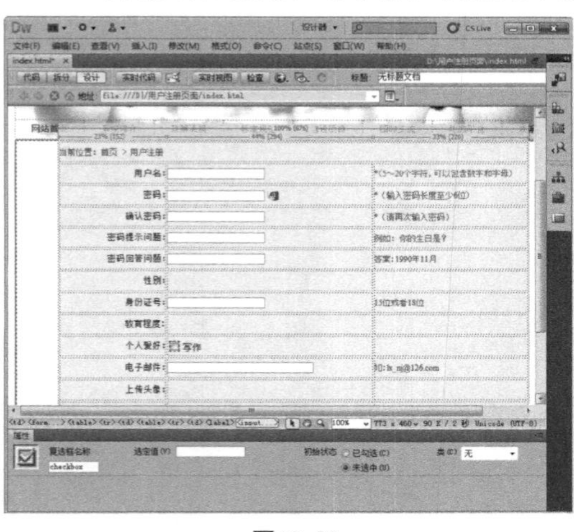

图10-20

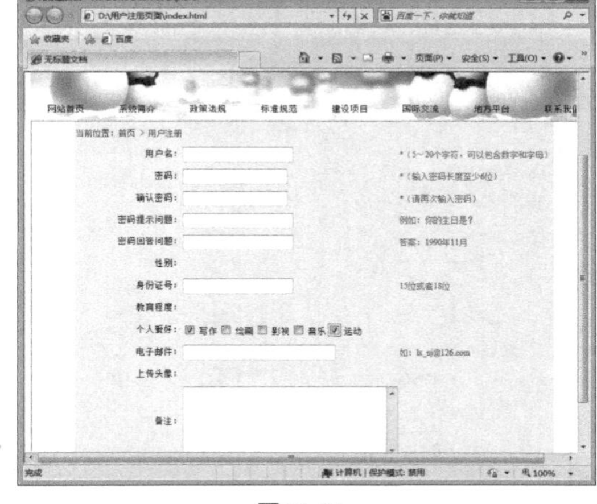

图10-21

在复选框的【属性】面板中可以设置以下参数。

◆【复选框名称】：为该对象指定一个名称。名称必须在该表单内唯一标识该复选框，此名称不能包含空格或特殊字符。输入的名称最好能体现出复选框对应的选项，这样在表单脚本中便于处理。

◆【选定值】：设置在该复选框被选中时发送给服务器的值。

◆【初始状态】：设置复选框的初始状态，包括【已勾选】和【未选中】两个选项。

10.2.7 插入单选按钮

单选按钮用于只能选中一个选项的情况下，通常成组使用，一个组中的所有单选按钮必须具有相同的名字，且必须包含不同的选定值。插入单选按钮的具体操作如下。

（1）继续编辑网页，将光标定位在“性别”后面的单元格中，执行【插入】>【表单】>【单选按钮】命令，如图 10-22 所示。

（2）弹出【输入标签辅助功能属性】对话框，输入标签文字【男】，如图 10-23 所示，单击【确定】按钮。

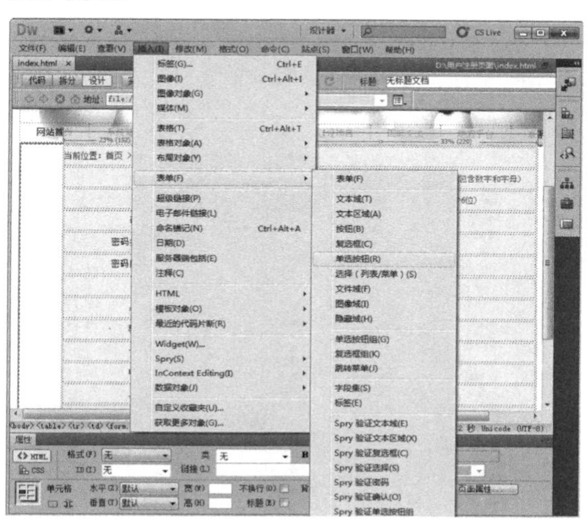

图10-22

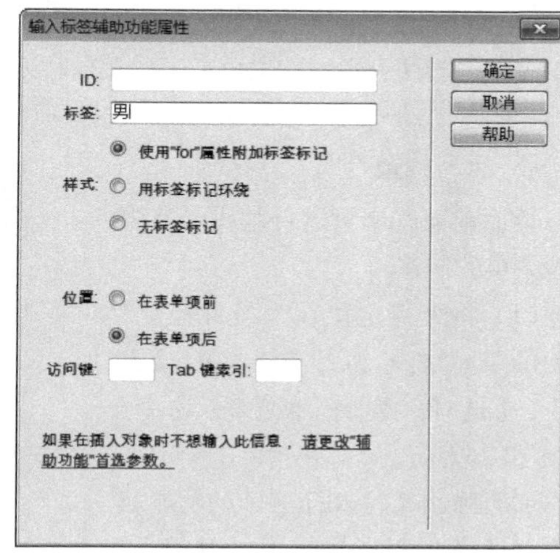

图10-23

（3）单选按钮就被插入。选中该单选按钮，在【属性】面板的【初始状态】中选择【已勾选】选项，如图 10-24 所示。

（4）使用同样的方法，插入另一个单选按钮，并输入相应的文字，如图 10-25 所示。

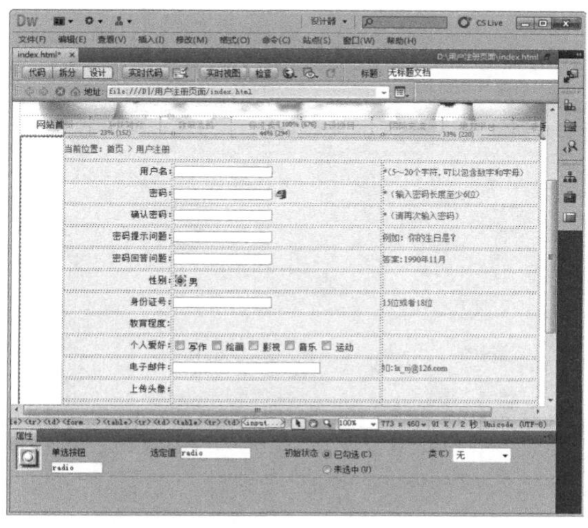
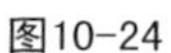

图10-24

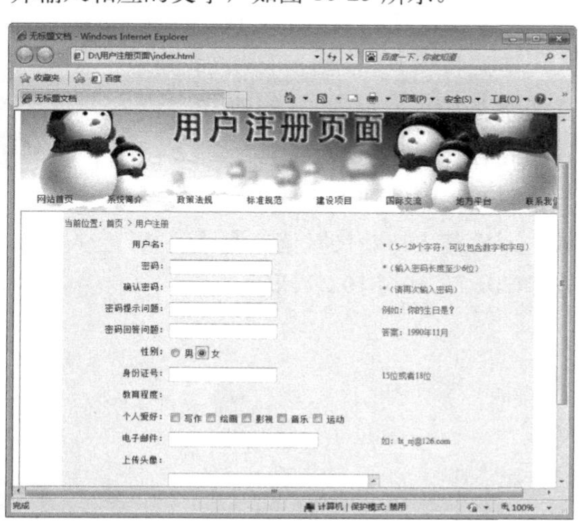

图10-25

在单选按钮【属性】面板中可以设置以下参数。

◆【单选按钮】：定义单选按钮的名称，并且所有同一组的单选按钮必须有相同的名称。

◆【选定值】：判断单选按钮被选定与否。在提交表单时，单选按钮传送给服务端表单处理程序的值，同一组单选按钮应设置不同的值。

◆【初始状态】：设置单选按钮的初始状态是【已勾选】还是【未选中】，同一组内单选按钮只能有一个初始状态为【已勾选】。

10.2.8 插入列表 / 菜单

表单中有两种类型的菜单：下拉菜单和列表。单击时下拉的菜单称为下拉菜单；显示为一个列有项目的可滚动列表，可从该列表中选择项目，称为列表。

1. 下拉菜单

接面前面的网页进行编辑，完成下拉菜单的制作。

（1）将光标定位在“教育程度”后面的单元格中，执行【插入】>【表单】>【选择（列表 / 菜单）】命令，如图 10-26 所示。

图10-26

（2）弹出【输入标签辅助功能属性】对话框，默认设置，单击【确定】按钮。选中列表，在其【属性】面板中设置【类型】为【菜单】，然后单击【列表值】按钮，如图 10-27 所示。

（3）弹出【列表值】对话框，输入“请选择学历”，然后单击加号按钮添加其他项，如图 10-28 所示，设置完成后单击【确定】按钮。

（4）选中该列表，在【属性】面板中，设置【初始化时选定】为“请选择学历”，如图 10-29 所示。

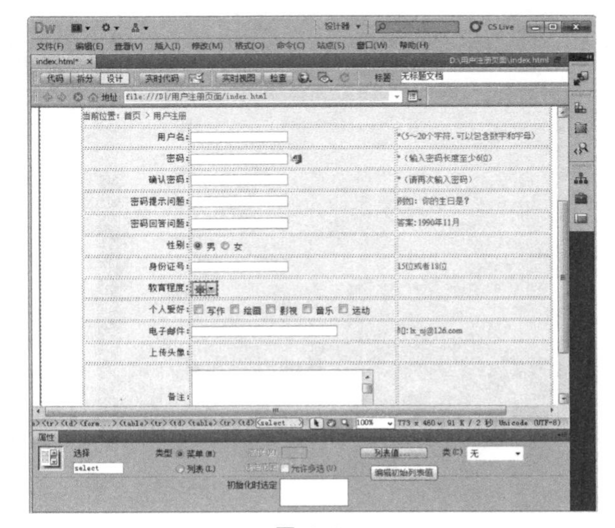

图10-27

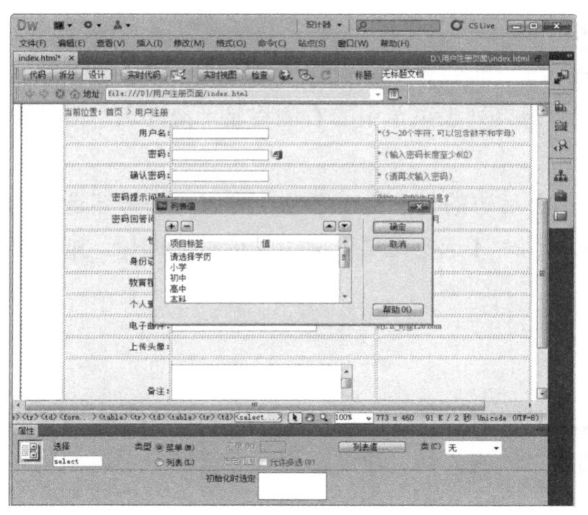
图10-28

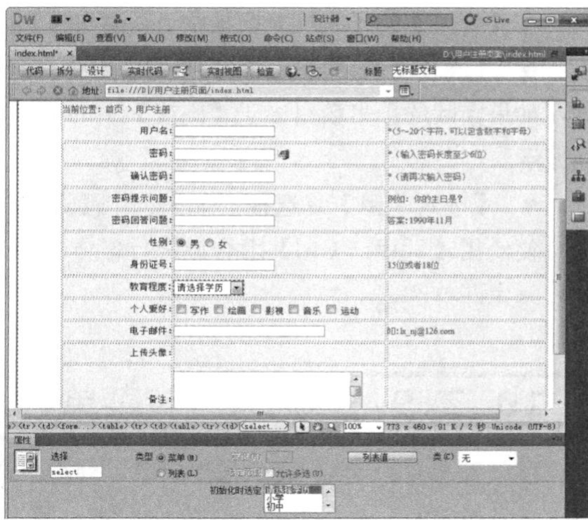
图10-29

在列表 / 菜单【属性】面板中可以设置以下参数。

◆【选择】：设置列表 / 菜单的名称，这个名称是必需的，必须是唯一的。

◆【类型】：将当前对象设置为下拉菜单还是滚动列表。单击【列表值】按钮，弹出【列表值】对话框，在对话框中可以增减和修改【列表 / 菜单】。当【列表】或者【菜单】中的某项内容被选中，提交表单时它对应的值就会被传送到服务器端的表单处理程序；若没有对应的值，则传送标签本身。

◆【初始化时选定】：此文本框首先显示【列表 / 菜单】对话框中的列表菜单内容，然后可在其中设置【列表 / 菜单】的初始选择。具体方法如下：单击要作为初始选择的选项。若【类型】选项为【列表】，则可以初始选择多个选项；若【类型】选项为【菜单】，则只能选择一个选项。

2．滚动列表

继续编辑前面的网页，创建滚动列表的具体操作方法如下：

（1）在网页文档中插入【选择（列表 / 菜单）】后，在【属性】面板的【类型】中选择【列表】单选按钮，设置【高度】为 3，勾选【选定范围】中的【允许多选】复选框，如图 10-30 所示。

（2）保存文件，按【F12】快捷键预览网页，如图 10-31 所示。

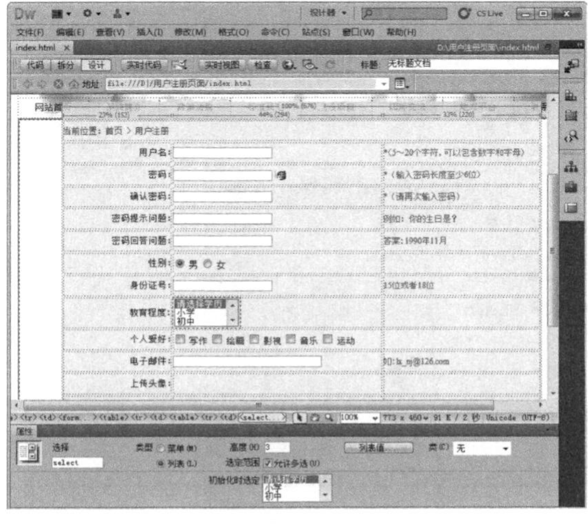
图10-30

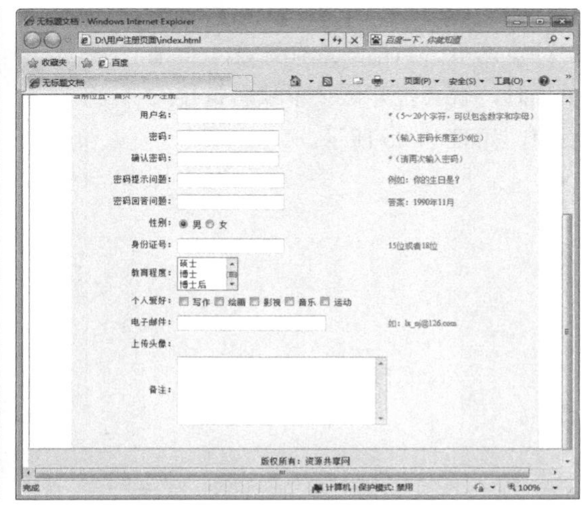
图10-31

在【列表】的【属性】面板中可设置如下属性。

◆ 【高度】文本框：设置列表的高度，如输入3，则列表框在浏览器中显示为3个选项的高度，如果实际的项目数目多于【高度】中的项目数，那么列表菜单中的右侧将显示滚动条，通过滚动显示。

◆ 【选定范围】复选框：如果选中【选定范围】后边的复选框，则这个列表允许被多选，选择时要使用【Shift + Ctrl】组合键进行操作。如果取消对【选定范围】后边复选框的选择，则这个列表只允许单选。

10.2.9 插入跳转菜单

跳转菜单可以建立URL与弹出菜单列表中选项之间的关联。通过在列表中选择一项，浏览器将跳转到指定的URL，其创建的操作方法如下。

（1）将光标定位在要插入跳转菜单的位置，执行【插入】>【表单】>【跳转菜单】命令，如图10-32所示。

（2）在弹出的【插入跳转菜单】对话框中，删除【文本】输入框中的原有内容，输入“请选择……”作为提示用户选择菜单，然后单击【添加项】按钮，并在【文本】输入框后输入如图10-33所示的内容，完成后单击【确定】按钮。

（3）选中该跳转菜单，在【属性】面板中，设置【初始化时选定】为“请选择……”，如图10-34所示。

（4）保存文件，按【F12】快捷键预览网页。当用户选择任意一个菜单项时，就会打开该菜单项所链接的页面，如图10-35所示。

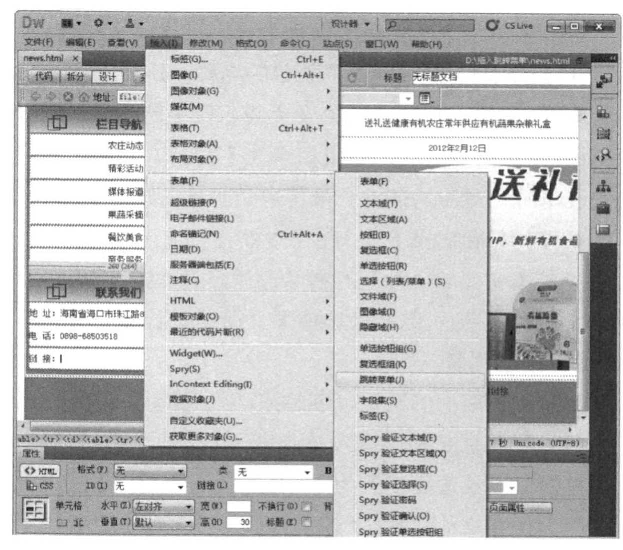

图10-32

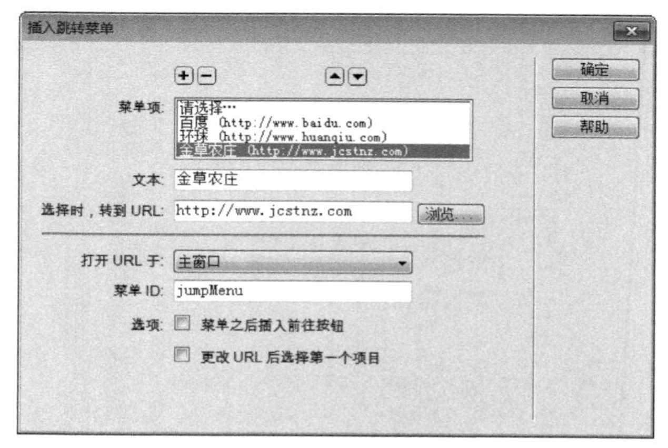

图10-33

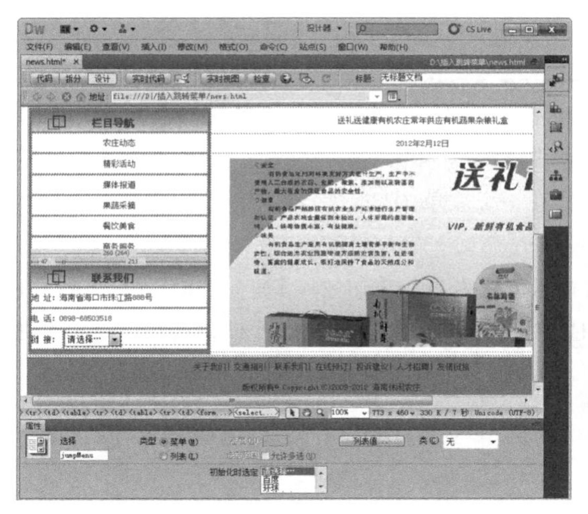
图10-34

图10-35

10.2.10 插入文件域

文件域可使用户将在计算机上浏览到的某个文件作为表单数据上传。可以手动输入要上传的文件的路径，也可以单击后面的【浏览】按钮进行选择。插入文件域的操作方法如下。

（1）将光标定位在要插入文件域的位置，执行【插入】>【表单】>【文件域】命令，如图 10-36 所示。

（2）弹出【预先载入图像】对话框，单击【浏览】按钮，打开【选择图像源文件】对话框，选择要载入的图像文件，或在【图像源文件】文本框输入图像的路径和文件名，设置完成后单击【确定】按钮，如图 10-37 所示。

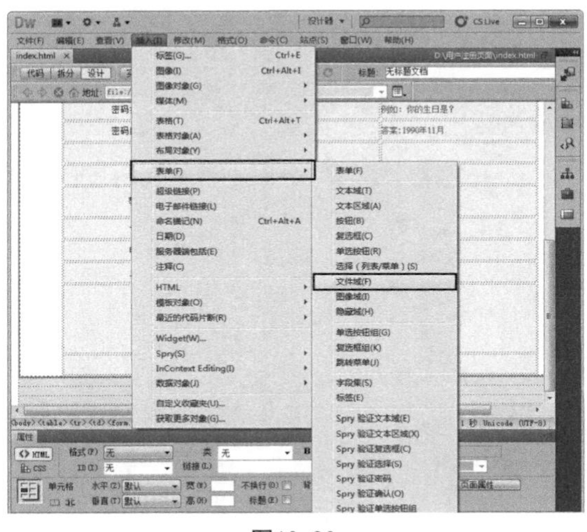
图10-36

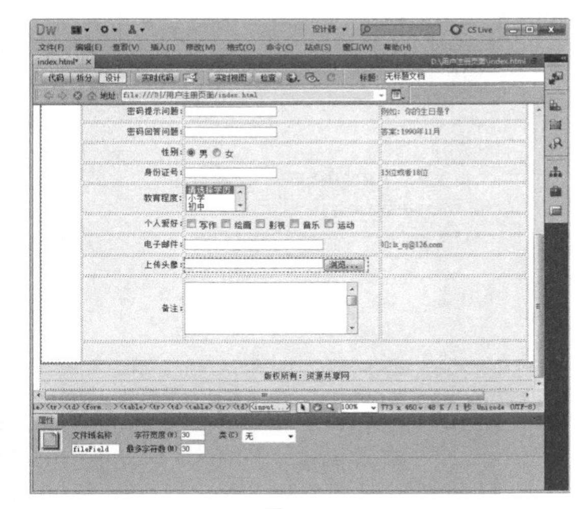
图10-37

在文件域【属性】面板中可以设置以下参数。

◆【文件域名称】：设置选定文件域的名称。

◆【字符宽度】：设置文件域中文本框的宽度。

◆【最多字符数】：设置文件域中文本框可输入的最多字符数量。

10.2.11 插入图像域

图像域可以在表单中插入一个图像。使用图像域可生成图形化按钮，例如“提交”或“重置”按钮。如果使用图像来执行任务而不是提交数据，则需要将某种行为附加到表单对象。一般来说，单独使用的图像域是没有意义的。一般会将图像域控件放置在一个表单内部。

插入图像域的具体操作步骤如下：

（1）将光标定位在要插入图像域的位置，执行【插入】>【表单】>【图像域】命令，如图 10-38 所示。

（2）在弹出的【选择图像源文件】对话框中选择相应的图像文件，如图 10-39 所示，然后单击【确定】按钮。

图10-38

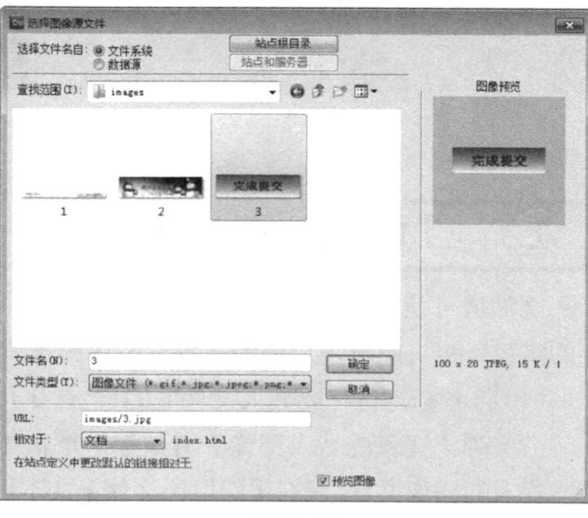

图10-39

（3）弹出【输入标签辅助功能属性】对话框，默认设置，如图 10-40 所示，单击【确定】按钮。

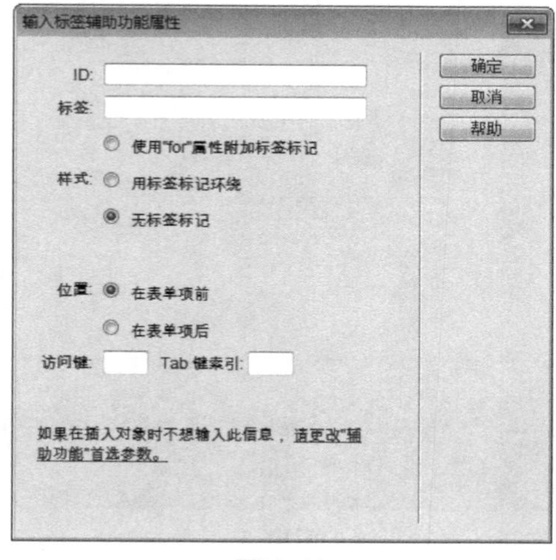

图10-40

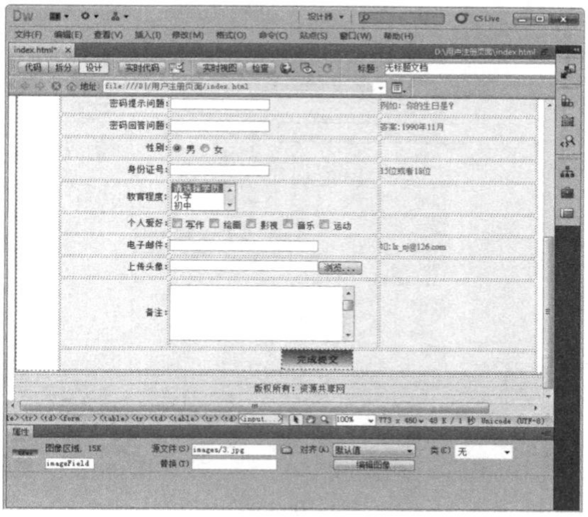

图10-41

在图像域的【属性】面板中，可设置以下各项参数。设置如下。

◆【图像区域】：输入图像域的名称。

◆【源文件】：显示或选择图像源文件所在的 URL 的地址。

◆【替代】：输入要替代图像显示的文本，当浏览器不支持图形显示时将显示该文本。

◆【对齐】：设置图像的对齐方式。

◆【类】：选择 CSS 样式定义图像域。

10.2.12 插入按钮

按钮在单击时执行操作，使用表单按钮将输入表单的数据提交到服务器，或者重置该表单，还可以将其他已经在脚本中定义的处理任务分配给按钮。插入按钮的操作方法如下。

（1）将光标定位在要插入图像域的位置，执行【插入】>【表单】>【按钮】命令，如图 10-42 所示。

（2）弹出【输入标签辅助功能属性】对话框，默认设置，如图 10-43 所示，单击【确定】按钮。

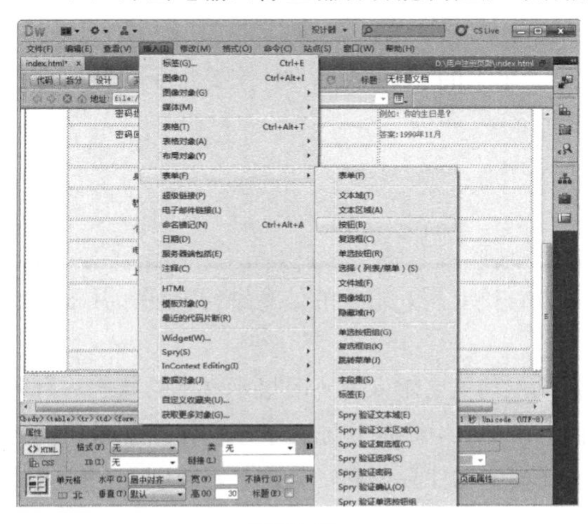

图10-42

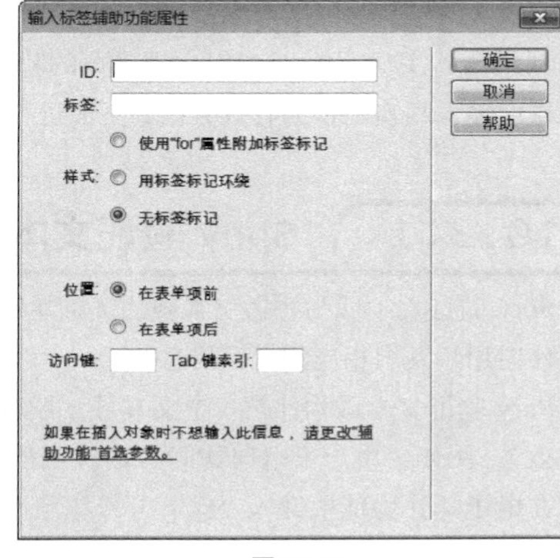

图10-43

（3）插入一个按钮，选择该按钮后，在其【属性】面板中设置【按钮名称】和【值】均为“提交”，【动作】设置为【提交表单】，如图 10-44 所示。

（4）再插入一个按钮，选中该按钮，在其【属性】面板中设置【按钮名称】和【值】均为“重置”，【动作】设置为【重设表单】，如图 10-45 所示。

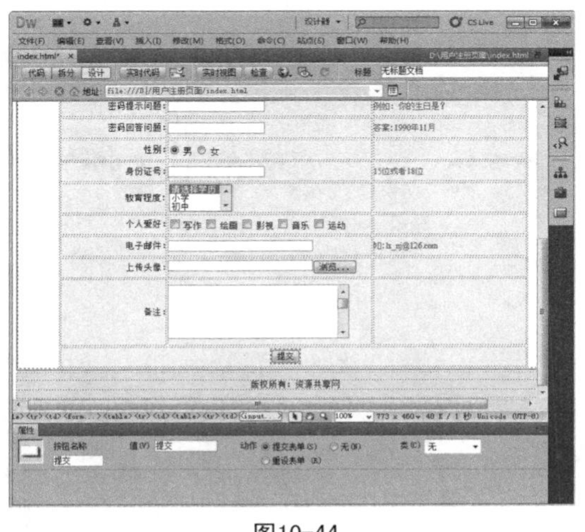

图10-44

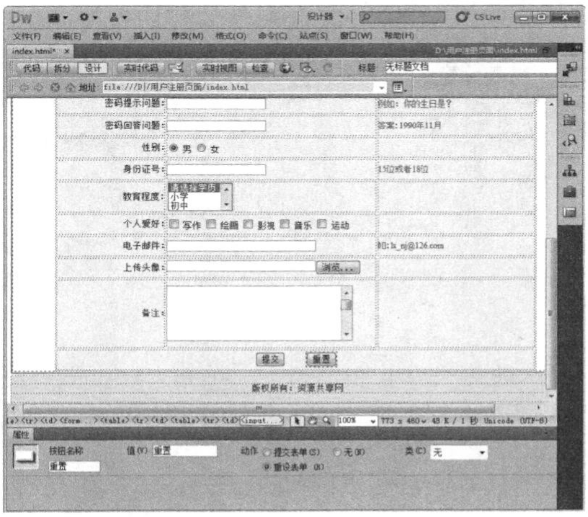

图10-45

在按钮的【属性】面板中可以设置以下参数。

◆【按钮名称】：在文本框中设置按钮的名称，如果想对按钮添加功能效果，则必须命名然后采用脚本语言来控制执行。

◆【值】：在【值】文本框中输入文本，为在按钮上显示的文本内容。

◆【动作】：包含 3 个选项，分别是提交表单、重设表单和无。

10.3 Spry验证表单

在浏览网页时，常会填写一些表单并提交，大多数时候都会有程序自动校验表单填写的内容，对用户输入的信息加以适当限制。

利用 Spry 表单构件就可以实现表单的验证功能。表单中的 Spry 表单构件主要用于验证用户在对象域中输入内容是否为有效数据。下面进行详细的介绍。

10.3.1 Spry 验证文本域

Spry 验证文本域与普通文本域的区别在于，它可以直接对用户输入的信息进行验证，并根据判断条件向用户发出相应的提示信息。

Spry 验证文本域构件是一个文本域，该域用于在站点访问者输入文本时显示文本的状态（有效或无效）。例如，用户可以向访问者输入电子邮件地址的表单中添加验证文本域构件。如果访问者没有在电子邮件地址中键入“@”符号和句点，验证文本域构件会返回一条消息，声明用户输入的信息无效。

插入 Spry 验证文本域的操作方法如下。

（1）将光标定位在要插入的位置，执行【插入】>【表单】>【Spry 验证文本域】命令，如图 10-46（a）所示。

（2）插入 Spry 验证文本域，选中该文本域，在其【属性】面板可以设置构件状态，如类型、预览状态等，如图 10-46（b）所示。

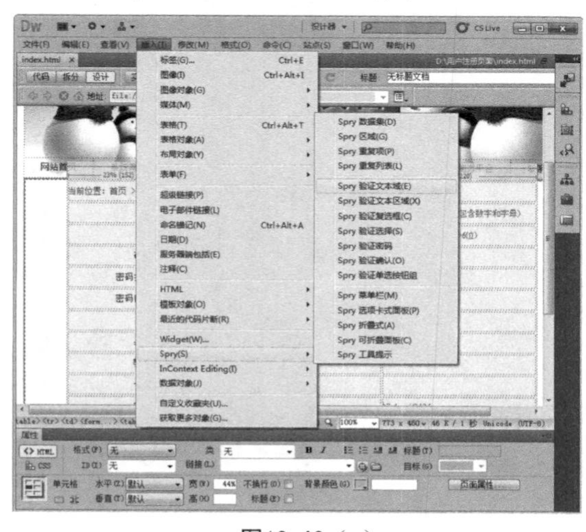

图10-46（a）

图10-46（b）

验证文本域具有许多状态，各状态的含义如下。

◆【初始状态】：在浏览器中加载页面或用户重置表单时构件的状态。

◆【焦点状态】：当用户在构件中放置插入点时构件的状态。

◆【有效状态】：当用户正确输入信息且表单可以提交时构件的状态。

◆【无效状态】：当用户输入文本的格式无效时构件的状态。

◆【必需状态】：当用户在文本域中没有输入必需文本时构件的状态。

◆【最小字符数状态】：当用户输入的字符数少于文本域所要求的最小字符数时构件的状态。

◆【最大字符数状态】：当用户输入的字符数多于文本域所允许的最大字符数时构件的状态。

◆【最小值状态】：当用户输入的值小于文本域所需的值时构件的状态。适用于整数、实数和数据类型验证。

◆【最大值状态】：当用户输入的值大于文本域所允许的最大值时构件的状态。适用于整数、实数和数据类型验证。

用户可以通过【属性】面板使用的验证类型和格式，如表 10-1 所示。

表10-1　验证类型

验证类型	格　式
无	无须特殊格式
整数	文本域仅接受数字
电子邮件地址	文本域接受包含 @ 和句点 (.) 的电子邮件地址，而且 @ 和句点的前面和后面都必须至少有一个字母
日期	格式可变，可以从“属性”面板的“格式”弹出菜单中进行选择
时间	格式可变，可以从“属性”面板的“格式”弹出菜单中进行选择（“tt”表示 am/pm 格式，“t”表示 a/p 格式）
信用卡	格式可变，可以从“属性”面板的“格式”弹出菜单中进行选择。用户可以选取接受所有信用卡，或者指定某种特殊类型的信用卡（MasterCard、Visa等）。文本域不接受包含空格的信用卡号，例如 4321 3456 4567 4567
邮政编码	格式可变，可以从“属性”面板的“格式”弹出菜单中进行选择
电话号码	文本域接受美国和加拿大格式，即 (000) 000-0000或自定义格式的电话号码。如果用户选择自定义格式，请在“模式”文本框中输入格式，例如，000.00(00)
社会安全号码	文本域接受 000-00-0000 格式的社会安全号码。如果要使用其他格式，请选择“自定义”作为验证类型，然后指定模式。模式验证机制只接受 ASCII 字符
货币	文本域接受 1,000,000.00 或 1.000.000,00 格式的货币
实数/科学记数法	验证各种数字：数字（例如 1）、浮点值（例如，12.123）、以科学记数法表示的浮点值。例如，1.212e+12、1.221e-12，其中 e 用作 10 的幂
IP 地址	格式可变，可以从“属性”面板的“格式”弹出菜单中进行选择
URL	文本域接受 http://xxx.xxx.xxx 或 ftp://xxx.xxx.xxx 格式的 URL
自定义	可用于指定自定义验证类型和格式。在“属性”面板中输入格式模式并根据需要输入提示。模式验证机制只接受 ASCII 字符

选中 Spry 验证文本域构件，用户可以使用【属性】面板来修改属性，各项属性如下。

◆【验证于】：用来指示用户希望验证何时发生的选项，包括以下 3 个选项。

●【onBlur】：当用户在文本域的外部单击时验证。

● 【onChange】：当用户更改文本域中的文本时验证。

● 【onSubmit】：在用户尝试提交表单时进行验证。提交选项是默认选中的，无法取消选择。

◆ 【最大字符数】和【最小字符数】：仅适用于【无】、【整数】、【电子邮件地址】和【URL】验证类型。如果在【最小字符数】框中输入3，那么，只有当用户输入3个或更多个字符时，该构件才通过验证。

◆ 【最大值】和【最小值】：仅适用于【整数】、【时间】、【货币】和【实数/科学记数法】验证类型。如果在【最小值】框中输入3，那么，只有当用户在文本域中输入3或者更大的值（4、5、6等）时，该构件才通过验证。

◆ 【预览状态】：设置要查看的状态。如果要查看处于“有效”状态的构件，则选择【有效】。

◆ 【提示】：由于文本域有很多不同格式，因此，提示用户需要输入哪种格式会更合适。例如，验证类型设置为【电话号码】的文本域将只接受 (000) 000-0000 形式的电话号码。可以在【属性】面板的【提示】文本框中输入这些示例号码作为提示，以便用户在浏览器中加载页面时，文本域中将显示正确的格式。

◆ 【强制模式】：可以禁止用户在验证文本域中输入无效字符。例如，如果对具有【整数】验证类型的构件集选择此选项，那么当用户尝试输入字母时，文本域中将不显示任何内容。

10.3.2 Spry 验证文本区域

Spry 验证文本区域就是多行的 Spry 文本框，两者的主要区别在于属性的设置不同。该区域在用户输入几个文本句子时显示文本的状态（有效或无效）。如果文本区域是必填域，而用户没有输入任何文本时，该构件将返回一条消息，声明用户必须输入值。

插入 Spry 验证文本区域的操作方法如下。

（1）将光标定位在要插入的位置，执行【插入】>【表单】>【Spry 验证文本区域】命令，如图 10-47 所示。

（2）插入 Spry 验证文本域，选中该文本域，在其【属性】面板可以设置构件状态，如类型、预览状态等，如图 10-48 所示。

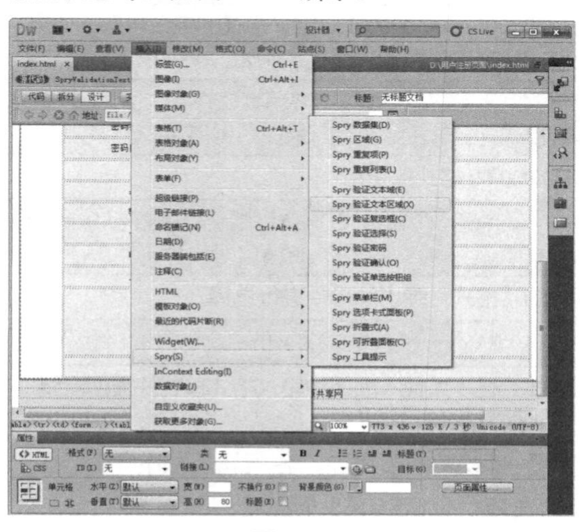

图10-47

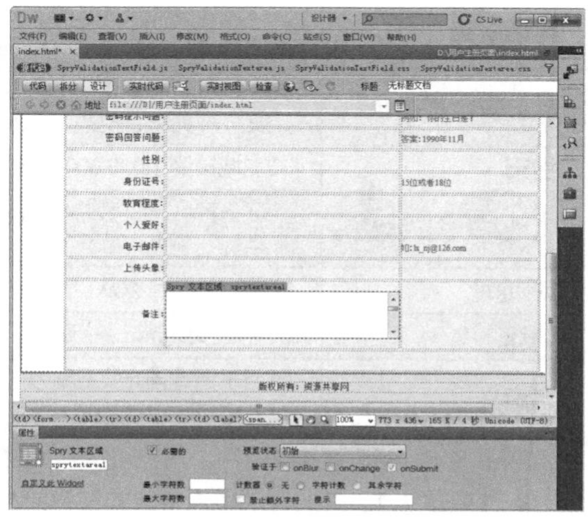

图10-48

选中 Spry 验证文本区域构件，用户可以使用【属性】面板来修改其属性。

◆【计数器】：选择【字符计数】或【其余字符】选项，可以添加字符计数器，以便当用户在文本区域中输入文本时知道自己已经输入了多少字符或者还剩多少字符。默认情况下，当用户添加字符计数器时，计数器会出现在构件右下角的外部。

◆【禁止额外字符数】：选择【禁止额外字符】选项，可以防止用户在验证文本区域中输入的文本超过所允许的最大字符数。

10.3.3 Spry 验证复选框

与传统复选框相比，Spry 验证复选框的最大特点是当用户选择（或没有选择）复选框时，会进行相应的操作提示，例如，“至少要求选择一项”或“最多只能同时选择三项”等相关提示信息。

执行【插入】>【表单】>【Spry 验证复选框】命令，就可以插入该验证构件。下面显示处于各种状态的验证复选框构件，如图 10-49 所示。

图10-49

在默认情况下，验证复选框构件设置为【必需】。但是，如果用户在页面上插入了许多复选框，则可以指定选择范围，即最小选择数和最大选择数。

在【属性】面板中，选中【实施范围（多个）】选项，在【最小选择数】或【最大选择数】文本框输入希望用户选择的最小复选框数或最大复选框数。

10.3.4 Spry 验证选择

Spry 验证选择就是在列表 / 菜单的基础上增加 Spry 验证功能，它可以对下拉菜单所选值实施验证，当用户在下拉菜单中进行选择或者选择的值无效时进行提示。

执行【插入】>【表单】>【Spry 验证选择】命令，就可以插入该验证构件，选中该构件，在【属性】面板中可以设置其属性，如图 10-50 所示。

图10-50

在默认情况下，用 Dreamweaver 插入的所有验证选择构件，都要求用户在将构件发布到网页上之前，选择具有关联值的菜单项，但是也可以禁用此选项。

在【属性】面板的【无效值】框中输入一个要用作无效值的数字。可以指定一个值，当用户选择与该值相关的菜单项时，该值将注册为无效。例如，指定 -1 是无效值，并将该值赋给某个选项标签，则当用户选择该菜单项时，该构件将返回一条错误消息。

10.3.5 Spry 验证密码

Spry 验证密码是一个密码文本域，可用于强制执行密码规则（例如，字符的数目和类型）。该构件根据用户的输入提供警告或错误消息。

执行【插入】>【表单】>【Spry 验证密码】命令，就可以插入该验证构件，选中该构件，在【属性】面板中可以设置其属性，如图 10-51 和 10-52 所示。

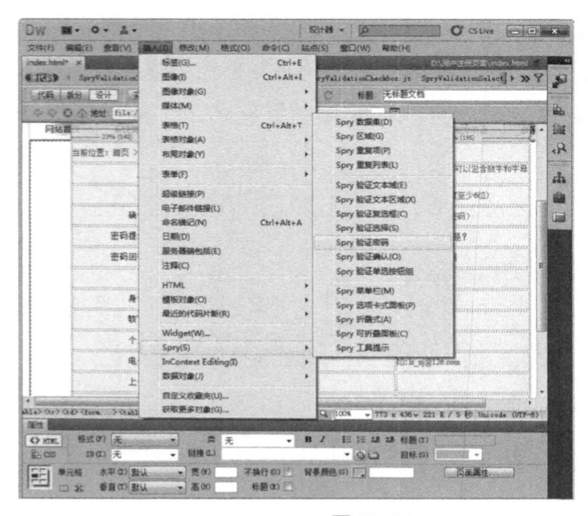

图10-51

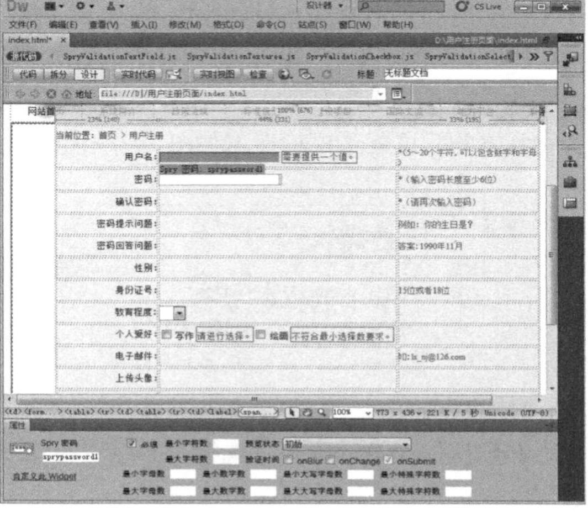

图10-52

在默认情况下，使用 Dreamweaver 插入的所有验证密码构件在发布到网页时，都要求用户输入内容。但是也可以通过【属性】面板的【必填】选项，将填写密码文本域设置为对用户是可选的。

密码强度是指某些字符的组合与密码文本域的要求匹配的程度。例如，创建了一个用户要在其中选择密码的表单，则可能需要强制用户在密码中包含若干大写字母、若干特殊字符等。

用户可以根据需要，在【属性】面板中设置以下参数。

◆【最小 / 最大字符数】：指定有效的密码所需的最小和最大字符数。

◆【最小 / 最大字母数】：指定有效的密码所需的最小和最大字母（a、b、c 等）数。

◆【最小 / 最大数字数】：指定有效的密码所需的最小和最大数字（1、2、3 等）数。

◆【最小 / 最大大写字母数】：指定有效的密码所需的最小和最大大写字母（A、B、C 等）数。

◆【最小 / 最大特殊字符数】：指定有效的密码所需的最小和最大特殊字符（!、@、# 等）数。

10.3.6 Spry 验证确认

Spry 验证确认是一个文本域或密码表单域，当用户输入的值与同一表单中类似域的值不匹配时，该构件将显示有效或无效状态。

执行【插入】>【表单】>【Spry 验证确认】命令，就可以插入该验证构件，选中该构件，在【属性】面板中可以设置其属性，如图 10-53 和 10-54 所示。

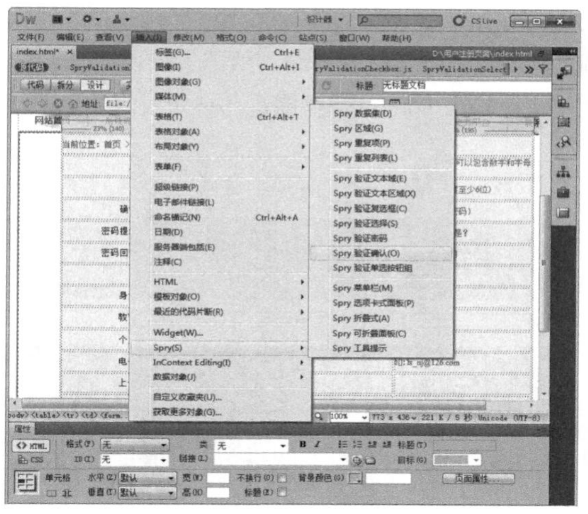

图10-53

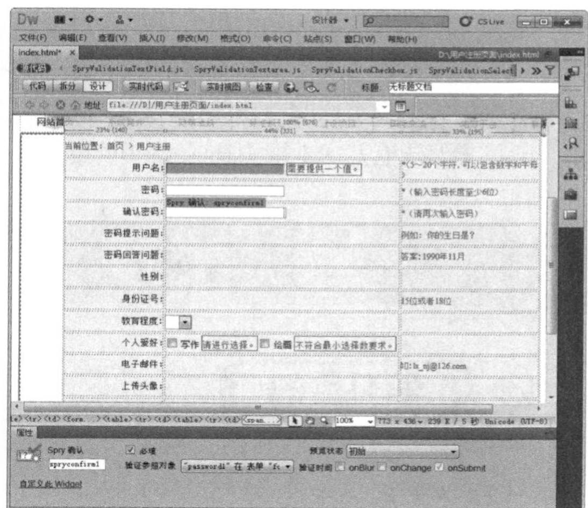

图10-54

在【属性】面板中，从【验证参照对象】下拉菜单中选择将用作验证依据的文本域。被分配了唯一 ID 的所有文本域都将显示在该下拉菜单中。

10.3.7 Spry 验证单选按钮组

Spry 验证单选按钮组是一组单选按钮，可支持对所选内容进行验证。该构件可强制从组中选择一个单选按钮。插入该验证构件的操作方法如下。

（1）将光标定位在要插入的位置，执行【插入】>【表单】>【Spry 验证单选按钮组】命令，弹出【Spry 验证单选按钮组】对话框，在该对话框中设置单选按钮组的值分别为“男”和“女”，如图 10-55 所示，单击【确定】按钮。

（2）通过单击验证单选按钮组构件的蓝色选项卡来选择该构件，在【属性】面板中可以设置其属性，如图 10-56 所示。

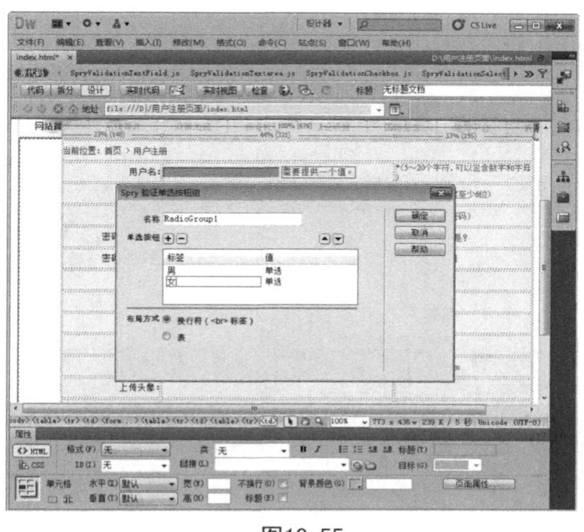

图10-55

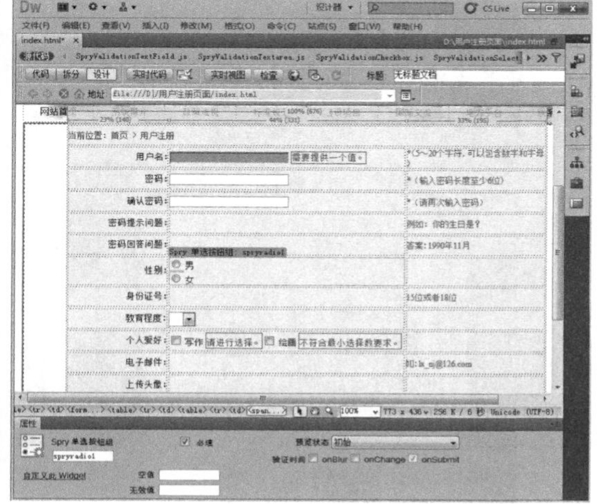

图10-56

用户可以指定空值或无效值，当用户选择的单选按钮与空值或无效值关联时，指定的值也相应地注册为空值或无效值。如果用户选择具有空值的单选按钮，则浏览器将返回“请进行选择”错误消息。如果用户选择具有无效值的单选按钮，则浏览器将返回“请选择一个有效值”错误消息。

若要创建具有空值的单选按钮，在【空值】文本框中输入 none。若要创建具有无效值的单选按钮，则在【无效值】文本框中输入 invalid 即可。

10.4 综合案例——制作留言表单

学习目的

本例通过留言表单的制作，逐渐掌握 Dreamweaver 中各种表单对象的创建方法及其属性设置，制作出美观的表单页面。

重点难点

- 各种表单对象的创建。
- 表单对象的属性设置。

本实例效果如图 10-57 所示。

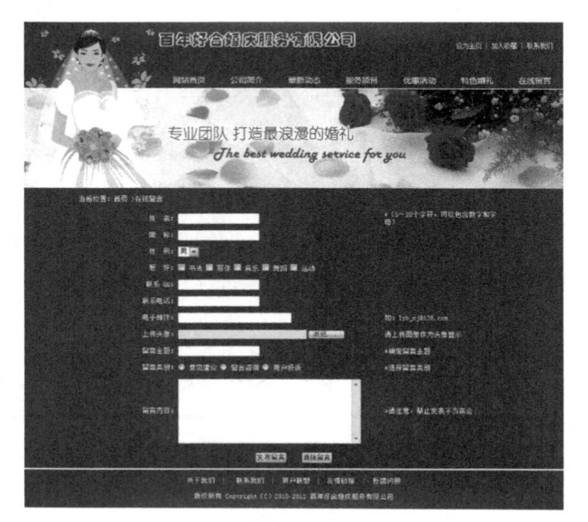

图10-57

操作步骤详解

Step 01 打开网页文档，将光标定位在要插入表单的位置，执行【插入】>【表单】>【表单】命令，如图 10-58 所示。

Step 02 这时，就在网页文档中插入了表单，如图 10-59 所示。

图10-58

图10-59

Step 03 然后在表单中插入表格，使用前面所学表格的知识布局页面并输入相应的内容，如图10-60所示。

Step 04 将光标定位在“姓名”后的单元格中，单击【表单】工具栏中的【文本字段】按钮，如图10-61所示。弹出【输入标签辅助功能属性】对话框，直接使用默认设置并单击【确定】按钮即可。

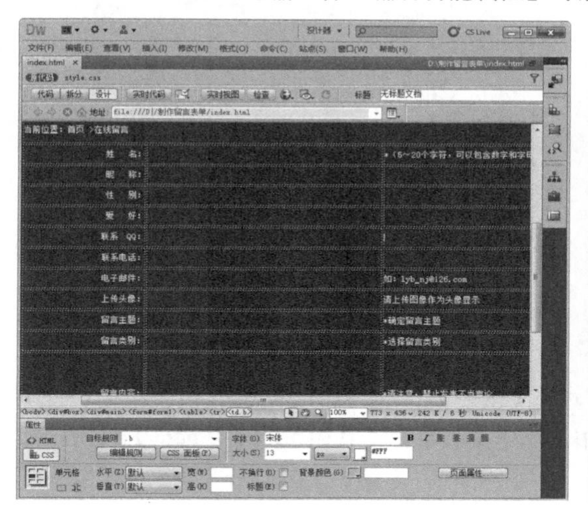

图10-60

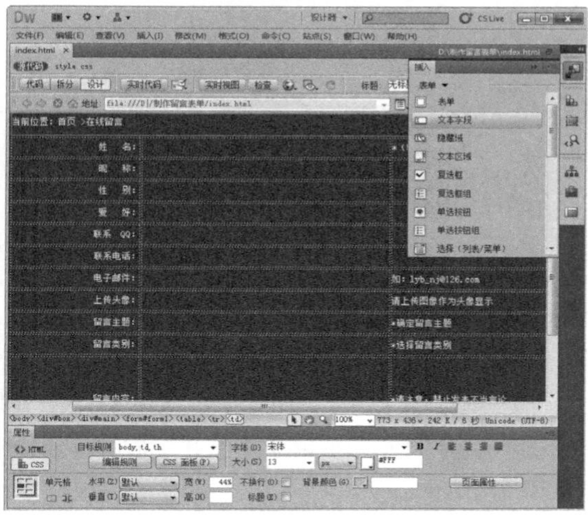

图10-61

Step 05 然后选中文本框，在【属性】面板中设置【文本域】名称为name，【字符宽度】和【最多字符数】均设置为20，如图10-62所示。

Step 06 使用同样的方法，在其他留言项后插入文本域，如图10-63所示。

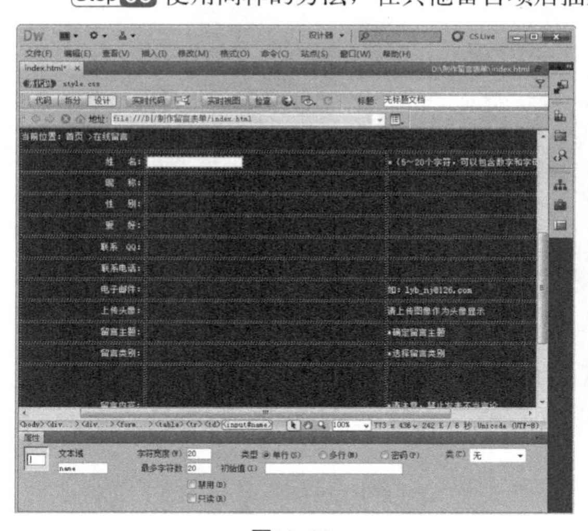

图10-62

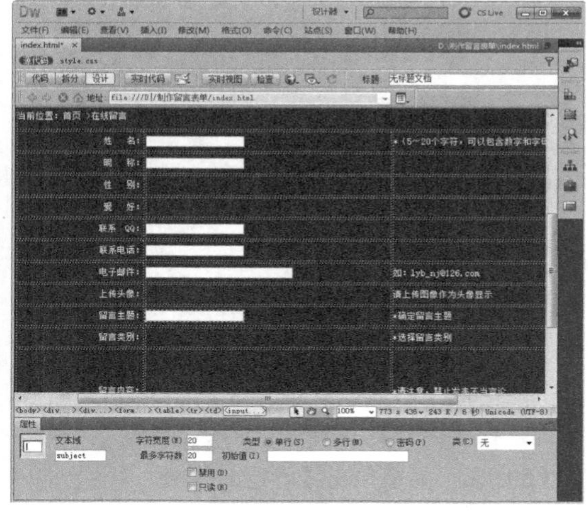

图10-63

Step 07 将光标定位在“性别”后的单元格中，单击【表单】工具栏中的【选择（列表/菜单）】按钮，弹出【输入标签辅助功能属性】对话框，使用默认设置，如图10-64所示，单击【确定】按钮。

Step 08 选择该列表，在【属性】面板中单击【列表值】按钮，弹出【列表值】对话框，进行相应的设置，如图10-65所示，单击【确定】按钮。

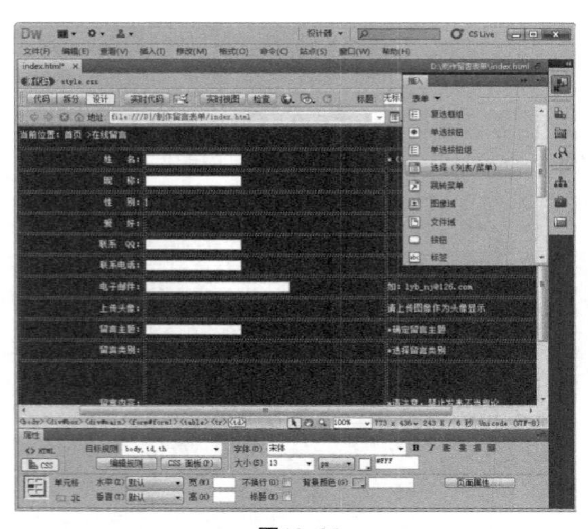

图10-64

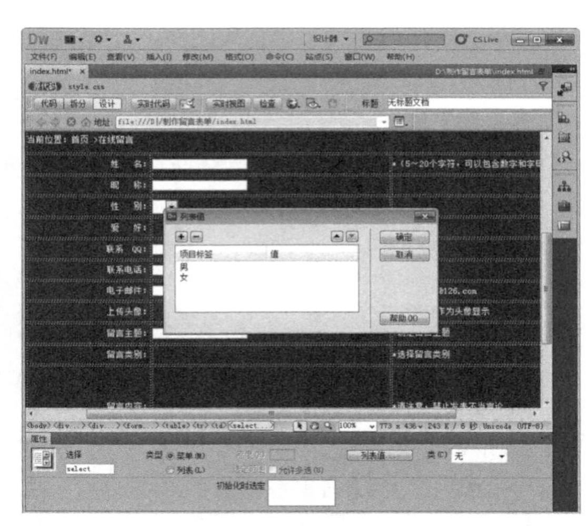

图10-65

Step 09 在【属性】面板中，设置【初始化时选定】为“男”，如图 10-66 所示。

Step 10 将光标定位在“爱好”后的单元格中，单击【表单】工具栏中的【复选框】按钮，如图 10-67 所示。

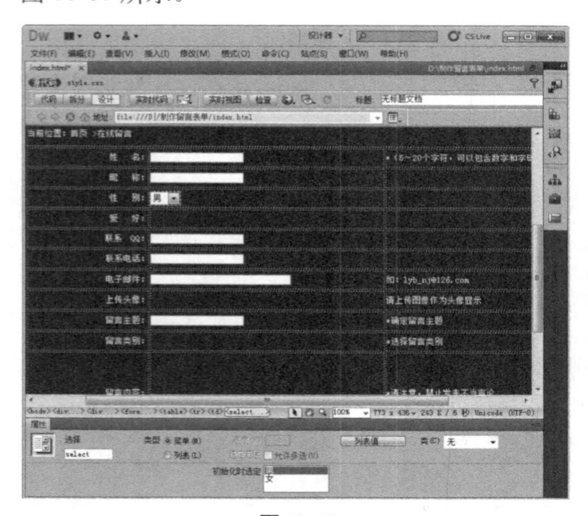

图10-66

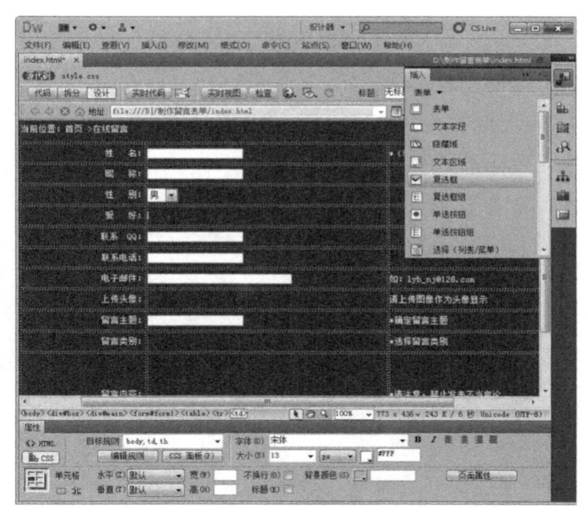

图10-67

Step 11 弹出【输入标签辅助功能属性】对话框，在【标签】文本框中输入“书法”，如图 10-68 所示，然后单击【确定】按钮。

Step 12 使用同样的方法，插入其他几个复选框，如图 10-69 所示。

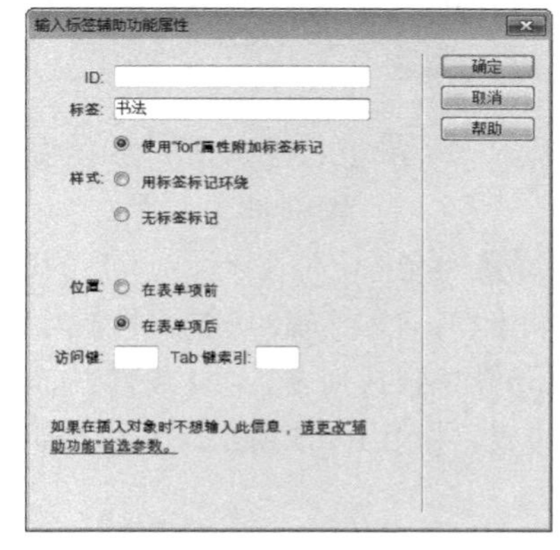

图10-68

Step 13 将光标定位在“上传头像”后的单元格中，单击【表单】工具栏中的【文件域】按钮，弹出【输入标签辅助功能属性】对话框，默认设置，如图10-70所示，然后单击【确定】按钮。

Step 14 选中该文件域，在【属性】面板中设置【字符宽度】和【最多字符数】均为35，如图10-71所示。

Step 15 将光标定位在“留言类别”后的单元格中，单击【表单】工具栏中的【单选按钮组】按钮，如图10-72所示。

Step 16 弹出【单选按钮组】对话框，进行相应的设置，如图10-73所示，然后单击【确定】按钮。

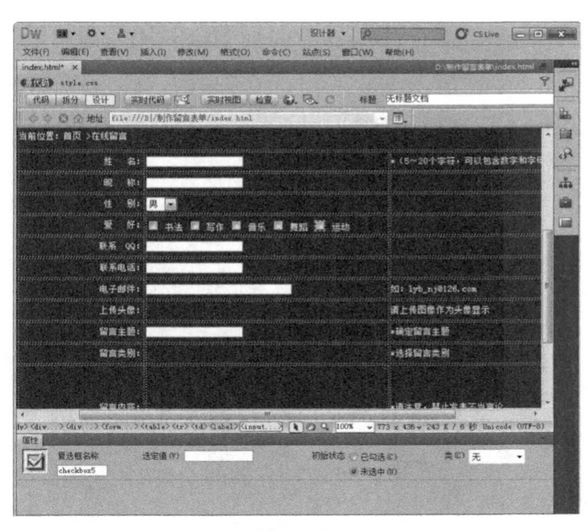

图10-69

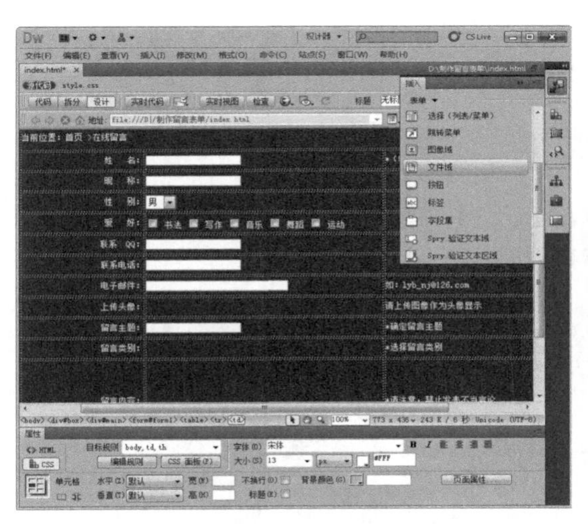

图10-70

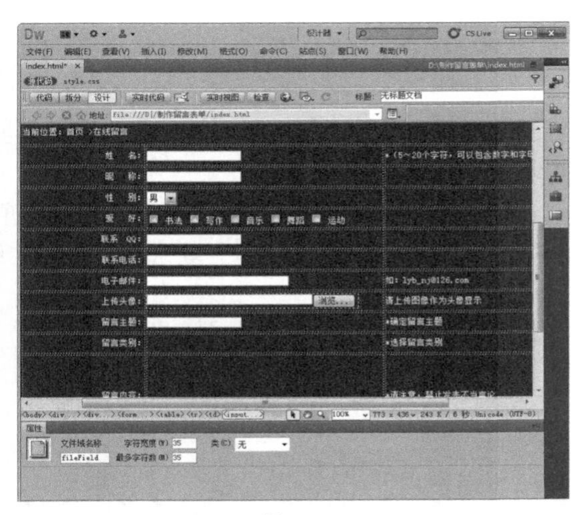

图10-71

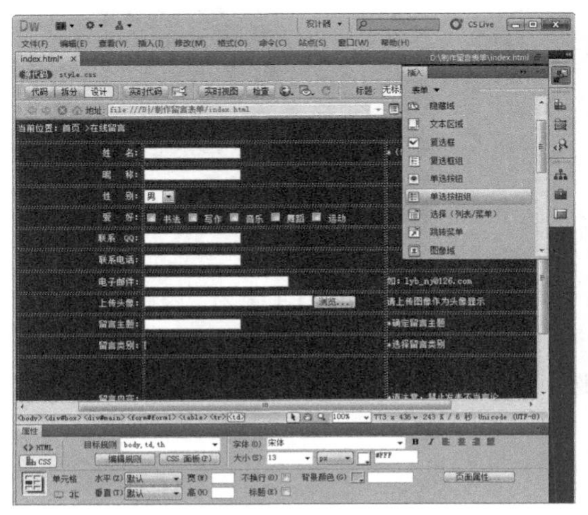

图10-72

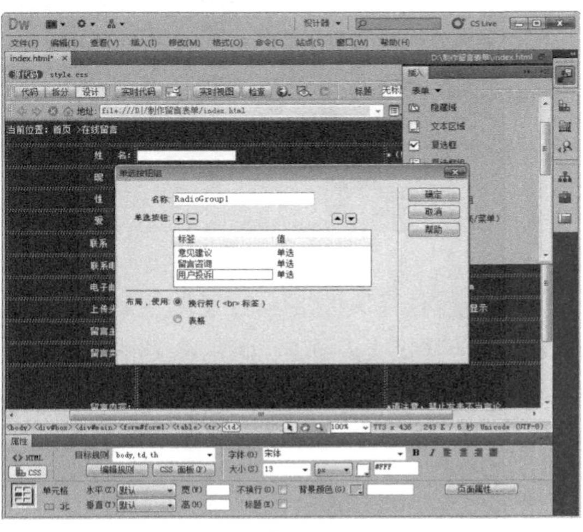

图10-73

Step 17 在【属性】面板中，对该按钮组进行相应的属性设置，如图 10-74 所示。

Step 18 将光标定位在“留言内容”后的单元格中，单击【表单】工具栏中的【文本区域】按钮，弹出【输入标签辅助功能属性】对话框，默认设置并单击【确定】按钮，如图 10-75 所示。

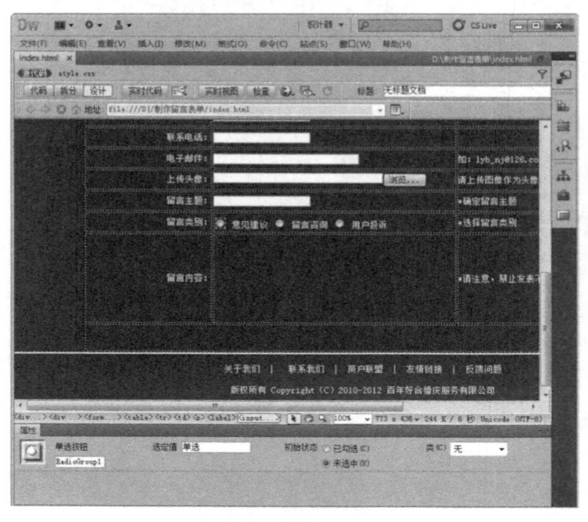

图10-74

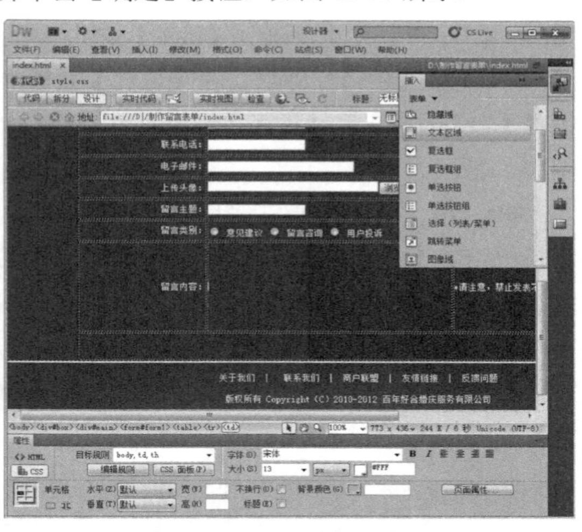

图10-75

Step 19 选中文本区域，在【属性】面板中设置其名称为 content，【字符宽度】为 40，【行数】为 8，如图 10-76 所示。

Step 20 将光标定位在表格的最后一行中，单击【表单】工具栏中的【按钮】按钮，弹出【输入标签辅助功能属性】对话框，默认设置并单击【确定】按钮，如图 10-77 所示。

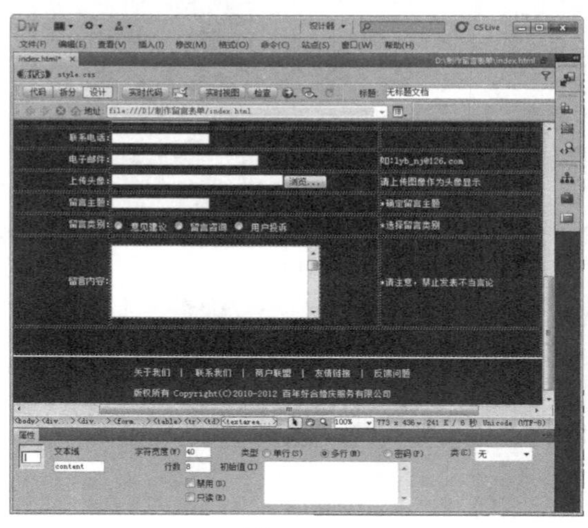

图10-76

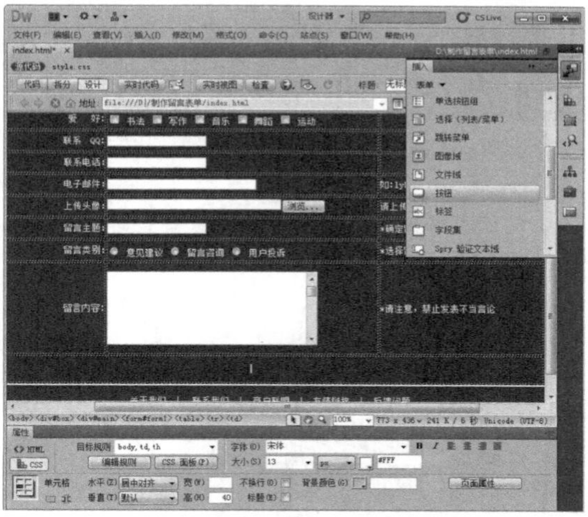

图10-77

Step 21 选择该按钮后，在【属性】面板中设置【按钮名称】为 submit，【值】为“发布留言”，【动作】设置为【提交表单】，如图 10-78 所示。

Step 22 使用同样的方法，再插入一个按钮，选中该按钮，在【属性】面板中设置【按钮名称】为 reset，【值】为“清除留言”，【动作】设置为【重设表单】，如图 10-79 所示。至此，留言表单就制作完成了。

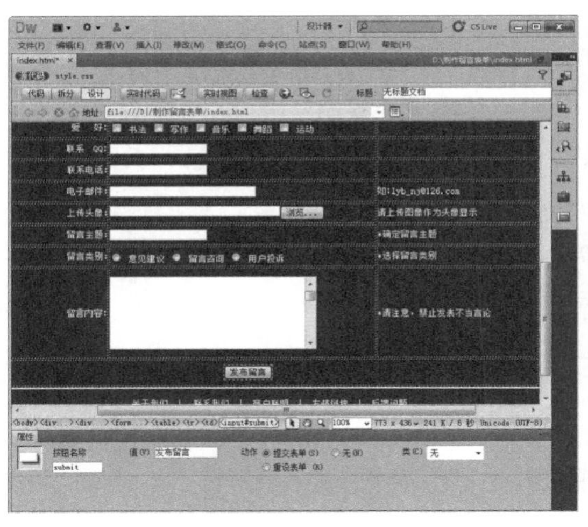

图10-78

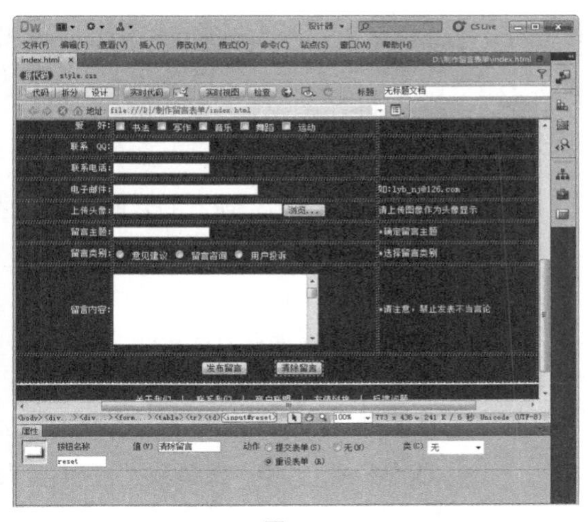

图10-79

10.5　经典商业案例赏析

表单被广泛应用于各公司企业网站、购物网站、政府机关网站以及各种综合性的网站当中。例如，用户在申请 QQ 号码时需要填写个人信息，网上购物时需要填写购物单等，这些页面都是表单页面。如图 10-80 所示为淘宝网注册页面，其中包含了文本域、密码域等。

亲，欢迎来淘宝！请登录　免费注册　　淘宝网首页 | 我要买 | 我的淘宝 | 卖家中心 | 服务中心 | 购物车 | 收藏夹 | 网站导航

淘宝网 注册

第一步：填写账户信息　以下均为必填

会员名：　5-20个字符，一个汉字为两个字符，推荐使用中文会员名。一旦注册成功会员名不能修改。

登录密码：

确认密码：

验证码：　bk68　看不清？换一张

同意以下协议并 注册

《淘宝服务协议》

想更快速注册？

中国大陆手机用户

编辑短信“TB”发送到：

1069099988

根据短信提示操作，即可成功注册

运营商收取短信费0.1元/条，无额外费用

“淘宝注册”改进建议

关于淘宝　营销中心　合作伙伴　服务中心　诚征英才　联系我们　网站地图　版权说明　加入天猫　开放平台　淘宝联盟　手机淘宝　淘宝大学　卖家服务

阿里巴巴集团：阿里巴巴网络 - 中国站 国际站 日文站 | 淘宝网 | 支付宝 | 中国雅虎 | 口碑网 | 集团研究中心 | 阿里会展 | 淘宝天下 | 快乐淘宝 | 淘花网

Copyright © 2003-2012 Taobao.com 版权所有

图10-80

10.6 习题

一、填空题

1．在 Dreamweaver 中，所有的表单元素都必须放在 ________ 中。

2．表单的提交方法有 ________ 和 ________ 两种类型。

3．插入的文本域，其形式可以是单行域、________ 或多行域。

4．表单中单行文本框有效性验证，对 ________ 数据类型无效。

二、选择题

1．下列选项中，________ 不是表单的基本元素。

A．表单标签　　B．表单域　　C．表单按钮　　D．表单名称

2．表单可以和 ________ 放在一行。

A．文本　　B．图像　　C．表单　　D．ABC 都不能

3．下列关于表单的说法正确的一项是 ________。

A．表单对象可以单独存于网页表单之外

B．表单内部还可以嵌套表单

C．表单就是表单对象

D．表单中包含各种表单对象，如文本域、按钮和复选框等

4．如果要表单提交信息不以附件的形式发送，只要将表单的“MTME”类型设置为 ________。

A．text/plain　　B．password　　C．submit　　D．button

三、上机练习

1．制作一个用户注册页面，练习使用各类型的表单。

2．利用提供的素材，完成本章综合实例。

第11章 网站的上传与维护

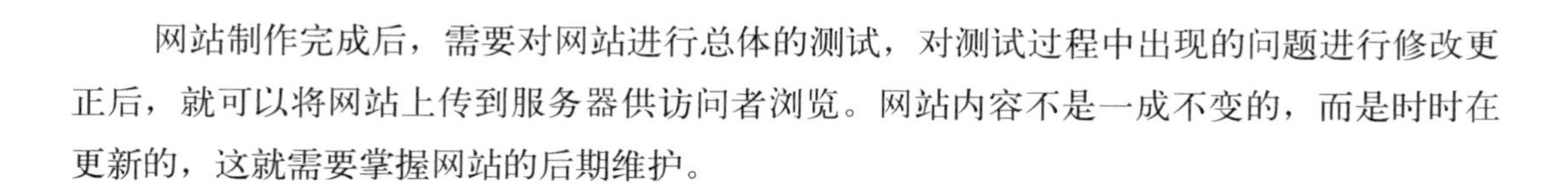

网站制作完成后，需要对网站进行总体的测试，对测试过程中出现的问题进行修改更正后，就可以将网站上传到服务器供访问者浏览。网站内容不是一成不变的，而是时时在更新的，这就需要掌握网站的后期维护。

本章知识要点

- 网站测试
- 上传网站的准备工作
- 网站的上传
- 网站的维护

11.1 网站测试

在网页设计中，一个站点制作完成后，需要对站点进行测试以便发现错误并对其进行修改。下面将具体介绍如何进行网站测试。

11.1.1 检查浏览器兼容性

Dreamweaver 的浏览器兼容性检查功能可以对文档的代码进行测试，检查是否存在目标浏览器所不支持的任何标签、属性、CSS 属性和 CSS 值，此检查不会对文档进行更改。具体操作步骤如下。

（1）打开一个网页，执行【文件】>【检查页】>【浏览器兼容性】命令，如图 11-1 所示。

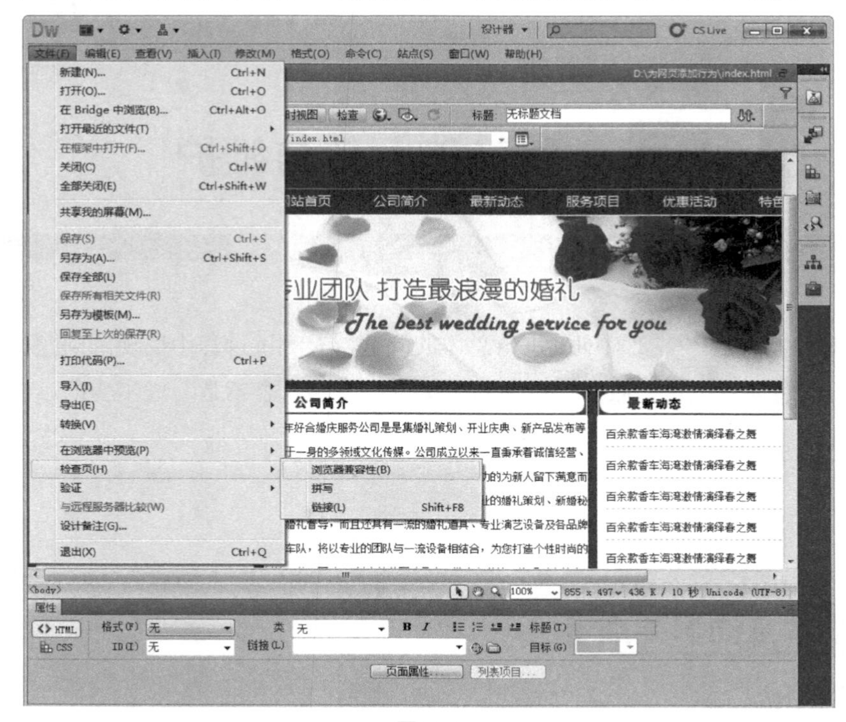

图11-1

（2）打开【浏览器兼容性】面板，显示页面出现的错误，如图 11-2 所示。

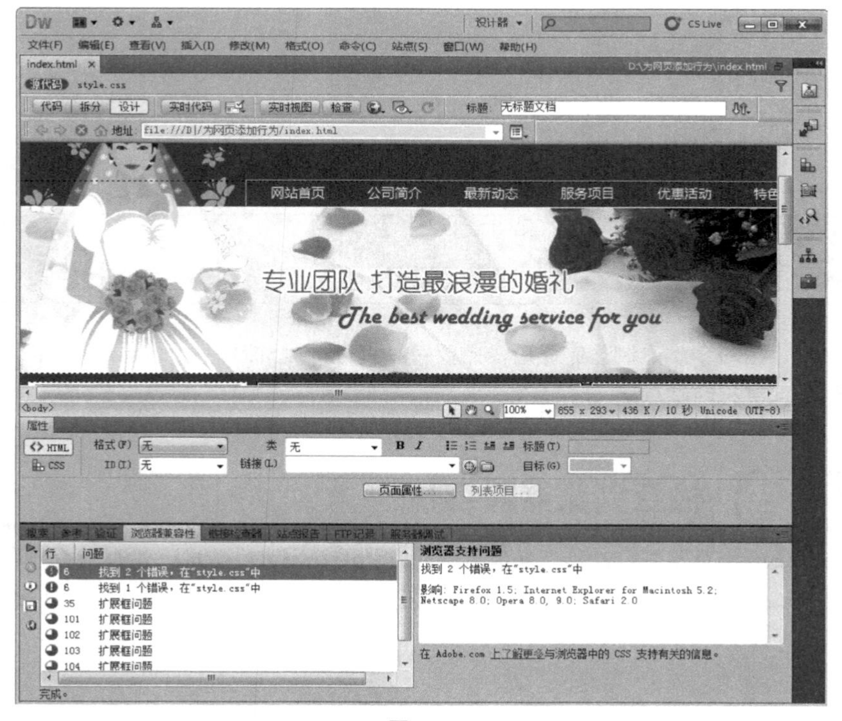

图11-2

（3）单击▶图标旁的小三角，从弹出的快捷菜单中选择【设置】命令，如图 11-3 所示。

图11-3

（4）从弹出的【目标浏览器】对话框中设置浏览器版本，如图 11-4 所示，然后单击【确定】按钮。

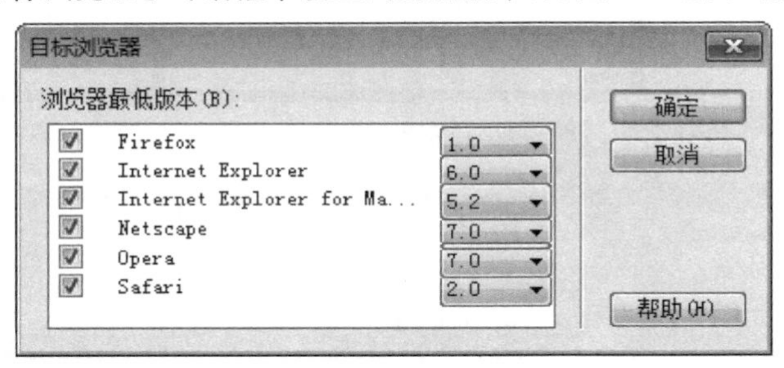

图11-4

11.1.2 创建站点报告

使用站点报告可以检查可合并的嵌套字体标签、辅助功能、遗漏的替换文本、冗余的嵌套标签、可删除的空标签和无标题文档等，可以对当前文档、选定的文件或整个站点的工作流程或 HTML 属性运行站点报告。创建站点报告的具体操作步骤如下。

（1）执行【站点】>【报告】命令，弹出【报告】对话框，在【报告在】下拉列表中选择【整个当前本地站点】选项，在【选择报告】的【HTML 报告】中勾选各复选框，如图 11-5 所示。

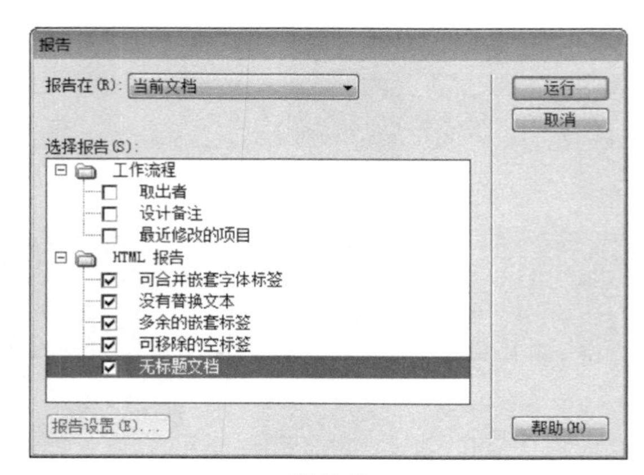

图11-5

（2）单击【运行】按钮，Dreamweaver 会对整个站点进行检查。检查完毕后，将会自动打开【站点报告】面板，在面板中显示检查结果，如图 11-6 所示。

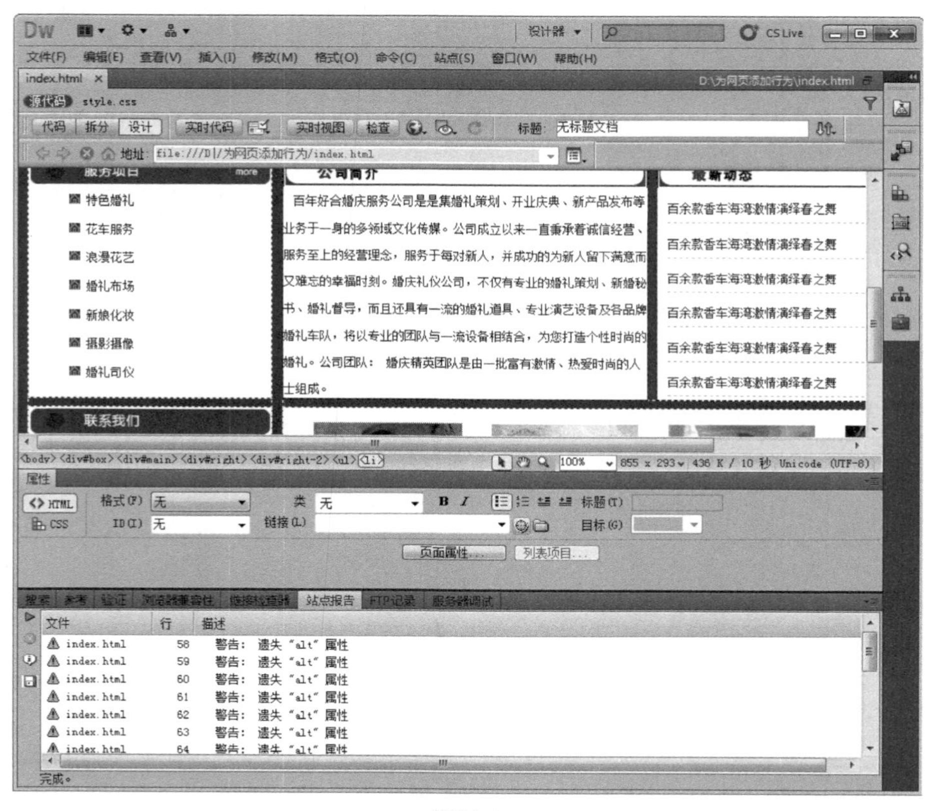

图11-6

在【报告】下拉列表框中选择生成站点报告的范围，可以是当前文档、整个当前本地站点、站点中的已选文件和文件夹。在【报告】对话框中各选项的含义如下。

◆ 【取出者】：显示当前网站的网页正在被取出的情况。

◆ 【设计备注】：显示设置范围之内网页的设计备注的信息。

◆ 【最近修改的项目】：显示网页中最近更新的项目。

- 【可合并嵌套字体标签】：显示可以合并的文字修饰符。
- 【没有替换文本】：显示没有添加可替换文字的图像 <img> 对象。
- 【多余的嵌套标签】：选中该项，站点报告中将会显示网页中多余的嵌套符号。
- 【可移除的空标签】：选中该项，报告中会显示空的可删除的 HTML 标记。
- 【无标题文档】：选中该项，软件会报告没有设置标题的网页。

11.1.3 清理文档

在 Dreamweaver CS5 中，可以清理一些不必要的 HTML，也可以清理 Word 生成的 HTML。

1. 清理不必要的 HTML

清理不必要的 HTML，具体操作步骤如下。

（1）执行【命令】>【清理 XHTML】命令，弹出【清理 HTML/XHTML】对话框，进行参数设置，如图 11-7 所示。

（2）然后单击【确定】按钮，即可完成对页面指定内容的清理，如图 11-8 所示。

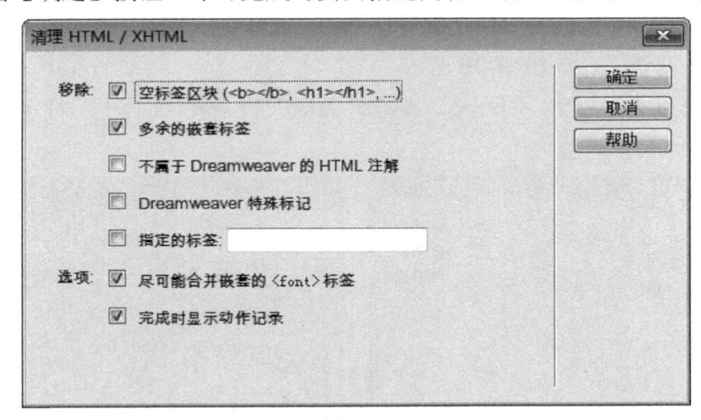

图11-7

图11-8

2. 清理 Word 生成的 HTML

清理 Word 生成的 HTML，具体操作步骤如下。

（1）执行【命令】>【清理 Word 生成的 HTML】命令，如图 11-9 所示。

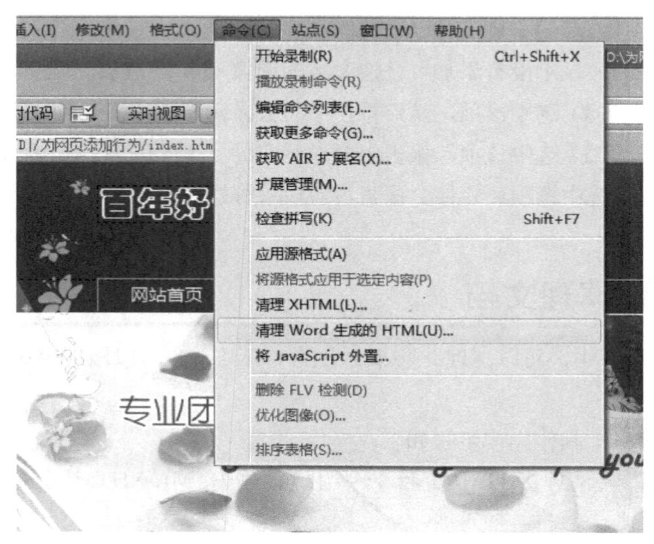

图11-9

（2）弹出【清理 Word 生成的 HTML】对话框，在【基本】选项卡中，可以设置来自 Word 文档的特定标记、CSS 等选项，如图 11-10 所示。

（3）切换到【详细】选项卡，可以进一步设置要清理的 Word 文档中的特定标记以及 CSS 样式表的内容，如图 11-11 所示。

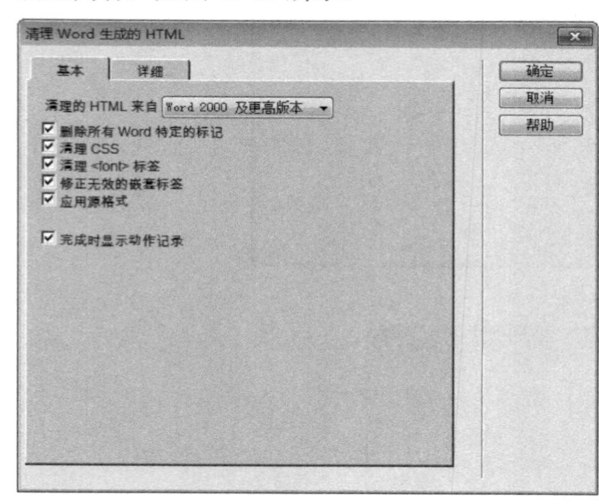

图11-10

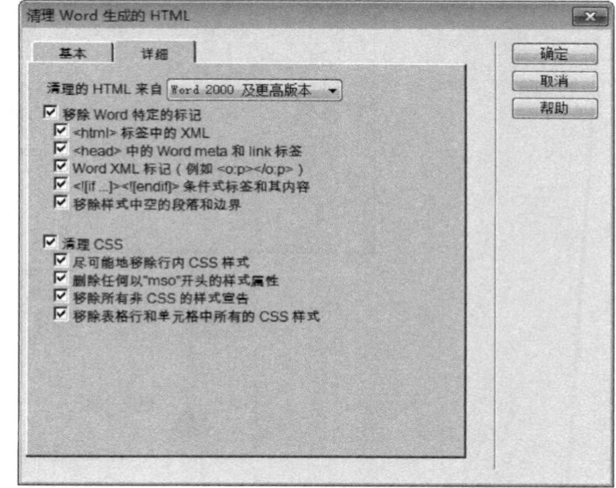

图11-11

（4）单击【确定】按钮，即可完成对页面中由 Word 生成的 HTML 内容的清理，如图 11-12 所示。

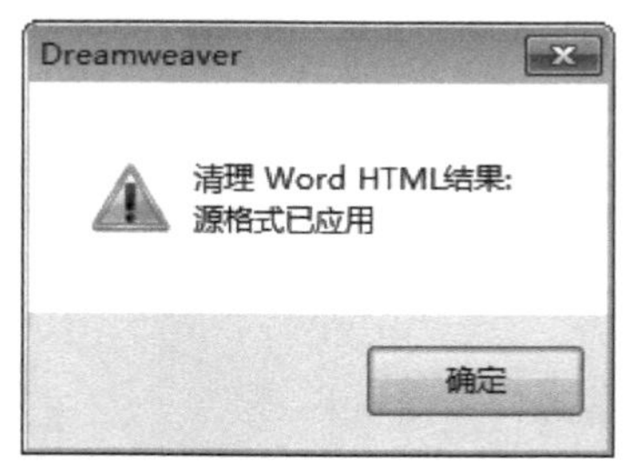

图11-12

11.2　上传网站前的准备工作

在将网站上传服务器之前，先要在网络服务器上注册域名和申请空间，还要对本地计算机进行相应的配置。下面将详细介绍此准备工作。

11.2.1　注册域名

域名（Domain Name），是由一串用点分隔的名字组成的 Internet 上某一台计算机或计算机组的名称，用于在数据传输时标识计算机的电子方位（有时也指地理位置）。简单地说，域名类似于互联网上的门牌号，是用于识别和定位互联网上计算机的层次结构式字符标识，与该计算机的互联网协议（IP）地址相对应。域名不仅便于记忆，而且即使在 IP 地址发生变化的情况下，通过改变解析对应关系，域名仍可保持不变。

域名属于互联网上的基础服务，基于域名可以提供 WWW、E-mail 及 FTP 等应用服务。

域名是企业的“网上商标”，所以在域名的选择上要与注册商标相符合，以便记忆。在网站制作完成后，就要在网上给网站注册一个标识，即域名。有了它，只要在浏览器的地址栏中输入几个字母，世界上任何一个地点的任何人都能看到你所制作的精彩网站内容，一个好的域名往往蕴涵着巨大的商业价值。

1．申请域名的注意事项

（1）便于记忆

选择容易记忆的域名有利于品牌宣传。如知名门户网站——网易，改用 163.com，比 nease.com 和 netease.com 更容易记忆。

（2）要和客户的商业有直接关系

如果和客户所开展的商业活动没有任何关系，用户就不能将客户的域名和客户的商业活动联系起来，这就意味着客户还得为宣传自己的域名而多耗费资金。

（3）长度要短

长度短的域名不但容易记忆，而且用户可以花费更少的时间来输入客户的域名。

（4）使用客户的商标或企业的名称

如果客户已经注册了商标，则可将商标名称作为域名；如果客户面对的是国内市场，则可将企业名称作为域名；如果要面对国际市场，也应遵守上面的原则。

技巧

①域名注册时注册信息中不能含有非法字符。

②注册人或注册组织全称信息长度不超过30个字符。

③注册时填写信息中，电话号码需要以标准格式+86的格式填写，若为中国香港的则为+852。

④中文国际域名注册时，需要先查询域名是否被注册，如果中文简体国际域名已经被注册了，中文繁体国际域名就不能再注册。

⑤CN域名涉及89、64 以及关于奥运、色情、赌博等非法活动均不允许申请注册。

2．申请域名的步骤

（1）准备申请资料

com 域名目前无须提供身份证、营业执照等资料，cn 域名目前个人不允许申请注册，所以要申请则需要提供企业营业执照。

（2）寻找域名注册商

由于 .com、.cn 域名等不同后缀均属于不同注册管理机构所管理，如要注册不同后缀域名则需要从注册管理机构寻找经过其授权的顶级域名注册服务机构。如 com 域名的管理机构为 ICANN，cn 域名的管理机构为 CNNIC（中国互联网络信息中心）。若注册商已经通过 ICANN、CNNIC 双重认证，则无须分别到其他注册服务机构申请域名。

（3）查询域名

在注册商网站点击查询域名，选择要注册的域名并单击注册。

（4）正式申请

查到想要注册的域名并且确认域名为可申请的状态后，提交注册，并缴纳年费。

（5）申请成功

正式申请成功后，即可开始进入 DNS 解析管理、设置解析记录等操作。

11.2.2 申请空间

域名注册成功后，接下来需要为网站在网上安个“家”，即申请网站空间。

1．网站空间

网站空间就是存放网站内容的空间。网站空间也称为虚拟主机空间，通常企业做网站都不会自己架服务器，而是选择虚拟主机空间作为放置网站内容的网站空间。网站空间只能存放网站文件和资料，包括文字、文档、数据库、网站的页面、图片等文件。

网站建成之后，要购买一个网站空间才能发布网站内容，选择网站空间时，主要应考虑的因素包括：网站空间的大小、操作系统、对一些特殊功能如数据库的支持，网站空间的稳定性和速度，网站空间服务商的专业水平等。下面是一些通常需要考虑的内容。

①网站空间服务商的专业水平和服务质量。这是选择网站空间的第一要素，如果选择了质量比较低下的空间服务商，很可能会在网站运营中遇到各种问题，甚至经常出现网站无法正常访问的情况，或遇到问题时很难得到及时的解决，这样都会严重影响网络营销工作的开展。

②虚拟主机的网络空间大小、操作系统、对一些特殊功能如数据库等是否支持。可根据网站程序所占用的空间，以及预计以后运营中所增加的空间来选择虚拟主机的空间大小，应该留有足够的余量，以免影响网站正常运行。一般来说，虚拟主机空间越大价格也相应较高，因此需在一定范围内权衡，也没有必要购买过大的空间。虚拟主机可能有多种不同的配置，如操作系统和数据库配置等，需要根据自己网站的功能来进行选择，如果可能，最好在网站开发之前就先了解一下虚拟主机产品的情况，以免在网站开发之后找不到合适的虚拟主机提供商。

③网站空间的稳定性和速度等。这些因素都影响网站的正常运作，需要有一定的了解，如果可能，在正式购买之前，先了解一下同一台服务器上其他网站的运行情况。

④网站空间的价格。现在提供网站空间服务的服务商很多，质量和服务也千差万别，价格同样有很大差异。一般来说，著名的大型服务商的虚拟主机产品价格要贵一些，而一些小型公司可能价格比较便宜，可根据网站的重要程度来决定选择哪种层次的虚拟主机提供商。选择带有《中华人民共和国增值电信业务经营许可证》的服务商更放心一些。

⑤网站空间出现问题后主机托管服务商的相应速度和处理速度的保障，则为空间质量增加几分信任。

⑥网站空间主要是由网页制作的大小而决定要购买空间的多与少。

2. 域名解析

注册了域名之后如何才能看到自己的网站内容，用一个专业术语就叫“域名解析”。域名和网址并不是一回事，域名注册好之后，只说明自己对这个域名拥有了使用权，如果不进行域名解析，那么这个域名就不能发挥它的作用，经过解析的域名可以用来作为电子邮箱的后缀，也可以用来作为网址访问自己的网站，因此域名投入使用的必备环节是“域名解析”。域名是为了方便记忆而专门建立的一套地址转换系统，要访问一台互联网上的服务器，最终还必须通过 IP 地址来实现，域名解析就是将域名重新转换为 IP 地址的过程。一个域名只能对应一个 IP 地址，而多个域名可以同时被解析到一个 IP 地址。域名解析需要由专门的域名解析服务器 (DNS) 来完成。

人们习惯记忆域名，但计算机之间只认 IP 地址，域名与 IP 地址之间是一一对应的，这两者之间的转换工作就是域名解析。域名解析需要由专门的域名解析服务器来完成，整个过程是自动进行的。

11.3　网站上传

网页制作完成后，就可以将其发布到 Internet 服务器上，形成真正的网站，以便更多的用户浏览。在上传网站前要设置服务器站点、远程服务器连接等，下面就来具体地介绍。

11.3.1　设置服务器站点 FTP

设置服务器站点 FTP 的具体操作方法如下。

(1) 打开一个网页，执行【窗口】>【文件】命令，打开【文件】面板，单击该面板中的按钮，如图 11-13 所示。

(2) 打开 Dreamweaver 的站点管理窗口，单击“定义远程服务器”文本链接，如图 11-14 所示。

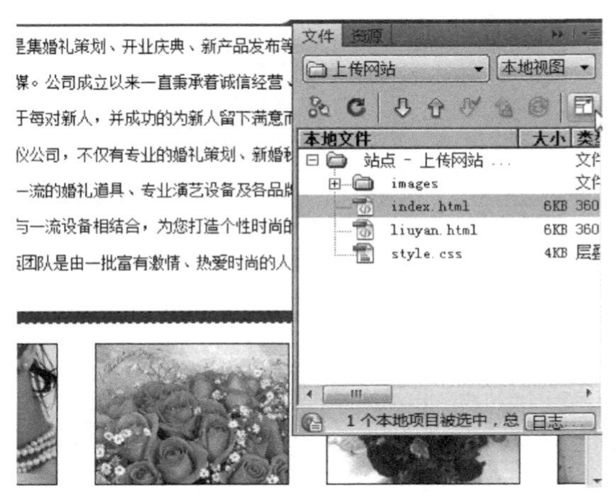

图11-13

（3）打开【站点设置对象】对话框，单击【服务器】标签，切换到【服务器】窗口，单击【添加服务器】按钮，在【连接方法】下拉列表中选择 FTP，在【FTP 地址】文本框中输入站点要传到的 FTP 地址，在【用户名】文本框中输入拥有的 FTP 服务主机的用户名，在【密码】文本框中输入相应的密码，如图 11-15 所示。

（4）设置完成后单击【测试】按钮，这时将弹出一个信息提示对话框，如图 11-16 所示。单击【确定】按钮，返回【站点设置对象】对话框，单击【保存】按钮。

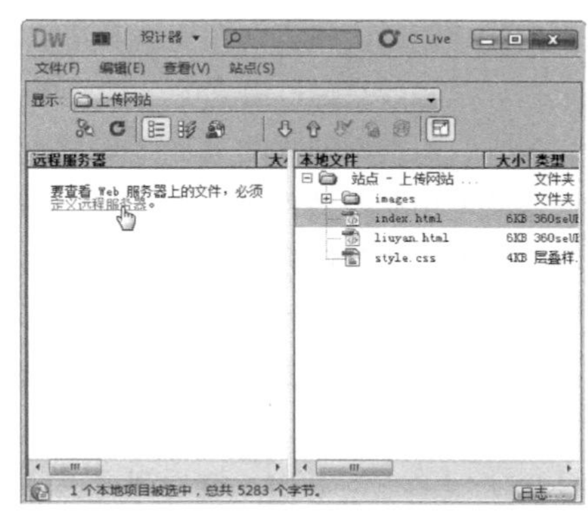

图11-14

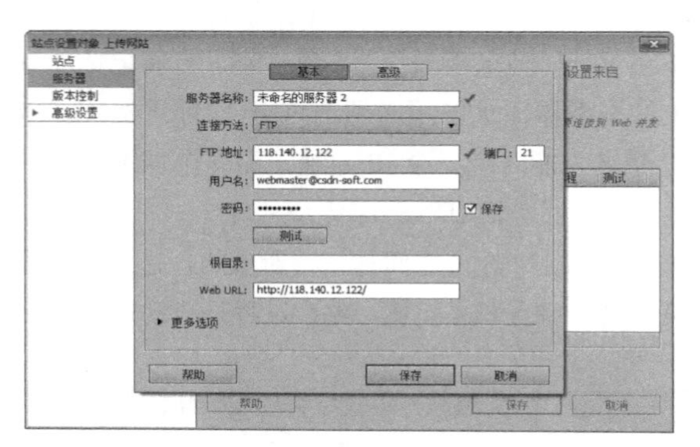

图11-15

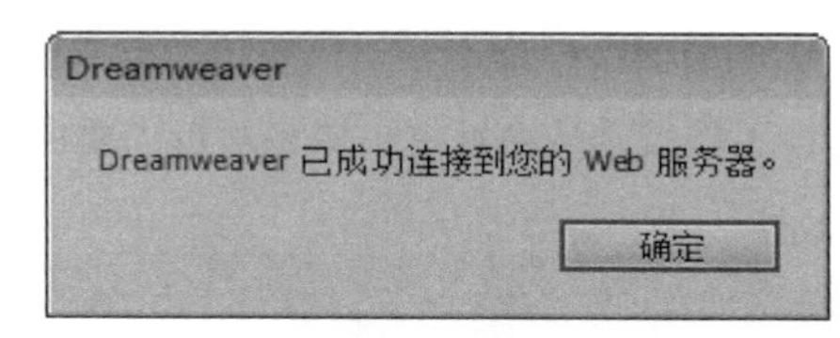

图11-16

11.3.2 连接到远程服务器

连接到远程服务器的具体操作步骤如下。

（1）在站点管理窗口中，单击【连接到远程主机】按钮，如图 11-17 所示。

（2）此时，连接到服务器后，【连接到远程主机】按钮会自动变成闭合状态，并在旁边亮起一个小绿灯，而在【远程服务器】列表框中将显示文件及文件夹，如图 11-18 所示。

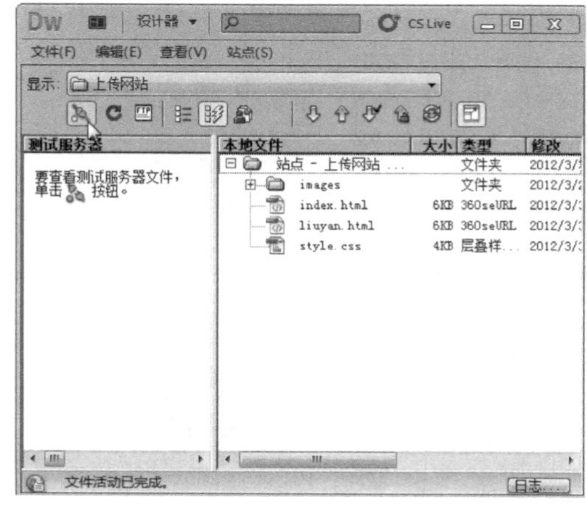

图11-17

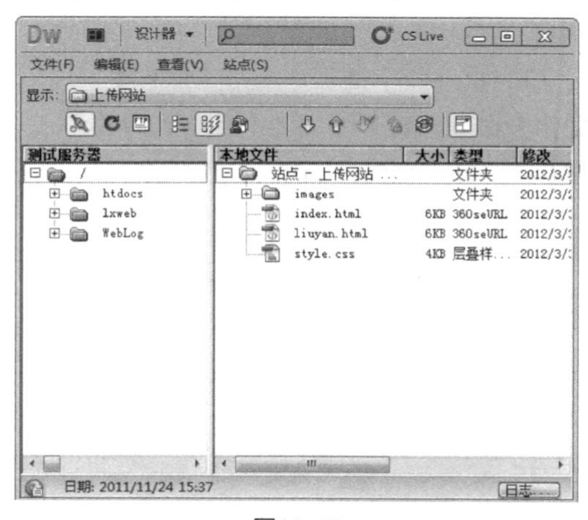

图11-18

11.3.3　文件上传

远程服务器设置完成后，就可以上传文件了。具体操作步骤如下。

（1）在服务器上新建一个文件夹，在【本地文件】列表框中选择要上传的文件（这里选择整个站点），单击【上传文件】按钮，如图 11-19 所示。

（2）这时，系统弹出一个提示框，如图 11-20 所示，单击【确定】按钮即可。

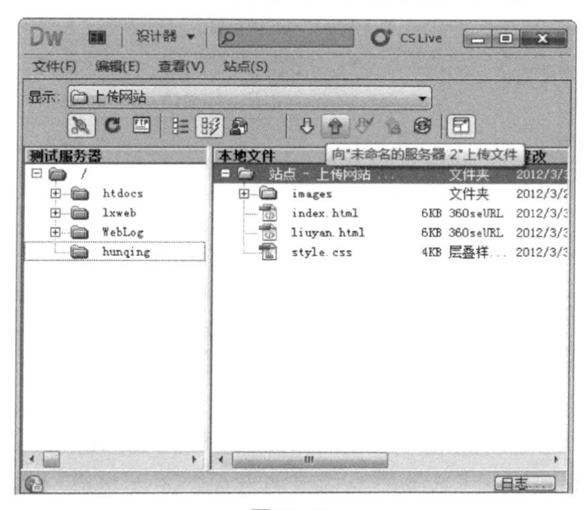

图11-19

图11-20

（3）此时将显示【后台文件活动】窗口，如图 11-21 所示。

（4）当文件上传完毕后，在左侧【测试服务器】列中将看到上传的所有文件，如图 11-22 所示。

图11-21

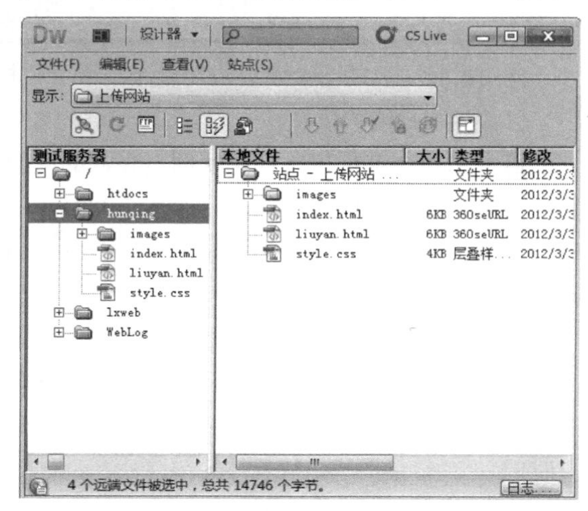

图11-22

（5）打开浏览器，在地址栏中输入 FTP://118.140.12.122 后按回车键，弹出如图 11-23 所示的对话框，输入用户名和密码，单击“登录”按钮。

（6）打开 FTP 服务器，用户可以看到远程服务器中的文件夹，单击“hunqing”文件夹可以看到上传的文件，如图 11-24 所示。

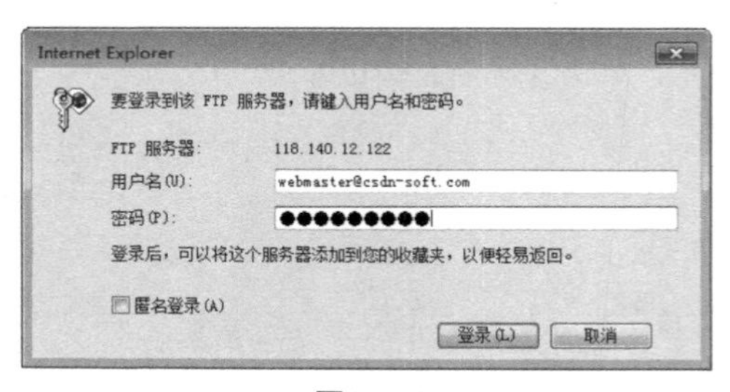

图11-23

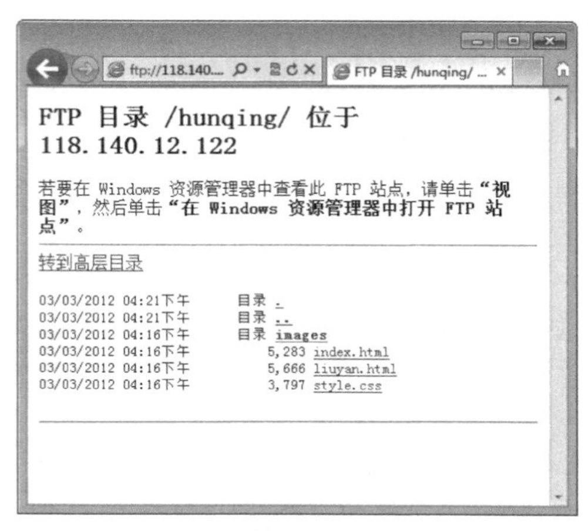

图11-24

11.4 网站的维护

一个好的网站需要定期或不定期地更新内容，才能不断地吸引更多的浏览者，增加访问量。网站维护是为了网站能够长期稳定地运行在 Internet 上。网站维护包括很多方面，下面将进行具体的介绍。

11.4.1 网页维护与网页更新

网页维护阶段的一个重要内容就是查看留言板，查看的任务包括以下 3 个方面。

（1）用户反馈的信息。

通常用户会利用留言板反映网页存在的问题，管理员对这些问题应立即检查，如确实是服务器和网页方面的原因，应该及时改善。有时用户也会对网站的内容和布局提一些有用的建议，管理员应该采纳好的建议。用户也会通过留言板向管理员提出一些问题，管理员需要对这些问题及时回答。

（2）更替留言存放文件的内容。

把有用的信息提取出来后，应该删除已查看过的内容、无效的信息、过期的信息或换名保存，这样保证信息存储文件的长度最小，减轻应用程序运行时的内存负担，提高服务器的稳定性和响应时间。

（3）在网页正常运行期间要经常使用浏览器查看页面，查漏补缺。

对于网站来说，只有不断地更新内容，才能保证网站的生命力，否则网站不仅不能起到应有的作用，反而会对企业自身形象造成不良影响。

网页内容更新，首先网站内容最好是每天都能更新。例如，公司网站内容主要包括关于我们、新闻中心、客户服务、产品展示、生产规模、常见问题、成功案例、公司动态、联系方式等版块，以上信息应随着公司的发展情况及时予以更新，固定检查周期为一个星期。网站需要更新的内容可由各部门人员采集相关版块信息，提供给网站管理员。更新网站内容则包括文章撰写、页面设计、图形设计、广告设计等服务内容，把企业的现有状况及时地在网站上反映出来，以便让客户和合作伙伴及时了解最新动态，管理员也可以及时得到相应的反馈信息，以便做出及时合理的处理。

11.4.2　网站升级

在做好网页维护的同时也要做好网站升级的工作，主要包括以下 4 个方面的升级。

（1）网站应用程序的升级

网站应用程序经过长时间的使用，难免会出现一些问题，如泄露源代码、注册用户信息、网站管理信息等，这些应用程序的问题都会产生很严重的后果。所以管理人员一定要对应用程序进行监控，一旦出现错误，应立即修改。

（2）网站后台数据库升级

网站在长时间运行后，除了应用程序问题外，还有数据库速度问题。现在很多网站在开始阶段因业务量小而采用了小型数据库，但这些数据库对于大批量的数据访问会引起服务器停机的危险。当发现访问量很大，网站响应变慢时，就要对数据库进行升级了。

（3）服务器软件升级

服务器软件随着版本的升高，性能和功能都有提高，适时的升级服务器软件能提高网站的访问量。

（4）操作系统升级

一个稳定强大的操作系统也是服务器性能的保证。应该根据操作系统稳定性能的情况不断地升级操作系统。

11.4.3　网站的安全维护

在网站的安全维护方面，应选配合适的防火墙系统并对防火墙进行定期管理和维护，制定安全策略，修补安全漏洞并消除安全隐患。采取有效措施防止黑客入侵，造成网站破坏、数据损坏、商业机密泄露，客户资料丢失等损失。

选择合适的防病毒软件，并在客户端和服务器端进行安装调试和升级。提供病毒预警服务，随时提示病毒发作信息，降低病毒感染及传播机会，避免病毒发作造成破坏。在企业网站遭受病毒感染后，应及时进行病毒清除，使网站尽快恢复运营。

建立全面的资料备份以及灾难恢复计划，做到有备无患。在企业网站系统遭遇突发严重故障而导致网络系统崩溃后，要在最短的时间内进行恢复。在重要的文件资料、数据被误删或遭病毒感染、黑客破坏后，要通过技术手段尽力抢救，争取恢复。

11.5　习题

一、填空题

1．一个站点制作完成后，需要对站点进行 ________ 以便发现错误并对其进行修改。

2．使用站点报告可以检查可合并的嵌套字体标签、辅助功能、________、________、可删除的空标签和________。

3．清理文档包括________和________。

二、选择题

1．下面________不是申请域名时应注意的事项。

A．长度短　　B．和客户的商业有间接关系

C．好记忆　　D．使用客户的商标或企业的名称

2．网站维护阶段要查看的任务有________。

A．用户的反馈信息　　B．更替留言存放文件的内容

C．查看页面，查漏补缺　　D．以上全部都是

3．下面________不在网站的安全维护范围内。

A．安装合适的防火墙系统　　B．安装防病毒软件

C．注意资料备份　　D．修改网页内容

三、上机练习

1．综合本章知识的学习，自己申请一个域名空间。

2．将制作好的网站上传。

3． 对网站进行后期维护。